装备战场抢修概论

胡起伟　王广彦　石　全　古　平　尤志锋　编著

国防工业出版社

·北京·

内 容 摘 要

装备战场抢修是战时装备保障的重要内容,随着武器装备的发展和战争模式的改变,其作用日益突出,战场抢修是战斗力的"倍增器"已成为中外军事专家的共识。本书共分为8章,主要包括装备生存性与抢修性,装备战损试验与验证,装备战场损伤建模与仿真、评估方法与技术,装备战场抢救与抢修方法等内容。

本书可作为"武器系统运用与保障工程""军事装备学"研究生及下属专业本科生等各层次人才培养的教材使用,可用于军队装备专业干部培训,同时也可作为部队进行战场抢修训练的参考资料。

图书在版编目(CIP)数据

装备战场抢修概论/胡起伟等编著. —
北京:国防工业出版社,2016.11
ISBN 978 - 7 - 118 - 11163 - 7

Ⅰ.①装… Ⅱ.①胡… Ⅲ.①装备
②维修技术 Ⅳ.①N945.25

中国版本图书馆 CIP 数据核字(2016)第 238511 号

※

国防工业出版社出版发行

(北京市海淀区紫竹院南路 23 号 邮政编码 100048)
三河天利华印刷装订有限公司
新华书店经售
*
开本 787×1092 1/16 印张 13¾ 字数 314 千字
2018 年 11 月第 1 版第 2 次印刷 印数 101—2500 册 定价 56.00 元

(本书如有印装错误,我社负责调换)

国防书店:(010)88540777   发行邮购:(010)88540776
发行传真:(010)88540755   发行业务:(010)88540717

前　言

　　装备战场抢修是战时装备保障的重要内容,随着武器装备的发展和战争模式的改变,其作用日益突出,战场抢修是战斗力的"倍增器"已成为中外军事专家的共识。美军从20世纪80年代初开始的战场抢修的系统研究与准备,在近几次局部战争中得到了回报。特别是海湾战争中美军依靠战场抢修保持和恢复战斗力的成功实践引起了国内外的广泛关注,世界各国军队开始广泛研究其经验教训。在海湾战争以后,1992年军械工程学院王宏济教授发表"战斗恢复力"译文专辑,在全军引起了强烈反响,战场抢修成为我军维修界继装备维修工程之后的又一个新的研究热点。经过20多年研究与发展,我军装备战场抢修取得了许多有价值的研究成果,并在部队得到广泛推广和应用,已将战场抢修纳入院校教学和部队训练。为了进一步深化装备战场抢修理论研究及其应用,在原有《装备战场抢修理论与应用》专著的基础上,进一步收集和整理最新研究成果,并对有关内容重新进行了梳理,编写本书。

　　本书共分为8章。第一章主要介绍国内外战场抢修的基本概念、特点、发展概况以及战场抢修理论与技术框架。第二章介绍战场损伤、生存性和抢修性的基本概念,装备战场威胁和损伤机理,生存性抢修性设计与分析等内容。第三章介绍装备战损试验的基本概念、分类、作用意义、基本原理与方法、组织实施等内容,并收集整理了战损试验典型案例。第四章介绍装备战损建模与仿真的基本原理与方法,以及装备战场损伤建模与仿真系统。第五章介绍装备战场损伤评估的基本概念、内容、基本程序和方法,以及装备战场损伤评估专家系统。第六章介绍装备战场抢救常用方法、典型损坏模式抢修方法以及新材料、新技术在战场抢修中的应用。第七章介绍人员、备件、设备工具等几类典型抢修资源的分析与确定问题。第八章介绍战场抢修的主要任务、指导思想、基本原则、抢修机构设置、组织指挥与实施等内容。

　　本书是在系统总结、吸收20多年来我军装备战场抢修研究与应用的基础上编写的,凝聚了许多装备维修工作者的心血和智慧,军械工程学院王宏济、甘茂治、黄刚强、贾希胜、傅光甫、周彦江、徐绪森、朱小冬、郝建平、陶凤和等专家学者,以及闫文川、刘祥凯、马建龙、王润生、王志成、刘利等研究生在装备战场抢修研究中做了大量工作,为本书撰写奠定了坚实基础。还有装甲兵工程学院、空军第一航空学院在战场抢修方面也进行了大量工作,本书中摘引了他们的一些成果,在此一并表示感谢!

　　本书由胡起伟(第二、三、七章)、王广彦(第四、六章)、石全(第一章)、古平(第八章)、尤志锋(第五章)编写,全书由胡起伟统稿、石全教授统审。在本书撰写过程中,本室康建设教授、贾云献教授、宋文渊副教授为该书撰写提出了许多宝贵的意见和建议。

战场抢修是一个正在发展中的研究领域,书中难免有一些争议的问题,甚至有些内容还只是我们一家之言。由于编写人员水平有限,错误和不完善之处在所难免,恳请读者批评指正。

编著者

2016 年 3 月于军械工程学院

目　录

第一章 绪 论

战场抢修,本不是什么新问题,而是一个古老而全新的概念。说它古老,是因为战场抢修的历史可以追溯到遥远的冷兵器时代;说它全新,是因为随着武器装备的日益复杂化和现代化,战场抢修变得越来越复杂了,其内涵正在发生深刻的变化。自从 20 世纪 70 年代以来,战场抢修作为战时技术保障(国外常称为维修保障)的一个重要组成部分,逐步引起世界各国普遍重视并进行了系统地研究和准备,已从过去单纯的技能性活动,发展到现在相对完备的战场抢修理论与技术体系。本书将系统介绍装备战场抢修的基本概念、发展情况、理论技术和组织实施等内容。

第一节 概 述

一、战场抢修的基本概念和特点

战场抢修,全称为"战场损伤评估与修复"(Battlefield Damage Assessment and Repair, BDAR),是指在战场上运用应急诊断与修复技术,迅速地对装备进行评估,并根据需要快速修复损伤部位,使武器装备能够完成某项预定任务或实施自救的活动。

实际上,装备战场抢修指在战场上或紧急情况下,当装备遭到损伤(包括战斗损伤和非战斗损伤)时,运用应急诊断技术,对装备的损伤程度及现场可修复性进行快速评估,为现场指挥员提供修复决策的依据;如果通过评估认为"现场可修"且时间很急,可根据指挥员的指示,利用现场可以得到的资源,运用应急修理技术或现场创造临时性的应急方法,快速修复损伤装备,使之及时投入战斗,以便完成当前的作战任务或能实施自救。战场抢修的核心内容是战场损伤评估和战场损伤修复,其中,战场损伤评估是战场损伤修复的前提和基础。

战场抢修以恢复装备战斗所需的基本功能为目的,它有以下几个特点。

1. 抢修时间的紧迫性

战场抢修最突出的特点就是时间紧迫,并且有着严格的时间限制,要求战场抢修工作必须在一定的时间限度内完成。外军的经验表明,在防御作战中,每个区域在被敌方侵占之前,可用于装备抢修的平均时间见表 1 – 1。

表 1 – 1 允许装备抢修的平均时间　　　　　　　　　(单位:h)

防区	连	营	旅(团)	师	军
时间	2	6	24	36	48 ~ 96

从表 1 – 1 可以看出,连、营的武器装备在遭到战损后应在 2 ~ 6h 内恢复其基本功能。一般认为,如果战场损伤装备的修理时间超出了 24h,就目前进行的战斗而言对它进行修

理将不再具有任何意义。因此,为了使装备能够尽快重返战斗,一切抢修活动都要追求一个"快"字。

2. 损伤模式的随机性

装备在战场上既可能发生战斗损伤,又可能发生非战斗损伤,而装备发生战斗损伤和非战斗损伤的随机性很大。例如,在对越自卫反击战中,由于高强度使用造成的火炮故障,即非战斗性损伤大约占火炮总体损伤的40%;在海湾战争中,据统计,由于美军作战装备不适于作战环境造成的非战斗性损伤修复达到了73%;在我军进行的某战损试验中,13门火炮发生不同程度的战斗损伤,而仅有3门火炮发生非战斗性损伤。所以,损伤模式的随机性很大,很难对战场抢修任务量做出准确预计。

3. 恢复状态的多样性

战场抢修并不要求恢复装备的本来面目,应当视情况将损伤装备恢复到下述4种状态之一。

(1)能够完成全部作战任务:达到平时修复后的状态。

(2)能进行战斗:虽然降低了性能水平,但此时仍能满足大多数的任务要求。

(3)能作战应急:能执行某一项具体的战斗任务。

(4)能够自救:使装备能够恢复适当的机动性,以便能够撤离战场。

4. 修理方法的灵活性

战场损伤修复方法多种多样,既包括现有规程上规定的常规修复方法,比如换件修理、原件修复,也包括临时性的应急修复方法。对于战时修复方法的选取是非常灵活的,应该视当时的战场环境和态势而定,但必须是在指挥员授权后才能进行。《装备战场损伤评估与修复手册的制定要求》(GJBz 20437—97)中对于修复方法的选取是这样规定的:"在条件允许的情况下,应首先选择常规维修方法。战场损伤评估与修复方法只限于战斗中或其他战场紧急条件下使用。任务完成后,应立即实施常规维修"。

二、战场抢修在战争中的作用

战场抢修在战争中的作用可以概括为:战场抢修可弥补战争损耗,补充战斗实力,是战斗力的倍增器。

1. 实战统计数据

历史经验表明,战争中战伤装备的数量远远超过损毁装备的数量。如果不修理,战伤装备也就成为了损毁的装备;而修复后再次投入战斗,就可以弥补战争损耗,补充战斗实力。

案例Ⅰ:第二次世界大战中,苏联共生产飞机13.6万架,修复的飞机却有150万架;美军欧洲的第八航空队在459天内修复飞机59644架,对增强作战实力、获取战争胜利起到显著的作用。

案例Ⅱ:第二次世界大战中的太平洋战争,美军每损失1架飞机就有2~4架战伤飞机需要进行修理。

案例Ⅲ:越南战争中,美军参战飞机未受损伤的占21%,损毁的占23%,有56%受到不同程度的损伤,其中F-4战斗机,每损失1架,就有4架是带伤返回的。

案例Ⅳ:1973 年的中东战争,以色列每损失 2 架 F-4 战斗机,就有 9 架是战伤的。

2. 外军研究结果

外军采用计算机仿真手段,对比分析了无修复和有修复的情况下装备战斗力的变化情况,通过研究表明,不论是对地面装备,还是空中武器,战场抢修都是一个非常重要的战斗力倍加因子,它对保持部队具有一定水平的战斗力有某种决定性作用。

案例Ⅰ:图 1-1 是德军进行大规模坦克作战模拟的结果,显示了 BDAR 对作战坦克可用度的影响。在模拟中,敌对双方各自投入 600 辆坦克,对战伤坦克共考虑了不进行修理、只进行 BDAR、只进行替换和两种方式同时进行 4 种情况。

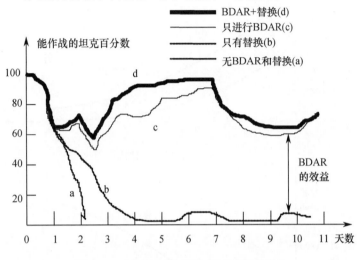

图 1-1 BDAR 对作战坦克可用度的影响

图 1-1 中横坐标为作战天数,纵坐标为可用坦克百分数,曲线 a 表示对战伤坦克不进行修理和替换的情况下可用坦克百分数的变化情况,与 1973 年中东战争以色列军队的经验相吻合,最重大的损失出现在战斗的头若干小时,大约 3 天时间以后可用坦克的百分数就会降到 0;曲线 b 表示只对战伤坦克进行替换情况下可用坦克百分数的变化情况,战斗力也只能保持在最初的 5% ~10%;曲线 c 表示只对战伤坦克进行修复情况下可用坦克百分数的变化情况;曲线 d 表示对战伤坦克同时有修理也有替换的情况下可用坦克百分数的变化情况,在战争第 10 天结束时,可用坦克仍可保持在 60% ~80% 之间。其他研究也表明,如果战时实施了有效的战场损伤修复,86% 的装备战场损伤是可以修复的。

案例Ⅱ:图 1-2 是外军对战时直升机有无损伤修复的对比研究结果。在研究中,假定直升机损失率为 3% ~5%,损伤率为 15% ~25%,研究对象为拥有 100 架直升机的机群。图 1-2 中纵坐标为直升机可用数,横坐标为出动批次数,由图中可以看出,如果不对战场损伤进行修复,在出动 20 次以后,将几乎不再有直升机能够起飞作战。如果具有良好的战场损伤修复能力(假设所有损伤可在 6h 内修复),那么在出动 20 次以后,仍然有 60% ~80% 的直升机可以继续起飞执行任务。将这一情况用图 1-3 表示(横坐标为时间,纵坐标为累积飞行架次),可以发现,假定每天出动 4 次,在 10 天时间里,有损伤修复能力对应的累积出动架次将是无修复能力时的 6 倍。

3

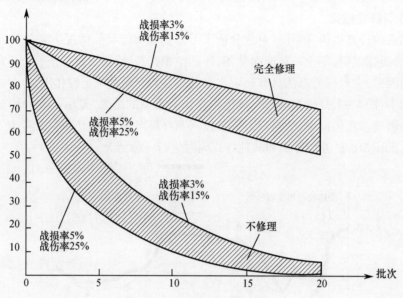

图 1-2　可用直升机与修理能力

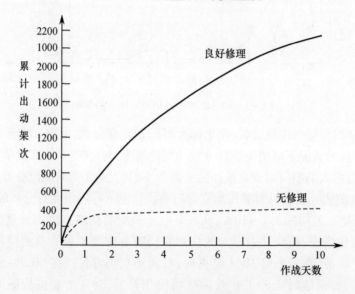

图 1-3　飞行架次与修理能力

三、战场抢修与平时维修

　　平时维修主要包括预防性维修和修复性维修两种,主要是预防性维修。而在战时除了预防性维修和修复性维修两种以外,主要是战场抢修,如图 1-4 所示。

　　可见,平时维修与战场抢修是不同的,许多国家认为平时维修与战场抢修基本上是两回事,甚至是"毫无共同之处"。它的主要区别体现在以下几个方面。

1. 修理的时间要求不同

　　如前所述,战场抢修最突出的影响因素就是时间,它要求修复工作所需时间必须在战

4

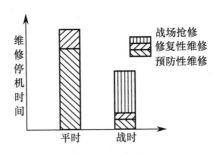

图 1-4 平时维修与战时维修

术上合理的限度之内。显然,战场抢修的允许时间是有限的且非常短,所以战场抢修主要是指"靠前抢修",特别指连、营防区装备的修理。而平时维修对时间并没有严格的限制和要求,它强调一切以标准的程序进行。

2. 引起修理的原因不同

装备平时修理主要是由装备的自然故障或结构的疲劳损伤引起的,故障原因、故障机理、故障模式都是可以预见的,其他一些因素也有其自然规律性。在战时,装备除了会发生耗损性故障和疲劳损伤以外,更为重要的是装备会发生战斗损伤,这是战时装备修理所特有的。此外,由于装备不适于作战环境、超强度使用、人员操作差错或违反平时操作规程等因素,都有可能造成装备损坏,这些因素都是很难预见的。

3. 修理的标准不同

装备平时修理是根据相关技术标准和修理手册,由规定人员按照规定的程序进行的一种标准修理,是为了保持或恢复装备的固有特性而进行的一种活动。战时修理则不同,并不要求恢复装备的本来面目,而是要求它能在尽可能短的时间内恢复到能完成一定作战任务的工作状态,甚至只要能自救就可以了。因此,恢复后的技术标准随战术要求而异,使用的方法也不确定。

4. 修理人员技术水平不同

装备平时一旦发生故障,其修理都是由规定的有资格的专业维修人员实施的。战时修理,由于其特殊的环境,有时不可能有专业的技术人员在场,有些应急修理必须由操作人员实施。如电子设备的损伤,按平时的规定,一般应由级别较高的后方维修机构来实施,但战时的情况变化万千,有时不允许这样做,只能由非专业人员进行临时性应急修理。

5. 备件消耗规律不同

平时备件消耗主要是由于装备的修复性维修和预防性维修引起的,根据装备平时使用和训练任务很容易确定备件需求。而战场损伤随意性很大,平时不发生故障的部件有可能在战时损伤概率会很高,如美军统计了 M1 坦克部件的平时故障数和战时损伤数,如表 1-2 所列。

表 1-2 M1 坦克部件的平时故障数和战时损伤数的对比分析

部件	平时故障数	战时损伤数
同轴电缆 7059	1	126
同轴电缆 4723	1	126
专用电缆 13061	0	118

（续）

部件	平时故障数	战时损伤数
专用电缆 13062	0	118
专用电缆 13063	0	118
同轴电缆 7058	1	112
⋮	⋮	⋮

由表 1-2 可知,M1 坦克的专用电缆和同轴电缆平时不发生或很少发生故障,而在战时却极易发生损伤,即有些部件的损坏或许在平时从未经历过,部队没有此类备件,或者是由于部件损坏率较高,备件已用完。这时的情况也与平时不同,不能坐等标准备件,而是要千方百计地解决备件的需求问题。

6. 工作环境条件不同

平时修理是在和平环境下进行的,修理人员可能有进度方面的压力,但没有生命的危险,而且维修资源比较充分,必要时可得到专家的指导,只要细心,在规定时间内修好装备是没有问题的,维修人员心理压力一般不会很大。但是在战时,由于敌人的封锁,后勤供应线随时可能会被切断,加之维修资源消耗多,容易造成备品备件缺乏,造成未必都能采用换件修理方式。此外,在战场环境中维修人员的心理压力往往比平时大很多,致使维修差错增多,如果没有平时严格的训练,将很难完成预定的抢修任务。

四、战场抢修与应急修理

战场抢修是一种应急修理。战场抢修工作都具有应急性,它们都是在时间很紧的情况下需要利用比一般(平时)更为有效的方法对装备进行快速评估及修复。因此,战场抢修是装备在战场这种特殊环境下的应急修理。

然而,应急修理不仅仅存在于战场环境,而且在平时紧急情况下也需要对装备进行应急修理。如坦克在外出执行任务中发生了突发性故障,且附近无修理力量和设备工具,这时就需要坦克乘员利用所学知识或利用就地可获得的材料使坦克恢复行驶或至少能运行到有条件修理的地方,以实施标准修理。

应急修理的对象还包括各种军用和民用设备、设施、运输工具等,特别是像船、电信与电力网络等,它们一旦故障,后果十分严重。此外,还有化工、钢铁、生产流水线等,一旦故障将影响环境或生产效益。这些设备和设施在紧急情况下不能采用常规修理技术和方法,需要采取应急修理措施。可见,应急修理是广泛存在的,对人们日常生活有着密切关系。同时,常说的应急修理、抢修或抢救,与装备战场抢修一样,都具有时间紧迫、临时修理等特性。因此,本书介绍的战场抢修理论与方法在民用、在和平时期也有着广泛的适用性,而不只是在战场上才能使用。

应急修理的系统研究起源于部队,其研究成果现已逐步在民用设备中得到推广应用。如战场上的尘土很大,直接影响装备的正常工作,为此研究了各种减摩剂、润滑剂,这些产品已在民用汽车的保养方面得到推广和应用。而民用的各种应急修理新材料、新技术,也可用于装备战场抢修。如有些厌氧胶、新型润滑系列、修理管道的生料带、各种胶黏剂等在民用设备设施的建设与修理中得到广泛使用,其性能已达到在战场抢修中使用的条件和要求,可以在实际战场抢修中推广应用。这样可以节约大量研制这些新材料、新技术的费用,节省军费开支。因此,军用和民用的应急修理技术可以相互借用。

五、战场抢修与应急使用

(一) 战场抢修工作类型

1. 切换

切换(short - cut)指在液压、气压、电路等系统中,通过转换开关或改接管道,脱开损伤部分,接通备用部分,或者将原来担负非基本功能的完好部分改换到基本功能电路中。例如,电气设备的线路被毁,可接通冗余电路,若无冗余设计,可将担负非基本功能的线路移植到基本功能电路中,从而实现装备的基本功能。在机械装备中,也可根据装备工作原理进行切换,如电动操作失灵,可用人工操作代替;火炮瞄准具表尺装定器损坏,可用炮目高低角装定器代替表尺装定射角;光学瞄准镜损坏,改用简易瞄准具。

2. 剪除

剪除(by - passing)就好像对伤病员做切除手术一样,把损伤部分甩掉,以使其不影响基本功能项目的运行,也称为"旁路"。在电子、电气设备上,对完成次要功能支路的损坏可进行切除(如将管路堵上、电路切断)。对机械类装备也可广泛采用切除方法,如枪、炮平衡机损坏后,高低机打不动时,可拆除损坏的平衡机,在瞄准时用几名炮手抬身管以打动高低机,进行高低瞄准;炮口制退器被打伤变形后,不能进行射击,可取下炮口制退器,用小号装药继续射击。

3. 拆换

拆换(cannibalization)指拆卸本装备、同型装备或异型装备上的相同单元来替换损伤的单元,也称为拆拼修理。如担负重要功能的部件损坏后,可以拆卸非重要部位用于修复担负重要功能的部件;再如有同型号装备都遭到损伤而不能作战,但各装备的损伤部位不同,可将各自的完好部位拆下,重新组装成能战斗的装备。拆换的方法主要包括以下几种。

(1) 备件更换。拆卸损伤部件,用备件进行更换,即平时的标准修理。

(2) 拆次保重。在本装备上拆卸下非基本功能项目,替换损伤的基本功能项目。抗美援朝战争中,我军某部76mm加农炮驻退机螺塞损坏,修理人员卸下高低机蜗轮箱螺塞替换,从而使火炮恢复战斗。

(3) 同型拆换。从同型装备上拆卸相同单元,替换装备损坏的单元。

(4) 异型拆换。从不同型装备上拆卸下相同单元,替换装备损坏的单元。不同型装备包括民用设备、我方装备、敌方遗弃的装备等。

从上述方法可以看出,拆换的形式是多种多样的,尽管其效果不完全相同,但只要能满足应急需要,在战场抢修中都是允许的、可行的。

4. 替代

替代(substitution)是指使用性能相似或相近的单元或原材料、油液、仪表等暂时替换损伤或缺少的资源,以恢复装备的基本功能或能自救,也称为置代。替代的对象包括装备元器件、零部件、原材料、油液、仪器仪表、工具等。替代是指非标准的、应急性的,可以是"以高代低",即用性能好的物资、器材替代性能较差的物资、器材;也可以"以低代高",只要没有安全上的威胁,应当根据战场实际情况"灵活采用"。如用小功率发动机代替大功率的发动机工作,可能使运转速度和载重量下降,但能应急使用;驻退机液体减少后,暂时加水代替。

5. 原件修复

原件修复(repair)指利用现场有效的措施恢复损伤单元的功能或部分功能,以保证装备完成当前作战任务或自救,也称临时修复。除传统的清洗、清理、调校、冷热矫正、焊补焊接、加垫等技术之外,要着重探讨与应用各种新材料、新技术、新工艺,如刷镀、喷涂、粘接、涂敷、等离子焊接等。根据我国我军实际情况和武器装备发展情况,应当更多地研究电子电气设备、气液压系统、非金属件中应用原件修复的可能性与就便修复手段。

6. 制配

制配(fabrication)指制作或加工新的零部件,替换装备中的损伤单元。制配不但适合于机械零部件损伤后的修复,也适合于某些电子元器件损伤后的修复。在我军长期实践中,战场修复中的制配也有多种形式,主要包括以下几种。

(1)按图制配。根据损坏或丢失零件的设计图样加工所需备件。

(2)按样制配。根据样品确定尺寸和原材料。若情况紧急,次要部位或不受力部位的形状和尺寸可以不予保证。

(3)无样制配。在无样品、图样时,可根据损伤零件所在机构的工作原理,自行设计、制作零件,以保证机构恢复工作。

7. 重构

重构(reconfiguration)指系统损伤后,重新构成完成其基本功能的系统。

上面7种战场损伤修复方法,又称其为战场抢修工作类型。这7种方法的叙述大体上遵循着修复速度由高到低,所需资源由低到高,人员技术要求由低到高的顺序。因此,在拟定损伤修复措施中,一般地说应按上述顺序优选修复方法。

(二)应急使用方法

装备发生战场损伤以后,并不一定所有的损伤都需要进行抢修。在战场上或紧急情况下,根据指挥员的决策,对于一些不影响装备完成当前任务和安全的损伤,只需要进行必要的处理,使其迅速投入战斗或自救,进行应急性使用而不必立即修理。常用的应急使用方法包括以下几种。

1. 带伤使用

装备的损伤若不直接影响当前战斗所需的功能,且对当时安全无大的影响,可以暂不抢修,继续使用。例如,车辆轮胎漏气损伤,不影响飞行安全的飞机蒙皮损伤,不影响舰船航行的船体损伤,若情况紧急可推迟修理,继续使用。

2. 降额使用

装备受到损伤后战斗性能往往会降低,只要不危及安全,在战场上或紧急情况下可根据指挥员的决断继续使用。例如,多管火炮、火箭发射器在损伤若干身管或发射管后还可用剩余发射管继续发射,虽然杀伤面积减少了,但仍可起到一定的打击作用;飞机、舰船、车辆等装备在受损后减速行驶的情况也是普遍可行的。

3. 改变操作方式

当装备某些必要的功能丧失以后,如果能通过改变使用方法找到替代功能的措施,使装备继续战斗,就不必立即修理。例如,自动操作失灵,可用人工操作代替;火炮瞄准具打坏,可用膛中瞄准,目视测距,象限仪装定等继续射击;飞机、舰船自动驾驶改用人工操作等。

4. 冒险使用

对装备某些部位的损坏,继续使用是有一定危险的,在平时必须停止使用。在战时紧急情况下,如果经采取必要的安全措施(如人员暂时疏散等)后,可以不作其他处理进行应急使用。例如,某些保险、监控装置损坏,可能带来潜在的危险,在紧急情况下,采取疏散人员等安全措施后,也可继续使用;火炮炮闩保险器损坏,在确认炮闩无自动击发现象后,可取下保险器继续射击。

第二节 战场抢修的发展情况

一、国外发展概况

第二次世界大战期间,部队机械化、摩托化程度迅速提高,火炮、坦克、飞机、舰船等大量列装部队,因损坏及被击伤的装备数量很大,使部队战斗力锐减,迅速修复损坏装备并恢复部队战斗力成为各国军队迫切需要解决的问题,此时战场抢修技术在实践中有很大发展。苏联红军创造了许多战场修复方法,积累了丰富的经验,曾修复了数以万计的火炮、坦克和车辆,其数量相当或超过其生产总量,成为保持和恢复部队作战能力的重要因素。英国不仅开展了良好的维修训练,而且还建立了一个优越的后勤系统,能够从本土远程向作战部队提供备件,使他们能够策划一些对他们有利的战役,并最终在该战区取得了胜利,证实了后勤保障在支援战役中起着决定性的作用。

美军在第二次世界大战、朝鲜和越南战争中的统计数据表明,战斗车辆损坏只有25% ~ 40%是由敌方打击造成的,其余的则是由于装备故障、操作人员失误等其他原因造成的,即非战斗损伤的装备占损伤装备总数的60% ~ 75%。对于武器装备的这些非战斗损伤而言,只要能够找出这些已知损伤的解决办法,就会在正确的方向上迈出巨大的一步。同样的数据表明,在战场上基层级修复战斗车辆最多的部位是底盘和身管,有人建议通过装备设计解决这些易损关键件问题,从而提升装备的战斗生存能力。

虽然战场抢修技术在第二次世界大战期间得到了快速发展,但是并未引起各国军队的普遍重视,其转折点是1973年的第四次中东战争。这场战争发生于1976年的10月6日至10月26日,又叫赎罪日战争、斋月战争、十月战争,起源于埃及与叙利亚分别打算收复六年前被以色列占领的西奈半岛和戈兰高地。埃叙联军在战争开始以2倍甚至3倍以军的优势获得战略突破,所以战争的头一至两日埃叙联盟明显占了上风,以色列同时面临着在北线和西线作战的困境,双方进行了第二次世界大战以后最大规模的坦克对决。以军在头18h内有70%的坦克丧失了战斗能力,如表1-3所列,在投入作战的450辆坦克当中,共约346辆丧失了战斗能力,其中,在戈兰高地损伤了108辆,在西奈高地损伤了238辆。在整个战争中,以军编成许多野战抢修分队,每个分队都由20~30人组成,在"靠前修理"思想的指导下,尽量在靠近装备损伤现场的地域实施修理,大多数武器装备在战场上得到了修复。在修复损伤装备的过程中,以军采用灵活的修复方法和技术,从损伤严重的坦克上拆卸下零部件用于修复损伤较轻的坦克,甚至采用同样方法对缴获的地方坦克成功实施了修理。在不到24h的时间内，有80%的损伤坦克又恢复了战斗能力。当埃叙联军遭到以军坦克的攻击时，他们几乎不能相信自己的眼睛，因为这些坦克在一天以前已经被他们击毁了。事后的资料表明，以色列在短短的几天内修复了2700多辆次坦克，平均每辆坦克都被修复过1次，甚至有些坦克"损坏—修复"的次数达4~5次之多，此外还抢修了敌方遗弃在战场上的苏制坦克达300多辆。以军成功的战场抢修实践使作战武器装备数量"由少变多"，而埃及、叙利亚军队可作战的装备则由多变少，最后以军创造了"以少胜多"的战争奇迹。

表1-3　1973年第四次中东战争的头18h以色列坦克战损与修复统计表

作战地域	旅	可用坦克数量/辆	
		10月6日下午2时	10月7日上午8时
戈兰高地	2	160	52
西奈半岛	3	290	52
合　计		450	104

——以色列坦克在头18h内有70%（346辆）丧失能力
——在24h之内约有80%丧失作战能力的坦克（约270辆）返回战斗
——有些坦克重返战斗4~5次

　　以色列军队成功的战场抢修实践对战场抢修研究与发展产生了深远影响，引起了以美、英为首的西方国家的高度重视，从此战场抢修成为各国军队的热门话题，开始对战场抢修进行全面、系统的研究和准备工作。

　　20世纪70年代后期，美军开始战场抢修的系统研究，并把战场抢修称为"Battlefield Damage Assessment and Repair（BDAR）"，即"战场损伤评估与修复"。20世纪80年代以后，美国陆军和空军相继制订了《战场损伤评估与修复纲要》，全面规划了战场抢修工作。1982年美国国防部制定并颁布了《战场损伤评估与修复纲要》（以下简称《纲要》），其内容包括BDAR手册、BDAR成套工具、BDAR训练及BDAR后勤，主要用于集中指导各军兵种编制BDAR大纲及开展BDAR工作。自此以后，美军按照《纲要》逐步开展了BDAR工作，形成了系列研究成果。一是建立了BDAR的组织，配备了专门的战场抢修力量。美国陆军在其各级维修机构中均编有机动修理组，以加强基层，便于实施战场抢修；海军规定海航中队及搭载飞机的舰船在执行任务时必须配战场损伤评估与修复小组；美空军建立了"战斗后勤保障中队"，5个后勤中心均配备一个现役的和一个预备役的战斗后勤保障中队，这是一支机动修理部队，战时即被派往基地协助抢修。二是编写装备BDAR手册，主要包括指导BDAR手册编制的标准和具体装备的BDAR手册两类。1985年，美军发布了《战场损伤评估与修复手册的编制》（MIL-M-63003），对具体装备BDAR手册的内容做了统一规定；1988年，美空军发布了《飞机BDAR手册的编制》（MIL-M-87158A），以指导型号飞机BDAR手册编制。此后，美军各军兵种以这些军用规范为依据，编写了大量具体型号装备的BDAR手册。三是研制战场抢修工具和器材，为战场抢修提供快速修复技术和手段。有通用工具箱，如飞机电缆修理工具箱、轮胎修理工具箱、装甲等复合材料工具箱、油箱以及机架的工具箱；也有具体型号装备的专用工具箱，如为M1坦克设计的工具箱FSN 2510-01-327-4170、为回收车设计的M88工具箱FSN 2510-01-327-4172、为"布雷德利"系列履带车辆和轮式车辆设计的M2/3通用工具箱等。

这些工具箱大多数集中在复合材料的修复技术上,在战时修理中发挥了重要作用。例如,Novis 提供了一种可用于快速野战修理玻璃纤维聚酯胶泥补片新技术的完整研究报告,该胶补片曾用于美"沙漠风暴"行动,得到 Hanison 将军的高度赞扬。四是组织开展战场抢修训练,提高战场抢修的组织实施能力。例如,美国空军的战斗后勤保障中队的所有人员都受过战场抢修训练,无论空军飞机在何时何地发生事故,战斗后勤保障中队的小组即被派往现场,他们携带装有修复损伤飞机所需工具与器材的抢修工具箱,对事故飞机进行远程支援修理。五是组织了大规模实弹试验,开展实弹试验与评价。1986 年、1987 年,北约组织相继在德国墨本进行了武器装备"静爆试验",他们以老装备作为目标装备,用 155 炮弹做静爆,用 20 ~ 40mm 机关炮、105mm 坦克炮对车辆和火炮进行射击,再对损伤的车辆、火炮进行抢修。通过试验,他们得出了两条重要结论:现役武器装备不便于快速抢修,需要对新装备在设计前提出新的要求,即"战斗恢复力"(或称抢修性);为了让士兵熟悉BDAR,需要开展广泛专门训练。这些结论被西方国家所认可,1986 年美国陆军在可靠性维修性年会上提出了战斗恢复力的概念,要求把它作为一个设计特性纳入新装备的研制合同。

　　20 世纪 90 年代初,美国军方十几年在战场损伤评估与修复中的投入,在海湾战争中得到了回报,主要表现在:一是美军成功解决了武器装备不适应海湾地区高温沙尘问题;二是海军在战场上抢修了严重损伤的"特里波利"和"普林斯顿"两艘军舰,并且都是在遭到损伤后 2h 内完成修复的,修复后的军舰还能担负部分作战任务,并依靠自身动力返回了前沿修理基地,以实施常规修复;三是空军抢修 A - 10 等飞机 70 余架,导弹、坦克、火炮等装备也都不同程度开展了 BDAR。海湾战争后,维修人员的成功受到了高度赞誉。同时,也暴露了一些需要研究解决的保障问题。此后,美军开始深化装备战场损伤评估与修复研究,1991 年,BDAR 被列为实弹试验与评价(Live Fire Test and Evaluation,LFT&E)项目中的重要内容,此后纳入到 DoD 5000. 2 中,要求武器装备研制阶段必须考虑 BDAR问题;1992 年,美军将便携式辅助维修设备(Portable Maintenance Aid,PMA)应用于飞机战损评估,能够辅助维修人员评估战斗机的战损程度,并根据战损程度判断是进行现场修理还是后送修理,如现场修理,则确定所需维修资源,如不能现场修理,则进一步判断战损飞机能否飞往其他修理基地以及为保证飞行安全而应采取哪些应急修理方法等;1995年,出版了野战条令 FM 9 - 43 - 2 战场抢修与抢救;1999 年,开始组织实施联合后勤训练(TWE/BDAR),将战场损伤评估与修复作为重要的训练内容。

　　进入 21 世纪以来,为了提高装备战场抢修能力,美军积极发展战场损伤评估与修复新技术。为了提高装备的战损修复能力,应用快速拆拼技术、新材料及新工艺,实现装备及零部件的原位快速修复,发展现场快速再制造技术,将激光熔覆成型等技术应用于零件制造。在 2003 年伊拉克战争中,加拿大 NGRAIN 公司提供了一种基于任务的 3D 交互式战场损伤评估与修复训练系统,系统提高了复杂装备的安装、维修和抢修训练的效率,以更低的费用实现更好的训练效果,它的用户包括美国陆军、空军、加拿大国防部等,目前该软件平台已在美军战场抢修训练、平时维修训练中获得了广泛推广应用。2003 年,美国陆军改进了装备通用战场抢修工具箱,根据装备的典型损伤模式,区分抢修任务分工,将抢修工具箱区分为维修人员用工具箱和装备使用人员用工具箱。2006 年,美军制订了FM 4 - 30. 31 Recovery and BDAR(战场抢救与抢修),代替了该方面原野战条令 FM 9 - 43

－2，阐述了装备在战场抢修抢救的技术、手段和有关组织管理，明确了开展战场抢修训练的主要科目，战场抢救的方式和方法；对如何使用吊钩、木桩、锚、绳索等设备工具对发生淤陷、掉沟、侧翻的装备实施抢救给出了具体的方法和措施；介绍了军械抢修工具箱在战场抢修中的具体使用方法；规定了在实施战场抢修与抢救中的手势动作信号要求和标准；列举了利用机械、力学原理解决实际抢修与抢救难题的技巧。

目前，美军有多个研究机构和学校开展有关战场抢修方向的人才培养、训练和科学研究，如国家维修训练中心（National Maintenance Training Center）、军械机械维修学校（Ordnance Mechanical Maintenance School）、军械弹药与电子装备维修技术学校（Ordnance Munitions and Elections Maintenance School）、第四技术训练学校（No 4 School of Technical Training）等承担装备维修保障的人才培养任务，开设了战场抢修训练等有关课程，开展抢修设备工具研制等研究任务。

二、国内发展概况

在 2200 多年前的秦代，秦军使用的弩机，由于制作得十分标准，它的部件是可以互换的。在战场上，秦军士兵可以把损坏的弩机中完好的部件重新拼装使用，这可以说是装备战场抢修最早使用的拆拼修理。

我军素有对武器装备进行战场抢修的传统，特别是在抗美援朝、炮击金门、抗美援越及边境自卫还击作战中，广大使用与维修人员发扬英勇顽强和勇于创造的精神，进行了火炮、车辆、飞机、舰艇等装备的战场抢修，保证了作战的胜利。

在抗美援朝期间，我志愿军装甲兵部队赴朝作战 16 个月就修复坦克、汽车 1015 辆次，火炮 57 门，高射机枪 38 挺，为保证作战需要打下了坚实基础；我空军损毁飞机 257 架，战伤和事故损伤飞机 835 架，即每损失 1 架飞机有 3.3 架飞机战伤，尽管当时我空军正是初建时期，修理水平不高，许多可以修复的飞机未能修复，但还是修复了 38% 的战伤飞机，累计 315 架飞机，及时补充到战斗中去。此外，铁路运输是当时我军交通运输线的骨干力量，进入志愿军阵地作战之后，通车纵深逾 350km，占志愿军战区后方运输纵深的 60% 左右。因此，铁路运输线的伸缩，不仅决定汽车、人力和畜力运输线的长短及其任务的轻重，而且直接关系到后勤物资供应的数量和时效，影响到战役的进程和战争的胜败。随着我军对铁路运输的整顿和铁路线的延长，美空军将铁路作为轰炸的重点。为了战胜由于敌机轰炸而造成的严重困难，保证运输通畅，一是在志愿军总部领导下，开始加强抢修力量，并于 1952 年 2 月，抢修与维修统一归抢修指挥所领导，将军管总局工务部门及工务大队归并抢修指挥所统一调度使用；二是根据敌机轰炸规律，结合桥梁、线路、车站等具体情况，分别拟定出具体抢修办法，并根据拟定的抢修办法事先做好抢修方法施工准备工作，以便最大限度地节省抢修时间；三是为了提高部队的抢修水平，有的抢修部队利用抢修间隙组织诸如料具准备、人力组织、技术应用、施工方法等抢修演习。从实战和朝鲜的特殊环境、条件出发，创造了大量以"快"为核心，以容易架设、便于抢修为原则的抢修法。经过积极抢修抢建，可以运行的铁路线已由志愿军入朝时的 107km 增加到 1951 年的 1200km 多。

在援越抗美期间，武器装备因遭敌机轰炸损失的仅占千分之几，而因不良气象条件造成的损坏则是主要的。例如，在入越初期，武器生锈率在 30% 以上，有的竟高达 80% ～

90%；光学器材一般不到半年就出现发霉、起雾、开胶、失调等现象。援越部队的后勤保障主要采取划分区域供给的保障体制，把越南北方战区划分为东线、西线两个保障区域，根据"以部队修理为主"的方针，后勤部门将修理力量前伸，充实加强了部队的修配力量，大力开展修理所下连队、到阵地、作业区、换乘点巡回保养修理，先后派出修理分队 65 个1600 多人，协助部队组织就地修复。据入越两年半的数据统计，高炮部队 60% 以上的战损武器、车辆，以及 30% 以上的光学器材是在国外就地修复的，1965—1969 年援越部队的武器、车辆完好率经常保持在 95% 左右，保持了良好的技术状态；东线部队修理车辆 1574台、火炮 1888 门、枪支 6724 支（挺）；西线部队修理高射武器 1533 门（挺）、器材 1016 件，修理、保养各种车辆 5000 多台次。

在对越自卫还击战期间，多采取抢修力量靠前配置，以现场修理为主，修理形式采取阵地修理、伴随修理、机动修理和修理所修理，但主要是采取现场修理为主。修理方法主要采取换件修理、原件修复和拆拼修理。通过实践证明，这种抢修方法争取了时间，使受损装备快速恢复战斗力，保障了战中急需。例如，在朔江进攻战斗中，某团阵地上一挺机枪由于连续发射 700 多发子弹，气体调整器卡环失效，弹膛起毛刺打不连，配属该营的技术保障组立即赶到阵地抢修，只用了 4min 时间，使该枪恢复了战斗力，继续投入战斗使用，打退了敌人冲击，掩护了部队守住了阵地。在这次战斗中，采用换件修理、原件修复、拆拼修理等方法，先后抢修各种枪炮 49 支（挺、门），保障了战斗紧急情况下的需要，圆满完成了战中技术保障任务。

20 世纪 80 年代以前，虽然我军在战场抢修实践中积累了很多的经验，但是由于种种原因，我军对战场抢修的研究还不够深入、系统，数据资料的积累也不够充分，有关准备也不够完善。

20 世纪 90 年代初，海湾战争是世界上冷战结束后的第一场较大规模的高技术条件下的局部战争，给世界各国留下了深刻的印象，特别是在我国引起了巨大的震动和反响。军械工程学院王宏济教授，敏锐地意识到海湾战争不同于以往的战争，并及时捕捉海湾战争有关装备保障的信息。他注意到美军提出"Combat Resilience"的概念及其实际应用，率先引入了"战斗恢复力"的概念，在军内外首先发表了"应当重视装备战斗恢复力的研究"的文章，独自翻译、编辑了《装备战斗恢复力译文专辑》，以《军械工程学院学报》专刊发表。从此，"战斗恢复力""战场损伤评估与修复"逐渐引起了军内外的普遍关注，开始了战场抢修的系统研究和准备，战场抢修研究成为我军装备维修界继维修工程之后新的研究热点。

在军械系统，几十年来对战场抢修研究与实践几乎没有间断过，并常常把战场抢修作为训练、比武中的重要内容，在长期的实践中积累了丰富的经验。军械工程学院率先进行武器装备战场抢修和战斗恢复力的系统研究，取得了丰硕研究与应用成果：一是发表译文专辑和专著教材，引领我军系统对战场损伤评估与修复研究的深入展开。1992 年出版了《战斗恢复力译文专辑》，1995 年相继出版了《装备战场抢修译文专辑》和《装备战场抢修论文专辑》；1999 年将战场抢修纳入国家级重点教材《军用装备维修工程学》的内容，2000年编著的《装备战场抢修理论与应用》由国防工业出版社出版，并应用于各层次人才培养；2005 年编著的《装备战伤理论与技术》由国防工业出版社出版。二是牵头制订国家军用标准，成为装备抢修性设计与抢修手册编写的基本依据。1997 年颁布了第一部关于战场抢修的国家军用标准《装备战场损伤评估与修复手册的制定要求》（GJBz 20437—97），为各类武器装备编制 BDAR 手册规定了明确要求,提供了具体的技术途径;首次提出抢修性的概念,将有关便于战场损伤修复的设计要求纳入《维修性设计技术手册》(GJBz 91—97),供设计人员研制新装备时参考。三是深入开展装备战场损伤评估与修复研究,组织实施了"实装实打"试验、静爆试验等系列战损试验,不断发展战场抢修理论与技术,特别是在装备战场损伤机理与规律、战场损伤评估等方面取得了丰硕研究成果。四是开发战场抢修资源,为部队开展战场抢修提供手段支持。组织编写自行火炮、地炮、高炮、雷达等军械装备的"战场抢修手册",同时还根据军械装备战场损伤的特点,编写了《军械装备战场抢修通用手册》,这些手册已由总装通用装备保障部下发部队,供战场抢修训练时使用;研制了"军械装备战场抢修器材箱",并配发武器轻型抢修车、应急修理分队抢修车、自行火炮抢救抢修车。

三、信息化战争条件下装备战场抢修发展趋势

信息化战争是指主要使用以信息技术为核心的高技术性能装备、高技术装备系统和与高技术装备系统相适应的作战编成、作战方法、作战保障等所进行的现代化战争。信息化装备的性能水平和使用规模决定着信息化战争的发展进程和达到的程度。

(一)信息化战争对装备战场抢修的影响

信息化战争装备维修保障具有保障范围广、任务重、时效强、要求高等特点,这些都对装备战场抢修提出了新的挑战。

1. 火力打击精确化加大了装备的损伤概率

随着信息化打击武器区域远程化、精确化、智能化、无人化,使得"目标一旦被发现,就意味着被摧毁"。例如,过去摧毁一辆坦克大约使用 1500 发常规炮弹或 250 发改进型常规炮弹,而使用"铜斑蛇"激光制导炮弹,只需 1~2 发即可达到目的;美军的 M1A1 型坦克,其首发命中率高达 80% 以上;美军的改进型巡航导弹,射程 1800km,命中精度已达 3~6m;第三代激光制导炸弹的精度可达到 1m 左右。此外,随着激光武器、电磁脉冲武器等一些新概念武器应用于战场,装备的生存将面临更大威胁,装备的损伤概率将会大大提高,从而导致装备战场抢救抢修任务将会更加繁重。

2. 武器装备信息化增加了战场抢修的难度

信息化装备是集微电子技术、计算机技术、光电技术、精确制导技术、人工智能技术、通信技术、新材料技术等现代高新技术于一体的复杂武器系统,少则由几千个、几万个零部件构成,多则由几千万个甚至上亿个零部件构成,任何一个零部件出问题,都有可能影响装备作战效能的发挥,甚至完全失效。信息化装备精密仪器多,软件系统原理深奥,一旦遭到病毒侵袭或者仪器设备损毁,将很难对其进行修复。这一切都对装备战场抢修提出了更高要求,使战场抢修的难度和复杂性进一步增加。例如,一架预警机的电子设备就有高达上百万甚至上千万个零部件,假如在战争中受到损伤,战场抢修将涉及精密机械、电子、光学、材料等多种高新技术,传统的机械修理模式将难以满足信息化装备的抢修需求。

3. 威胁机理多样化改变了战损装备的构成

随着信息技术在军事领域的应用,武器装备的杀伤破坏途径也趋于复杂化。与传统的单一机械化组合的武器装备相比,信息化装备的"躯体"容易遭受"硬"毁伤的同时,更可能受到激光、电磁脉冲、电子战武器装备、计算机病毒等对其"大脑"进行软杀伤,烧毁、

干扰和破坏信息化装备中的集成电路,使其"大脑"永久性失灵。例如,在伊拉克战争之初,美军就向伊军发射了400多枚巡航导弹,有效打击了伊军的指挥、控制和通信中心,同时,美军还不断地对伊实施电子干扰、网络攻击等多种打击。因此,信息化战争装备威胁机理呈现多样化的发展趋势,硬摧毁与软杀伤的有机结合改变了战损装备的构成,致使战场抢修的对象和重点发生了深刻变化。

4. 先进技术实用化提供了战场抢修新手段

自20世纪60年代以来,科学技术突飞猛进,新材料、新技术广泛应用于装备的生产制造和维修,为战场抢修提供了新途径,对于提高装备战场损伤再生能力起到了重要作用。例如,纳米材料的使用使战场环境这一特殊条件下的高强度作业和恶劣环境下的作业导致的故障抢修如同遇见了救星,由于纳米材料具有优异的力学性能,可用于制造超硬、超强、超韧、超塑性材料和高性能涂层,它不仅能够成为质量优良的原材料,而且可以采用表面工程技术对零部件进行维修或再制造,获得高性能的零件表面层;纳米复合电刷镀技术可用于装备零部件表面损伤的修复、强化,如装备的壳体、箱体类零部件密封或配合表面等。随着3D打印技术的发展,使得"战场可制造"将成为可能。

(二) 信息化战争战场抢修的发展趋势

1. 战场抢修预测精确化

战场抢修预测主要是指综合运用建模仿真、BDAR分析、人工智能等技术,构建作战想定模型、装备模型、威胁模型、损伤仿真模型、修复仿真模型等,通过仿真的手段分析预测装备在敌对威胁作用下可能发生的损伤部位、模式、影响及其概率,以及在一定作战想定下装备的战损率和损伤等级分布比例,从而为装备生存性与抢修性设计,以及战场抢修手段开发、抢修器材筹供等提供科学依据。随着装备战损试验数据的积累,以及战损仿真预测技术的日臻完善,将使得在实验室条件下对武器装备零部件损伤模式及发生概率、生存性、抢修性等进行科学准确的评估成为可能,同时根据作战部门提供的作战想定,在尽可能逼真的作战环境中仿真预测不同作战条件下装备的战损规律,从而为装备战场抢修准备提供决策依据。

2. 战场抢修决策智能化

在信息化战争中,装备战场损伤机理复杂、损伤模式随机多样、抢修方法选取灵活等特点都对指挥员进行战场抢修决策的能力提出了更高要求。传统的经验决策容易受决策者主观因素的影响,往往科学合理性低,在复杂情况下很难做出正确的判断和决策,很难适应信息化装备战场抢修决策的要求。为此,在装备战场损伤检测和评估中,借助先进的检测技术和工具,可以对故障或战伤装备进行快速测试,用感应式测试探头跟踪扫描,通过电子屏幕实时显示测试数据信息,快速聚焦故障和损伤部位;通过采用智能化的专家系统,既能帮助抢修人员分析判断其故障和损伤原因,又能提供排除故障和损伤的方法,从而实现人脑与计算机的有机结合;依托智能化的维修保障网络系统,可以申请远程支援和决策信息支持,大大拓展指挥员的决策空间,弥补经验决策的缺陷。

3. 战场抢修技术综合化

多技术的综合是信息化战争的基本要求,也是其发展的必然趋势。例如,随着新材料、新技术的发展,将会出现更多的简便、实用、先进的战场抢修新技术,为战场抢修提供高效工具和手段,但这并不意味着那些"土方""偏方"已过时,只有做到新技术和传统技术的综合运用,才能够最大限度地提高装备战场抢修效能。近年来,我军在信息系统综合集成建设方面取得了显著成效,建立了统一信息平台和信息系统,保障信息和作战信息实现高度融合和共享,将显著提高部队的指挥决策能力;故障诊断与交互式电子技术手册相结合,可以实现故障检测与诊断设备的智能化,从而缩短损伤装备的检测和修复时间,建立一个无纸张、人机和谐的装备检测与维修(抢修)决策支持系统。

4. 战场抢修支援网络化

信息化装备往往集多种高新技术于一体,单独依靠前方技术人员完成抢修任务是十分困难的。以计算机和网络技术为基础的远程支援技术作为一种全新的技术保障方式,目前已经获得了国内外的广泛重视。远程支援技术通过计算机网络将战时前方的技术保障人员与后方的技术专家联系起来,并为前方战场抢修提供及时、准确的技术指导和决策支持。应用远程支援技术,前方的战场抢修技术人员在遇到困难时,通过网络将现场的图像、声音和装备技术参数等传输给远方的技术专家,对战场损伤武器装备进行远程故障检测和诊断,实行超视距、可视化技术支援。远方的技术专家在进行分析研究后,迅速做出结论,并通过网络对前方战场抢修工作进行实时指导,协助前方人员迅速、准确地完成抢修任务。

5. 战场抢修训练虚拟化

传统的战场抢修训练,主要是参考老装备以往作战中发生的典型损伤(故障)情况设置训练科目,或者是以实兵演练中出现的故障作为训练科目,或者是采用"以修代训,以平时训练代替战时训练"的方式。随着武器装备的日益复杂化和现代化,特别是大量高新装备逐步列装部队,这种传统的战场抢修训练方式或方法面临着越来越突出的问题,可以简要概括为"损伤发生难模拟、损伤部件难定位、损伤程度难评估、抢修过程难体验、抢修手段难验证"。随着虚拟现实和仿真技术的发展,基于虚拟现实的模拟训练技术受到国内外各领域的普遍重视。相较于传统的训练方式而言,战场抢修虚拟训练可以实现近似实战环境下的战场抢修模拟演练,逼真地体验装备战场抢修过程、技术和方法,具有训练周期短、成本低、效率高等优点,是提高受训人员抢修能力的有效手段。

第三节 战场抢修理论与技术

一、战场抢修理论与技术框架

从装备战场抢修的国内外发展情况可以看出,如今的 BDAR 与传统的战场抢修有着本质的区别,准备与实施 BDAR 仅仅靠经验、靠技艺已经不行了,而必须靠科学、靠理论指导。这就需要研究和解决一系列的理论和技术问题。例如,战场抢修与抢修性的基本概念和原理,生存性抢修性的设计和分析技术;损伤模式影响分析,特别是研究高新武器装备的损伤和高新武器装备导致的损伤;装备战场损伤模拟和预计,特别是新装备在新型弹药或新概念武器毁伤作用下的损伤机理与规律预计;战场损伤的评估与修复技术,特别是如何应用高新技术手段进行评估和修复;装备战场抢修组织实施与训练等。对以上问题的研究和回答,就形成了装备战场抢修理论与技术框架,主要包括装备生存性与抢修性理论、装备战损预测理论与技术、装备战场抢救抢修技术和装备战场抢修组织实施与训练4部分内容,如图1-5所示。

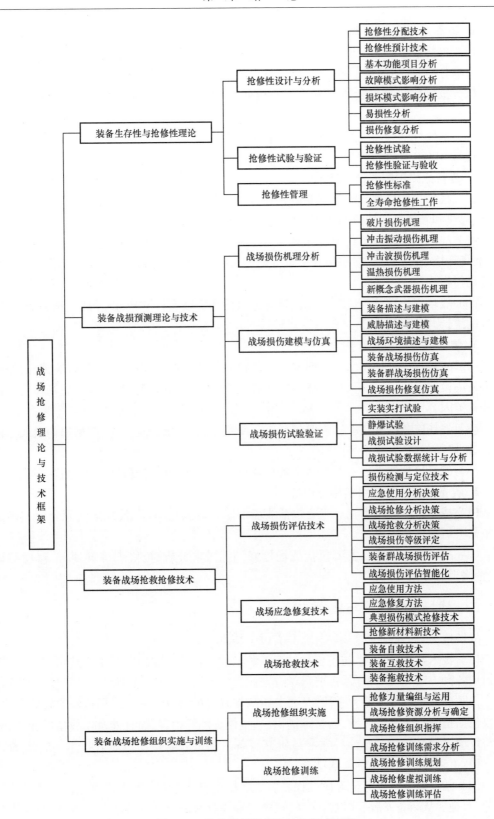

图 1-5 装备战场抢修理论与技术框架

1. 装备生存性与抢修性理论

（1）抢修性设计与分析。主要包括抢修性分配与预计技术、基本功能项目分析、故障模式影响分析、损坏模式影响分析、易损性分析、损伤修复分析等内容。

（2）抢修性试验与验证。主要包括抢修性的试验与验证方法、试验的组织实施等内容。

（3）抢修性管理。主要包括抢修性有关标准制订、装备寿命周期各阶段抢修性工作、抢修性与 BDAR 采办管理等内容。

2. 装备战损预测理论与技术

（1）战场损伤机理分析。主要研究和分析装备及其典型部组件在破片、冲击振动、冲击波、温热和新概念武器毁伤作用下的损伤机理。

（2）战场损伤建模与仿真。主要采用建模与仿真手段，通过建立我方装备、敌方威胁、战场环境、作战想定、损伤仿真引擎等模型，预测我方装备在敌对武器打击作用下的装备战场损伤规律。

（3）战场损伤试验验证。主要包括静爆试验和实装实打试验，以及战损试验的设计、数据的统计与分析等内容。

3. 装备战场抢救抢修技术

（1）战场损伤评估技术。主要包括损伤检测与定位技术、应急使用分析决策、战场抢修分析决策、战场抢救分析决策、战场损伤等级评定、装备群战场损伤评估、战场损伤评估智能化等内容。

（2）战场应急修复技术。主要包括应急使用方法、应急修复方法、典型损伤模式抢修技术、抢修新材料、新技术等内容。

（3）战场抢救技术。主要包括装备自救技术、互救技术和拖救技术等内容。

4. 装备战场抢修组织实施与训练

（1）战场抢修组织实施。主要包括战场抢修力量编组与运用、抢修资源分析与确定和抢修组织指挥等内容。

（2）战场抢修训练。主要包括战场抢修训练需求分析、抢修训练规划、抢修虚拟训练、抢修训练评估等内容。

二、战场抢修理论与技术的特点

战场抢修与一般工程技术相比，具有以下特点。

（1）技术与管理、工程与军事相结合。装备战场抢修的实施需要工程技术，需要灵活地运用各种方法和技术手段，需要科学、准确、高效的指挥决策。因此，装备战场抢修研究与准备既要熟悉抢修对象和手段，又要分析战场环境的特点及其对战场抢修实施的影响；不仅包括抢修技术手段开发、器材筹措供应、抢修训练等内容，而且涉及作战指挥、部队部署与行动、后勤保障等。所以，学习与研究装备战场抢修需要注意做好技术与管理的结合，以及工程学科与军事学科的结合。

（2）涉及装备全系统全寿命过程。装备战场抢修理论不是就事论事地讨论战场抢修活动，而是要从装备发展、建设的全系统、全寿命过程来研究和准备战场抢修，以便在战时最大限度地保持和恢复部队装备作战能力。因此，它的研究内容必然涉及装备论证、研制、试验、使用、维修的全过程,涉及主装备、保障装备、维修器材、技术资料、使用与维修人员、训练与训练保障等问题的方方面面。

(3)强调传统经验与新条件、新技术的结合。强调新条件下的 BDAR 与传统战场抢修的本质区别,并不是否定包括组织指挥、战前准备、抢修技术等在内的各种战场抢修有益经验,而是要与新条件、新技术相结合,在继承中发展,在发展中创新。战场抢修的一个重要特点,就在于它几乎没有什么"条条框框",不管是新技术还是老方法,只要能用、管用、好用就行。当然,新条件和新技术是当前乃至未来装备战场抢修研究的重点。

三、与相关学科的关系

装备战场抢修理论与技术与多种工程技术学科有着密切的联系,其中,最主要的包括可靠性工程、维修性工程、维修技术、故障检测与诊断和维修工程学。

装备平时发生的故障在战场条件下也会发生,其中直接影响作战的那些产品故障则是战场抢修要解决的,所以,战场抢修研究要以可靠性为基础。但是,装备战场损伤包含的内容又不仅仅是一般性的故障,战斗损伤是战时装备所特有的形式。所以,战场抢修还要专门研究装备的战斗损伤,与可靠性工程又有着本质的区别。

装备抢修性与一般的维修性有着一些共性要求,如可达性、互换性、标准化等,但也有其特殊的要求。因此,抢修性是在一般维修性的基础上进一步扩展,着重考虑战场条件下抢修的需要。

装备战场抢修技术与一般的故障检测与诊断技术、维修技术既有联系又有区别。在战场上或紧急情况下,由于时间是首要因素,再加上有限的人力、资源等限制条件,常规的检测诊断、修复方法和技术往往难以奏效,而不得不采取一些特殊的应急性的手段或方法。

维修工程学是维修保障的系统工程,是一门综合性的学科。过去对战场抢修的"特殊情况"研究不够,今后要加强战场抢修相关研究,并做好与其他维修要求的紧密结合。

除上述工程学科外,战场抢修理论还与军事学科中的勤务指挥、装备技术保障等学科有着密切联系。这些学科着重于研究战时技术保障、物资保障的任务与原则、保障队伍配置与展开、保障计划与实施、组织与指挥、警卫与防护等内容。显然,它更为宏观,为装备战场抢修研究提供了"背景"。而战场抢修理论主要是应用这些军事学科提供的原则和条件,将深入研究具体的战场抢修技术与管理问题。

总之,装备战场抢修理论与应用是一门有着特定研究对象和内容的学科,在学习和研究它的时候,要充分利用相关学科的成果,并结合具体对象深入和扩展。

第二章 装备生存性与抢修性基础

生存性和抢修性同属于武器装备的重要质量特性,对于提高和发挥武器装备的作战效能具有十分重要的作用。与可靠性、安全性、维修性、测试性、保障性一样,生存性和抢修性主要取决于装备的设计,必须从装备论证、研制抓起,通过设计和综合保障来实现生存性和抢修性的要求。同时,生存性和抢修性是进行装备战损机理与规律研究、战备储备器材标准制订、抢修手段开发、抢修训练等战场抢修准备的重要基础。所以,开展战场抢修研究需要了解生存性和抢修性的基本知识。本章将主要介绍生存性与抢修性的基本概念、定性要求、定量计算、分析方法等内容。

第一节 基 本 概 念

一、战场损伤

装备的战场损伤是装备生存性的对立物,预防战场损伤、减弱战场损伤的影响、克服战场损伤的后果是装备生存性的要求或体现。所以,分析和研究装备战场损伤不仅是战场抢修研究的基础,而且也是装备生存性与抢修性设计的重要基础。

战场损伤(Battlefield Damage)是指在战场上需要排除、处理的妨碍装备完成任务的事件。

由上述定义可以看出,战场损伤并不仅仅是由于敌方武器的攻击作用而造成的,而是一个更为广泛的概念。在战场上妨碍装备完成任务的因素有许多,这些因素或事件都是需要在战场上需要排除或处理的,归纳起来主要包括以下内容。

1. 战斗损伤

战斗损伤(Battle Damage)是指敌方武器作用造成的装备损伤,是装备在战场环境下所特有的。过去主要是枪弹、炮弹、炸弹造成的损伤,现在还有导弹造成的损伤,还包括电磁、激光等新概念武器造成的"软损伤"。据美军资料统计,战斗损伤占全部战场损伤的25%~40%;而我军在抗美援朝战争中高达80%,这是同当时敌我双方武器装备对比有关的。所以,考虑到装备战斗损伤及其修复的特殊性,战斗损伤是战场抢修研究应当解决的首要问题。

2. 故障

故障主要包括装备的偶然故障和耗损故障,这是装备平时也会发生的,但在战时发生会影响装备的生存性。为了预防装备发生故障所带来的严重后果,保持其良好的技术状态,需要做一些必要的预防性维修工作。当装备发生故障以后,还要对其实施修复性维修,以恢复装备的本来面目。这些情况在战时也会存在,甚至由于在战场上对武器装备的高强度使用,加之恶劣的战场环境条件,装备耗损将更加严重,发生故障的频率以及由此而引发的维修工作可能会加剧,而且会造成新的故障模式出现,需要结合装备的作战任务和面临的战场威胁进行深入分析和研究。

3. 人为差错

由于人的可靠性问题,人为差错在装备平时使用与维修中是不同程度存在的。研究表明,系统故障很大一部分(占故障总数的 10% ~ 15%)是由于人为差错造成的。但是,由于战时作战人员的心理紧张,平时不会出现的人为差错在战时出现了,致使武器装备发生故障或损伤。所以,武器装备的设计要与实际作战条件紧密联系起来,对这些人为差错进行分析研究,尽量避免或减少这种情况的发生。

4. 装备得不到供应品

由于战时装备故障和损伤较平时加重,而且供应线常常遭到敌人攻击破坏,装备得不到供应品成为战时极易发生的情况。这里所指的供应品主要包括装备使用与维修所需的油、液、备件、材料等资源。从表面上来说,它并不是装备损伤。但就其后果来说,它同样造成了装备不能正常工作,与前面几种损伤的结果是一样的。所以也把它列入战场损伤的一个影响因素,作为武器装备战场抢修研究与准备中必须考虑的内容。

5. 装备不适于作战环境

装备不适于作战环境是海湾战争后美军才提出来的,并将其纳入战场损伤的一个因素,作为战场上需要排除、处理的一个问题。众所周知,美国从其全球战略的需要出发,历来重视武器装备的环境适应性,对装备的耐环境设计提出了非常苛刻的要求。尽管这样,在海湾战争中美军装备不适应于海湾地区环境的问题仍很严重。例如,由于海湾风沙的影响,飞机发动机每工作 50h 就要吸入 40kg 的细沙,涡轮叶片上就会结一层硅石粉,造成 15% 的供能损失,油耗增加 10% ,还可能造成叶片断裂。虽然直升机都装有防沙尘设备,发动机工作寿命还是大为缩短,平均工作 100h 就要更换。战后,他们提出要把装备不适应于作战环境作为战场损伤的一个因素,这是很有必要的。

二、生存性

如前所述,生存性是武器装备的重要质量特性,必须通过设计来赋予。因此,在生存性设计和评估中,不仅要考虑常规战斗部的作用,而且必须考虑核、生物、化学武器的作用,还要考虑大功率微波武器、动能武器、射线武器等新概念武器的威胁作用,以及敌人的破坏等。

生存性(Survivability)是指装备(系统)抗御和(或)经受人为敌对环境的影响而不引起持久的性能衰弱并保持连续有效地完成指定任务的能力,也称生存力。

简要地说,生存性就是武器装备能在敌对环境下生存并保持其作战能力,其度量用生存概率表示。生存性主要体现在以下 4 个方面:一是不易被敌人发现,如采取各种伪装和隐形技术,使敌方难以发现或察觉;二是发现后不易被击中,如在装备中利用各种电子干扰、快速躲避技术等;三是击中后不易被击毁,如设置各种装甲防护,合理配置各部件位置,以减少要害部位击毁的概率;四是战损后容易被修复,即战场抢修的能力,或称抢修性。

从生存性的定义可以看出,"回避"和"承受"是生存性的两个关键词。所以,如果装备不能避开敌方武器的攻击,装备则会被击中,就装备自身而言,称其为敏感性(Susceptibility），又称为易命中性，是指由于一个或多个固有的弱点，武器装备被击中的难易程度；如果装备被命中后不能够承受敌方武器的攻击作用，装备将会发生一定程度的损伤或者击毁，称为易损性（Vulnerability），是指在敌方武器的攻击作用下，由于承受一定的威胁机理，使武器装备产生一定的性能恶化、丧失或降低执行规定任务的能力的特性。

三、抢修性

由于对战损装备靠前抢修和长期实践经验的积累，深化了人们对装备战损恢复能力的认识，从而将装备在战场上抗战损及容易被修复的能力形成了一个有关装备的新属性——战斗恢复力（Combat Resilience）。

战斗恢复力的概念是由美国的 Billy J Stalcup 准将在 1986 年美国可靠性与维修性年会上代表军方正式向工业部门提出的。Stalcup 在介绍美、英、德和以色列等国有关"战场损伤评估与修复"的概况和经验之后，一方面指出 BDAR 的重要性和有效性；另一方面则认为，尽管在 BDAR 实践中已经积累了许多经验和数据，美国陆军和空军也已编写了 BDAR 大纲和有关装备的 BDAR 手册，但发现这些做法只是一种"临时拼凑的东西，而基本的问题要广泛得多"。如果要更好地解决装备战场抢修问题，就需要考虑一个新的答案，即战斗恢复力，使之成为与其他特性有明显区别的一种武器装备的质量特性。同时，战斗恢复力应有自己的设计规范，并将其列为合同要求之一，在装备研制初期同其他性能一并进行考虑。

最初，Stalcup 想按 Reliability（可靠性）和 Maintainability（维修性）的先例采用"Resility"（恢复性）这个词，因《韦氏大辞典》（Webster Dictionary）未载而作罢。最后从"人机系统"的角度，采用了"Combat Resilience"。"Resilience"的本意是"回弹"，引申为"迅速恢复的力量"（见《现代高级英汉双解辞典》，牛津出版）。军械工程学院王宏济教授将"Combat Resilience"称为"战斗恢复力"。因为它不仅是装备的一种设计特性，而且还强调人的作用，王宏济教授对战斗恢复力做了深入阐述："武器系统（更确切地说是人与武器装备所构成的人机系统）具有一种新的特性，它在战场上武器装备遭到战损时才能表现出来。人们（使用人员或维修人员）利用这种特性，采用应急手段和就地取材，使战损的武器装备能够迅速重新投入战斗，即使不能恢复武器装备的全部功能，也应恢复其执行当时任务所必需的局部功能或自救的能力"。

后来，考虑到我国的习惯和传统称谓，可靠性、维修性、安全性、测试性、保障性等装备的质量属性，都是以"××性"来命名的。同时，考虑"战斗恢复力"中人的作用，尤其是应急抢修的特性，为便于理解，而采用了"抢修性"的称谓。2006 年，《可靠性 维修性 保障性术语》（GJB 451A—2006）给出了抢修性的确切定义：

抢修性是指在预定的战场条件下和规定的时限内，装备损伤后经抢修恢复到能执行某种任务状态的能力。

由此可知，抢修性和一般的维修性既有区别又有明显的联系。

1. 抢修性与维修性的联系

其联系主要表现在：一是抢修性和维修性都是有关武器装备维修或抢修的设计特性，都要求维修迅速、方便、有效，都是通过设计赋予的；二是作为装备的设计特性，它们有许多共同的要求，如可达性、互换性、防差错、标志等，实现这些要求，既利于一般的维修，又便于抢修;三是抢修性和维修性都对装备综合保障产生影响,是综合保障决策的重要依据。

2. 抢修性与维修性的区别

由于维修与抢修的区别,使抢修性与维修性又有明显的不同,主要表现在:一是维修性通常针对的是装备的自然故障,抢修性则针对的是装备的战场损伤;二是维修性研究的是平时的标准维修,而抢修性更加强调应急抢修措施的运用,从装备设计上要求装备能够、便于采取这些应急方法和措施;三是维修性主要是针对非战斗损伤进行分析设计的,而抢修性是针对于战场上的所有损伤进行分析与设计的;四是维修性主要影响装备的战备完好性,而抢修性则主要影响装备的战损再生能力,是装备持续战斗力的重要因素。

综上所述,抢修性是生存性的必要补充。对于军用装备而言,应当重视抢修性、突出抢修性,可以将其与维修性并列作为一种独立的设计特性。当然,也可以将其作为维修性的子集,一种特殊的维修性。但无论如何,抢修性要求的提出,进行必要的设计、分析乃至试验,对武器装备都是不可忽视的。

四、生存性与抢修性的关系

生存性与抢修性的关系,如同可靠性与维修性一样。生存性是使装备在战场上具有较强的生存能力,以便能完成预定作战任务,而抢修性是使损伤装备具有利用现场资源能快速修复的能力。

生存性与抢修性是相互依存、相互补充的,都是使武器装备具有较强、持续的作战能力。但是,装备的生存性好,往往会采用各种伪装和防护设施,抢修起来有时会更困难。同时,装备的生存性提高,其发生损伤的概率就会降低,抢修工作量就会减少。如果生存性非常高,达到几乎不可能被敌方威胁致损的情况,就不需要抢修或很少抢修,抢修性也就可以差一些。实际上,随着科学技术的发展,以及敌方威胁的不断进步,装备生存性是不可能达到不被敌方威胁损伤的水平的,这时如果需要进一步提高装备的战斗力,可以考虑提高装备的抢修性;相反,如果装备的抢修性较差,可以通过提高装备的生存性来提高装备的战斗能力。

第二节　装备战场威胁与损伤机理

装备战场威胁及其对装备的损伤机理是开展装备生存性和抢修性研究的基础。在战场条件下,武器装备面临各种各样的战场威胁,其中敌方武器的打击作用是引起武器装备损坏的重要因素。对于具体装备而言,应当从作战实际出发,确定一种或几种典型的战场威胁,用于研究武器装备在这些典型战斗部毁伤作用下的生存性分析与评估。

一、常规战斗部及其损伤机理

战斗部是弹药毁伤目标或完成既定终点效应的部分。根据对目标作用和战术技术要求的不同,常规战斗部可以分为几种不同的类型,其结构和作用机理呈现各自的特点。一是爆破战斗部,壳体相对较薄,内装大量高能炸药,主要利用爆炸的直接作用或爆炸冲击波毁伤各类地面、水中和空中目标;二是杀伤战斗部,壳体厚度适中(有时壳体刻有槽纹),内装炸药及其他杀伤元件,通过爆炸后形成的高速破片来杀伤有生力量,毁伤车辆、飞机或其他轻型技术装备;三是动能穿甲战斗部,弹体为实心或装少量炸药,强度高、断面密度大,以动能击穿各类装甲目标;四是破甲战斗部,为聚能装药结构,利用聚能效应产生高度金属射流或爆炸成型弹丸,用以毁伤各类装甲目标;五是子母战斗部,母弹体内装有抛射系统和子弹等,到达目标区后抛出子弹,毁伤较大面积上的目标;六是特种战斗部,壳体较薄,内装发烟剂、照明剂、宣传品等,以达到特定的目的。

战斗部种类繁多,其损伤机理、损伤过程表现各异,但其爆炸后产生的破片、射流等威胁机理却是有限的。根据战斗部对装备的损伤机理,可将其分解为以下几个部分。

(一)破片损伤机理及效能描述

弹药爆炸所形成的破片撞击目标靶板会出现穿孔、侵彻或跳弹 3 种运动形式,如图 2-1 所示。在这几种情况下,受击装备零部件会发生变形、凸起、折断、压坑、破孔等损伤模式。

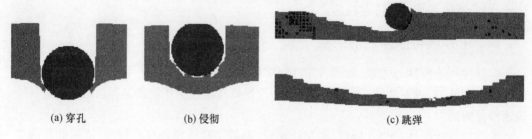

(a) 穿孔　　　　　　　(b) 侵彻　　　　　　　(c) 跳弹

图 2-1　破片撞击目标靶板的运动形式

破片毁伤效应和装备的损伤模式取决于破片的分布规律、目标性质和射击(或投放、抛射)条件。

射击条件包括射击的方法(着发射击、跳弹射击和空炸射击)、弹着点的土壤硬度、引信装定和引信性能。当引信装定为瞬发状态进行着发射击时,弹药撞击目标后立即爆炸。此时破片的毁伤面积是由落角(弹道切线与落点的水平面的夹角)、落速、土壤硬度和引信性能决定的。落角小时,部分破片进入土壤或向上飞而影响杀伤作用;随落角的增大,杀伤作用提高;引信作用时间越短,杀伤作用越大;弹药侵入地内越深,则杀伤作用下降越快。当进行跳弹射击(通常落角小于 20°,引信装定为延期状态)时,弹药碰击目标后跳飞至目标上空爆炸。跳弹射击与空炸射击时的空炸高度适合时,杀伤作用有明显提高。

破片的分布规律包括弹药爆炸时所形成破片的质量分布(不同质量范围内的破片数量)、速度分布(沿弹药轴线不同位置处破片的初速)、破片形状及破片的空间分布(在不同空间位置上的破片密度)。而这些特性则取决于弹体材料的性质、弹药结构、炸药性能以及炸药装填系数等参量。为了在不同作战条件下对不同目标起到毁伤作用,需要不同质量、不同速度的破片和不同的破片分布密度。

破片分布规律是进行装备生存性评估、战损仿真的重要基础。因此,下面将重点讨论破片的分布规律。

1. 基本假设

当弹药爆炸时,破片通过球面向四周飞散,如图 2-2 所示。

根据有关实弹试验数据统计,沿各球瓣飞散出的破片数基本相同,表面破片的飞散规

律与经角 β 无关；沿各球带飞散出的破片数随纬角 φ 不同而不同，具有明显的正态分布特性。因此，假设弹药爆炸后形成的破片分布为正态分布。令 $f(\varphi)$ 代表破片沿 φ 作正态分布的密度函数，则有

$$f(\varphi) = \frac{1}{\sqrt{2\pi}\sigma} e^{-(\varphi-\bar{\varphi})^2/2\sigma^2} \qquad (2-1)$$

式中： σ 为 φ 的均方差； $\bar{\varphi}$ 为 φ 的数学期望。

$f(\varphi)$ 的曲线形状如图 2-3 所示，图中的 Ω 为包含有效破片数 90% 的飞散角。

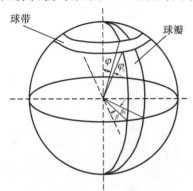

图 2-2　破片的飞散球面　　　图 2-3　破片分布的正态密度函数曲线

2. 破片场计算

不同战斗部爆炸所形成的自然破片形状、大小、速度以及飞散方向是不同的。战斗部爆炸后形成的破片质量分布、空间飞散分布及其速度可由破片场来描述。

设 φ 为破片飞散角（即图 2-2 中的纬角 φ）， n 为弹炸后形成的破片数， m 为破片质量， v_0 为破片速度。将破片按质量划分为 N_m 个质量区间，按飞散角划分为 N_A 个飞散区间，则破片场可表示为

$$\begin{aligned} n_{ij} &= n_{ij}[(m_i, m_{i+1}), (\varphi_j, \varphi_{j+1})] \\ v_{ij} &= v_{ij}[(m_i, m_{i+1}), (\varphi_j, \varphi_{j+1})] \end{aligned} \qquad (2-2)$$

式中： $i=1,2,\cdots,N_m$ ； $j=1,2,\cdots,N_A$ ； n_{ij} 为第 i 质量组第 j 区间内的破片数量； v_{ij} 为第 i 质量组第 j 区间内的破片速度（m/s）； m_i 为第 i 质量区间或组的平均质量（kg）； φ_j 为第 j 区间的破片飞散角。

首先应把一个具体形状的弹丸按弹体方向划分为若干单元体，如图 2-4 所示。

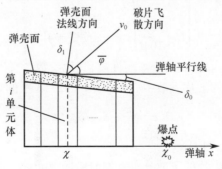

图 2-4　弹体划分

　　每个单元体近似为圆环,单元划分的数量 n 可根据弹体大小及研究的精确程度确定。弹体及各单元体的基本参数可由弹轴为坐标轴的一维坐标描述。图中,χ_0 为爆点坐标(mm);χ 为第 i 单元体的坐标(mm);t 为第 i 单元体平均壁厚(mm);d 为第 i 单元体平均内径(mm);C 为第 i 单元体内炸药质量(kg);M 为第 i 单元体金属壳体质量(kg);δ_0 为弹壳面倾角(rad);v_0 为第 i 单元体形成的破片平均初速;δ_1 为 Tailor 角(rad),为弹壳面法线与飞散方向之间的夹角,其计算公式为

$$\delta_1 = \arcsin \frac{V_0\left[\,|\chi_i - \chi_0|\cos\delta_0 - \dfrac{d}{2}\sin\delta_0\right]}{2D_s\sqrt{(\chi - \chi_0)^2 + \dfrac{d^2}{4}}}$$

式中:D_s 为炸药爆速(m/s)。

　　对于每一单元体的破片分布的计算,重复以下步骤(1)~(5),最后由步骤(6)汇总弹片总数。

　　(1) 按以下所示的 Magis 公式计算单元体形成破片的平均质量 μ,即

$$\mu = C_f \frac{td^{1/3}}{1 + 2\dfrac{C}{M}} \cdot f_1 T_s \tag{2-3}$$

式中:C_f 为试验系数,$C_f = 0.132804$;f_1 为炸药系数,对于 TNT 炸药,$f_1 = 1.0$;T_s 为钢材系数。

　　则单元体形成的破片总数 n_0 为

$$n_0 = \frac{M}{\mu} \tag{2-4}$$

　　(2) 按 Mott 公式计算单元体形成破片数量的分布,即

$$n_i = n_0\left[f(m_i) - f(m_{i+1})\right] = n_0\left[e^{-(\alpha m_i/\mu)^\lambda} - e^{-(\alpha m_{i+1}/\mu)^\lambda}\right] \tag{2-5}$$

式中:n_i 为单元体形成的破片质量在 $[m_i, m_{i+1}]$ 之间的数量;$f(m) = e^{-(\alpha m_i/\mu)^\lambda}$ 为第 i 单元体的破片质量分布密度函数,即 Mott 公式;对于薄壁弹体,$\lambda = 1/2$,$\alpha = 2$;对于厚壁弹体,$\lambda = 1/3$,$\alpha = 6$。

　　(3) 按以下所示的 Gurney 公式计算单元体形成的破片平均初速 v_0(m/s),即

$$v_0 = \begin{cases} D_0\left(\dfrac{\dfrac{C}{M}}{2 + \dfrac{C}{M}}\right)^{\frac{1}{2}}, & \text{非预置破片弹} \\[4mm] D_0\left(\dfrac{C}{10M}\right)^{\frac{1}{2}}, & \text{预置破片弹} \end{cases} \tag{2-6}$$

式中:D_0 是 Gurney 常数,其取值取决于炸药性质,其他参数含义同上。

　　(4) 计算单元体形成的破片飞散中心方位角(图 2-3 中的 $\bar{\varphi}$)

$$\bar{\varphi} = \frac{\pi}{2} - \delta_0 - \delta_1 \tag{2-7}$$

式中:δ_0 和 δ_1 的含义如图 2-4 所示。

　　(5) 计算单元体形成破片的飞散分布。如前所述单元体形成的破片向空间飞散服从正态分布,其分布中心即中心方位角为 $\bar{\varphi}$,破片的分布密度函数见式(2-1)。

可求得该单元体在飞散区间 $[\varphi_j, \varphi_{j+1}]$ 内形成的破片质量在 $[m_i, m_{i+1}]$ 之间的数目 n_{ij} 为

$$n_{ij} = n_i G_j(\varphi_j, \varphi_{j+1}) \qquad (2-8)$$

其中，

$$G_j(\varphi_j, \varphi_{j+1}) = \int_{\varphi_j}^{\varphi_{j+1}} \frac{1}{\sqrt{2\pi}\sigma} e^{-\frac{(\varphi - \bar{\varphi})^2}{2\sigma^2}} d\varphi$$

式中：n_i 为单元体形成的破片质量在 $[m_i, m_{i+1}]$ 之间的数量，由式(2-5)计算。

(6) 将各单元体的破片场进行汇总。假设将弹丸共划分成 n 个单元体，对每一单元体重复上述(1)~(5)步的计算，然后将计算得到的 n_{ij} 进行叠加，就可以得到该弹丸在飞散区间 $[\varphi_j, \varphi_{j+1}]$ 内形成的破片质量在 $[m_i, m_{i+1}]$ 之间的数目 N_{ij}，即

$$N_{ij} = \sum_{k=1}^{n} n_{ij}^k \qquad (2-9)$$

式中：n_{ij}^k 为第 k 个单元体在飞散区间 $[\varphi_j, \varphi_{j+1}]$ 内形成的破片质量在 $[m_i, m_{i+1}]$ 之间的数目，由式(2-8)计算获得。

弹丸在飞散区间 $[\varphi_j, \varphi_{j+1}]$ 内形成的破片初速为

$$v_{ij} = \frac{\sum_{k=1}^{n} n_{ij}^k v_{0k}}{\sum_{k=1}^{n} n_{ij}^k} \qquad (2-10)$$

式中：v_{0k} 为第 k 个单元体在飞散区间 $[\varphi_j, \varphi_{j+1}]$ 内形成的破片平均初速，由式(2-6)计算获得。

(7) 动态破片场的建立。以上所建破片场为弹丸在静态爆炸时形成的，实际的弹丸破片场受弹丸末速的影响，需要叠加弹丸终点速度 v_w，速度由 v_0 变为 v'_0。此外，破片的飞散方向由 φ 变为 φ'。v'_0 和 φ' 的计算公式为

$$\varphi' = \arctan \frac{v_0 \sin\varphi}{v_0 \cos\varphi + v_1} \qquad (2-11)$$

$$v' = \sqrt{v_0^2 + v_1^2 + 2v_0 v_1 \cos\varphi} \qquad (2-12)$$

3. 有效破片数随距离的飞失规律

根据破片运动方程，即

$$q\frac{dv}{dt} = -\frac{1}{2} C_x \rho S v^2 \qquad (2-13)$$

可得

$$\frac{dv}{v} = -\frac{C_x \rho S}{2q} dx$$

式中：q 为破片的质量(kg)；C_x 为破片的迎面阻力系数；ρ 为当地的空气密度，(kg·s^2/m^4)；S 为垂直于破片飞行方向的迎风面积(m^2)；t 为破片飞行过程中的任一时刻(s)；v 为任一时刻的飞行速度(m/s)。

将 v 视为毁伤目标的最小必要打击速度，显然有

$$v = \sqrt{\frac{2E_{\min}}{q}}$$

$$dV = \left(\frac{1}{2}\right)\sqrt{2E_{\min}}\, q^{-\frac{3}{2}}dq$$

式中：$E_{\min}$ 为毁伤目标的最小动能。

将 v 与 dv 代入式（2-13），并令 $S = \phi q^{-\frac{2}{3}}$，$\phi$ 为破片的形状系数，由弹壳材料的密度和破片形状决定。由此可得

$$q^{-\frac{3}{2}}dq = C_x\rho\phi\, dx$$

对上式积分，可得

$$q = \left[q_0^{\frac{1}{3}} + \frac{1}{3}C_x\rho\phi x\right]^3 \tag{2-14}$$

令 $x = R$，$q_0 = 2E_{\min}/v^2$，x 为破片至炸点的距离，q_0 为满足最小必要动能和初速的有效破片质量，则有

$$q(R) = \left[\left(\frac{2E_{\min}}{v^2}\right)^{1/3} + \frac{1}{3}C_x\rho\phi R\right]^3 \tag{2-15}$$

由此可知，在一定的动能条件下，有效破片质量随飞行距离 R 的增大而增加。当 $R = 0$ 时，则有

$$q = q_0 = \frac{2E_{\min}}{v^2} \tag{2-16}$$

从式（2-16）来看，当 $R \to \infty$ 时，$q \to \infty$。实际上，q 总有一个限度，即最大的破片质量 q_m。q_m 所对应的飞行距离，即最大飞行距离 R_m：

$$R_m = \frac{3}{C_x\rho\phi}\left[q_m^{1/3} - \left(\frac{2E_{\min}}{v^2}\right)^{1/3}\right] \tag{2-17}$$

4. 损伤概率计算

在计算破片对装备基本功能项目的损伤时，将基本功能项目简化为一定大小与一定等效厚度 b 的硬铝 LY12，b 的计算式为

$$b = b_1\frac{\sigma_{b1}}{\sigma_{b0}} \tag{2-18}$$

式中：b_1 为部件的实际厚度（m）；σ_{b1} 为目标材料的强度极限（Pa）；σ_{b0} 为硬铝 LY12 的强度极限（其值可取 461 MPa）。

采取等动能损伤准则，可将目标受击损伤概率表示为

$$p_{hk} = \begin{cases} 0 & e_b \leqslant 4.5\times10^8 \\ 1 + 2.65e^{-0.347\times10^{-8}e_b} - 2.96e^{-0.143\times10^{-8}e_b} & e_b > 4.5\times10^8 \end{cases} \tag{2-19}$$

式中：p_{hk} 为单块破片对目标的条件损伤概率，即破片击中目标后，目标损伤的概率；e_b 为破片在目标单位厚度上的撞击比动能，即

$$e_b = \frac{e}{b} = \frac{m_p v^2}{2\bar{S}b} = \frac{m_p^{1/3}v^2}{2Kb} \tag{2-20}$$

式中：e 为破片对目标的撞击比动能（J/m²）；b 为目标等效硬铝 LY12 厚度（m）；m_p 为破片质量（kg）；$\bar{S}$ 为破片平均迎风面积（m²）；K 为破片形状系数（m²/kg$^{2/3}$）；v 为撞击速度（m/s），是破片运动一段时间后的存速，即

$$v = v_0 \exp\left(-\frac{C_D \bar{S} \rho g R}{2 m_p}\right) \tag{2-21}$$

式中：C_D 为破片阻力系数，取决于破片形状和速度，其经验取值见表 2-1；R 为飞行距离（m）；ρ 为空气密度（kg/m³）；g 为重力加速度（m/s²）；$\bar{S}$ 为破片平均迎风面积（m²）。

表 2-1　各类钢质破片的 C_D、ξ、H 的经验值

破片形状	球形	方形	柱形	菱形	长条形	不规则形状
C_D	0.97	1.56	1.16	1.29	1.3	1.5
$\xi/(\text{kg/m}^3)$	0.528	0.936	0.696	0.774	0.78	0.9
$K/(\text{m}^2/\text{kg}^{2/3})$	3.07×10^{-3}	3.09×10^{-3}	3.35×10^{-3}	$(3.2 \sim 3.6) \times 10^{-3}$	$(3.3 \sim 3.8) \times 10^{-3}$	$(4.5 \sim 5) \times 10^{-3}$
$H/(\text{m/kg}^{1/3})$	560	346	429	404 ~ 359	389 ~ 337	247 ~ 222

$$\bar{S} = K m_p^{2/3} \tag{2-22}$$

令 $\xi = \dfrac{C_D \rho g}{2}$，$H = \dfrac{1}{\xi K}$，对式（2-22）整理后，则有

$$v = v_0 \exp\left(-\frac{R}{H m_p^{1/3}}\right) \tag{2-23}$$

（二）爆轰波损伤机理及效能描述

爆轰波是指弹丸爆炸时形成的高温、高压的爆轰产物。当弹丸爆炸时，形成高温高压气体，以极高的速度向四周膨胀，强烈作用于周围邻近的目标上，使之破坏或燃烧。由于爆轰波在膨胀过程中压力随距离的增大而下降很快，所以，爆轰波破坏作用的区域很小，只有与目标接触爆炸才能充分发挥作用，其破坏力、破坏区域与弹药性质和炸药量有关。

对常规战斗部而言，由于爆轰波的作用力及范围非常有限，以前对它的研究很少。但随着精确制导炸弹和炮弹的广泛使用，弹药直接命中目标的可能性越来越大，爆轰波作用及其研究也显得越来越重要。

描述爆轰波的基本指标有 5 个，用于描述其效能的基本参数为 6 个，如表 2-2 所列。

表 2-2　爆轰作用的基本描述

基本指标				基本参数		
名称	符号	单位	计算公式	名称	符号	单位
爆轰压力	p_H	MPa	$p_H = \dfrac{1}{\gamma+1}\rho_m D^2$	绝热指数	γ	—
爆轰产物密度	ρ_H	g/cm³	$\rho_H = \dfrac{1+\gamma}{\gamma}\rho_m$	装药密度	ρ_m	g/cm³
质点运动速度	u_H	m/s	$u_H = \dfrac{D}{1+\gamma}$	爆速	D	m/s
传播速度	c_H	m/s	$c_H = \dfrac{\gamma}{1+\gamma}D$	介质初始密度	ρ_0	g/cm³
温度	T_H	K	$T_H = \dfrac{\rho_0 p_H}{\rho_H p_0}T_0$	介质初始压力	p_0	MPa
				介质初始温度	T_0	K

（三）冲击波损伤机理及效能描述

弹丸、战斗部或爆炸装置在空气、水等介质中爆炸时，爆轰产物以极高的速度向周围膨胀飞散，将临层介质从原来位置上排挤出去，介质的压力、密度迅速增大形成一个压缩层，压缩层的状态参数（压力、密度、温度）与原来状态相比有了一个突跃。同时这个压缩层以超音速从爆心向四周运动，这个运动的压缩层就称为冲击波。

冲击波波阵面（扰动区与未扰动区的界面）上具有很高的压力，通常以超过环境大气压的压力值表征，称为超压。波阵面后的介质质点也以较高的速度运动，形成冲击压力，称为动压。当冲击波在一定距离内遇到目标时，将以很高的压力（超压与动压之和）或冲量作用于目标上，使其遭到破坏。其破坏作用与爆炸装药、目标特性、目标与爆心的距离和目标对冲击波的反射等有关。通常大集团装药（装药量超过300kg）爆炸的破坏作用以冲击波的最大压力（或称静压）表征；而常规弹药小药量爆炸，由于正压作用时间大大小于目标自振周期，属于冲击载荷，故常用冲量或比冲量表征。破坏不同的目标，需要的超压或冲量也不同。目标离爆心近时，破坏作用虽强烈，但受作用的面积小，多为局部性破坏；反之，波阵面压力虽衰减了，但受作用面积大，波的正压作用时间长，易引起大面积、总体性的破坏。

弹药在水中爆炸时，不但产生冲击波，而且水中冲击波脱离爆轰产物后，爆轰产物还会出现多次膨胀、压缩的气泡脉动，并形成稀疏波与压缩波。气泡第一次脉动形成的压缩波，对目标也具有实际破坏作用。

对于常规武器和常规装药而言，其爆炸形成的冲击波的破坏作用并不大，而大集团装药和核武器爆炸形成的冲击波作用则是主要因素。冲击波超压 Δp_1 可根据经验公式计算，即

$$\Delta p_1 = 0.082 \frac{\sqrt[3]{\omega}}{R} + 0.26 \frac{\sqrt[3]{\omega^2}}{R^2} + 0.69 \frac{\omega}{R^3} \quad \text{MPa} \qquad (2-24)$$

式中：ω 为 TNT 装药量（kg）；R 为距装药爆炸中心的距离（m）。

对于其他装药则根据式（2-25）换算成 TNT 当量再计算，即

$$\omega_{iT} = \omega_i \frac{Q_{vi}}{Q_{vT}} \qquad (2-25)$$

式中：ω_i 为某炸药量；Q_{vi} 为某炸药爆热；Q_{vT} 为 TNT 爆热，取 $Q_{vT} = 1000$。

式（2-25）为球形装药在无限空气介质中爆炸时超压的计算公式。对于地面爆炸的情况，超压可用式（2-26）计算，即

$$\Delta p_1 = 0.104 \frac{\sqrt[3]{\omega}}{R} + 0.422 \frac{\sqrt[3]{\omega^2}}{R^2} + 1.37 \frac{\omega}{R^3} \quad \text{MPa} \qquad (2-26)$$

根据经验统计，冲击波对典型装备的损伤阈值如下。

（1）飞机：超压大于0.1MPa时，各类飞机完全破坏；超压为0.05～0.1MPa时，各种活塞式飞机完全破坏，喷气式飞机受到严重破坏；超压为0.02～0.05MPa时，歼击机和轰炸机轻微损坏，而运输机受到中等或严重破坏。

（2）轮船：超压为0.07～0.085MPa时，船只受到严重破坏；超压为0.028～0.043MPa时，船只受到轻微或中等破坏。

（3）火炮、车辆：超压为0.035～0.3MPa时，可使车辆、轻型自行火炮等受到不同程

度的破坏;超压为 0.045～1.5MPa 时,重型装备受到不同程度的破坏。

（4）当超压为 0.05～0.11MPa 时,破坏雷达电子装备,损坏各种轻武器,能引爆地雷,装备受到不同程度的破坏。

（四）引燃引爆损伤机理及效能描述

当破片撞击装有易燃易爆的油箱、弹药等装备单元时,可能引燃引爆这些部件。引燃作用取决于破片的比冲量 i、弹丸的炸点海拔高度和油箱结构。破片比冲量的计算公式为

$$i = \frac{m_f v_f}{A_s} = 20 \times 10^{-4} m_f^{1/3} v_f \quad \text{kgm/cm}^2 \text{s} \tag{2-27}$$

式中:m_f 为破片质量(kg);v_f 为碰击目标时破片速度(m/s);A_s 为破片与目标相遇时的面积(cm^2)。

根据试验总结的单个破片在地面引燃油箱燃料概率的经验公式为

$$P_{com} = \begin{cases} 0 & \text{当 } i \leqslant 1.57 \text{ 时} \\ 1 + 1.083 e^{-0.43i} - 1.96 e^{-0.15i} & \text{当 } i > 1.57 \text{ 时} \end{cases} \tag{2-28}$$

引爆的实质是破片冲击弹药并使其引爆。破片在冲击弹药后,可能在炸药柱内产生冲击波。冲击波在装药内传播时,波阵面处压力、密度和温度急剧上升,使得装药内部产生不均匀的压力,在某些点可能出现应力"峰值",造成炸药局部加热产生"热点"。当"热点"温度高于炸药热分解温度时,炸药可能被引爆。单位时间内在炸药内部形成的"热点"数越多,引爆的概率就越高。影响引爆的因素主要有被引爆物参数(弹药外壳材料、厚度、炸药种类及密度等)、冲击体参数(破片材料、形状、质量及速度等)以及遭遇条件(冲击角度和面积等)。根据雅各布—柔思兰(Jacobs - Roslund)经验公式,高爆炸药的临界撞击速度 v_c 为

$$v_c = \frac{A}{\sqrt{D \cos \theta}} (1 + B) \left(1 + \frac{CT}{D}\right) \tag{2-29}$$

式中:v_c 单位为 km/s;A 为炸药敏感系数;B 为破片形状系数;θ 为入射法向角;C 为盖板防护系数;T 为盖板厚度;D 为破片的临界撞击尺寸(mm)。

（五）穿甲损伤机理及效能描述

穿甲效应指穿甲弹依靠弹丸着目标时强大的动能侵彻装甲并摧毁目标的过程。弹丸着速通常为 500～1800m/s,有的可高达 2000m/s。在穿透装甲后,利用弹丸或弹、靶破片的直接撞击作用,或由其引燃、引爆所产生的二次效应,或弹丸穿透装甲后的爆炸作用,可以毁伤目标内部的仪器设备和有生力量。高速弹丸碰击装甲时,可能发生头部镦粗变形、破碎或质量侵蚀及弹身折断等现象。钢制装甲被穿透破坏的形式主要有任性扩孔、花瓣形穿孔、冲塞/破碎型穿孔和崩落穿透等。实际上,钢制装甲板的破坏往往由多种形式组合而成,但其中必有一种为主。此外,弹丸还可能因其动能不足而嵌留在装甲板内,或因入射角过大而从装甲板表面上跳飞。在工程上,弹丸穿透给定装甲的概率不小于90%的最低撞击速度,称为极限穿透速度,常用以度量弹丸的穿甲能力,其大小受到装甲板倾角、弹丸和装甲材料性能、装甲厚度及弹丸结构与弹头形状等因素的影响。

影响穿甲作用的因素主要有弹丸着目标时的动能与比动能、弹丸结构与形状、着角、目标(靶板)力学性能、厚度等。穿甲弹侵彻深度可用德马尔公式计算,即

$$T = D\left[\frac{Wv^2\cos^2\theta}{\alpha D^3}\right]^{1/\beta} \qquad (2-30)$$

式中：T 为侵彻深度（m）；D 为弹丸直径（m）；W 为弹丸质量（kg）；v 为着速（m/s）；θ 为着角（rad）；α、β 为常数，根据经验可取 $\lg\alpha = 6.15$、$\lg\beta = 1.43$。

（六）破甲损伤机理及效能描述

破甲效应指破甲弹利用炸药的聚能效应产生高速金属射流侵彻装甲目标。当空心装药引爆后，金属药型罩在爆轰产物的高压作用下迅速向轴线闭合，罩内壁金属不断被挤压形成高速射流向前运动。由于从罩顶到罩底，闭合速度逐渐降低，所以相应的射流速度也是头部高尾部低。例如，采用紫铜罩形成的射流，头部速度一般在 8000m/s 以上，而尾部速度则为 1000m/s 左右。整个射流存在着速度梯度，使它在运动过程中不断被拉长。

金属射流的侵彻过程，在高速段符合流体力学模型，在低速段则要考虑装甲材料强度的影响。整个过程大致可分为开坑阶段、准定常侵彻阶段和侵彻终止 3 个阶段。金属射流穿透装甲后，继续前进的剩余射流和穿透时崩落的装甲碎片，或由它们引燃、引爆所产生的二次效应，对装甲目标内的成员和设备也具有毁伤作用，即后效作用。破甲威力通常用破甲深度表征，而其后效作用的大小，则以射流穿透装甲板时的出口直径和剩余射流穿过具有一定厚度与间隔的后效靶板块数来评价。影响破甲作用的主要因素有炸高、装药直径的大小、药型罩的材料和结构、炸药及装药结构、制造工艺和弹丸转速等。炸高是从罩底端面到装甲板表面之间的距离，适当的炸高是使射流得到充分拉长达到最大破甲深度的必要条件。性能较好的破甲弹，对钢制装甲穿深已可达主装药直径的 8 ~ 10 倍。

破甲弹效能用一定射击条件下的破甲深度衡量，即

$$L_m = \mu t = l\sqrt{\frac{\rho_j}{\rho_b}} \qquad (2-31)$$

式中：L_m 为侵彻深度（m）；μ 为侵彻速度（m/s）；t 为侵彻时间（s）；ρ_j、ρ_b 分别为靶板和射流的材料密度。

但在实践中常采用经验计算法，即

$$L_m = 1.7 \times \left(\frac{d_k}{2\tan\alpha} + \frac{3\times10^{-5}\times\gamma d_k D^2}{v_{cr}}\right) \qquad (2-32)$$

式中：d_k 为药型罩口部内径（m）；α 为药型罩的半顶角（rad）；D 为弹丸直径（m）；v_{cr} 为射流侵彻目标介质的临界速度（m/s）；γ 取决于罩锥角的系数。

二、新概念武器及其损伤机理

新概念武器是继高技术兵器之后出现的新一代武器的统称。目前学术界对什么是新概念武器有 3 种解释：①新概念武器是指在高技术发展不断取得重大成就的基础上，其研制原理和武器概念具有全新意义的高技术武器装备；②新概念武器是指以新原理、新概念为基础，正处于研制中的新一代武器；③新概念武器是指工作原理与杀伤机制不同于传统武器的一类新型武器。根据以上解释和国内外有关资料分析，新概念武器的基本定义大致可作如下描述：新概念武器是指工作原理与杀伤机制不同于传统武器，具有独特作战效

能,正处于研制中或尚未大规模用于战场的一类新型武器。因此,着眼于未来信息化作战需求,武器装备在新概念武器打击作用下的生存性与战场抢修研究应该受到人们的关注。

（一）激光武器及其损伤机理

激光武器是指直接利用激光束的辐射能量杀伤人员、摧毁目标的一种束能武器,也称射束武器。它是定向能武器的一种。激光武器杀伤目标的效应主要有热杀伤、力学杀伤、辐射杀伤等,如图2-5所示。

(a) 照射前　　　　　　　　　　　　(b) 照射后

图2-5　激光对弹体的破坏效应

1. 热杀伤

这种机制包括热爆炸和热烧蚀两种效应。当激光照射目标时,激光被吸收而产生的热能使目标表面熔融并进而气化。蒸气飞速向外膨胀可将一部分颗粒或熔融液滴带出,从而使目标表面形成凹坑直至穿孔。如果激光脉冲的参数与目标相匹配或者目标表面与深层材料的吸热能力不同,则有可能出现目标深部温度高于其表面温度。这时,目标内部过热而产生的高温、高压气体会突破表面喷出,造成热爆炸,其破坏效应显著。

2. 力学杀伤(又称冲击破坏或激波效应)

当目标受激光照射产生的蒸气向外喷射时,在极短时间内给靶子一个反冲作用,这相当于一个脉冲载荷作用到目标表面上,于是在目标材料中产生一个激波。激波传到表面后反射回来,与向内传播的激波一起对材料产生拉断作用,从而产生层裂、剪切等破坏现象。

3. 辐射杀伤

激光作用于目标所产生的高温等离子体,可能辐射出紫外光甚至X射线,这些辐射会对目标结构及内部元器件造成损伤,致使靶材结构及其内部电子、光电元器件损伤。有时,这种辐射破坏比激光直接照射更为有效,可以对激光武器的杀伤起到推波助澜的作用,但其机理尚需进一步研究。

（二）电磁脉冲武器及其损伤机理

电子战的主要形式是压制敌方无线电装备的电子系统。与火力压制相比,电磁武器的主要优势在于可同时或短时间地对敌人的远距离雷达等电子装备实施压制,使其失去正常工作的能力。如果电磁波辐射足够强,那么这种电磁波辐射会立即在敌方的雷达等装备的电子线路上产生感生电流,使其瘫痪,很像在装备附近发生了一次雷击。

当电磁脉冲对敌雷达、C^4I系统等装备进行攻击时,会出现以下3种结果。

1. 电子干扰

使敌方电子元件出现大于一个信息处理周期的停顿(影响目标完成作战任务),即电

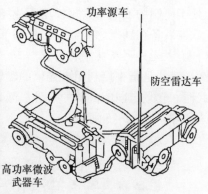

功率源车

防空雷达车

高功率微波
武器车

图 2-6　典型微波武器示意图

子干扰。电子干扰在现代战争中时刻都不能离开,无论是大战还是小战,只要飞机出航、只要采取军事行动,就必须进行电子干扰。据称,1999 年在轰炸南斯拉夫中北约首次使用了强电磁脉冲弹(或微波炸弹),这种炸弹威力巨大,一枚炸弹就足以使方圆数十千米内,包括电子计算机、收音机、手机、电话、电视机、雷达等在内的一切电子设备造成严重的物理损伤,而且很难修复。之所以在开战前一定要进行这样的攻击,主要目的是让对方变成"瞎子""聋子"和"哑巴",摧毁其"大脑神经网络"系统。

2. 临时致盲

使敌雷达、C^4I 系统等装备的电子元件临时致盲(极大地降低目标完成作战任务的概率)。临时致盲是战斗结局的最佳表现形式,只要使用一枚威力较小、体积不大、价格低廉的电磁脉冲弹就可以达到临时致盲的效果。

3. 完全摧毁装备的电子元件

战时环境需要对敌雷达实施更为沉重的打击,以使敌雷达长时间地失去作战能力。中口径(100～130mm)电磁脉冲弹就可以解决这个问题。这些电磁脉冲弹在工作时可以产生数十焦耳的能量。电磁脉冲弹爆炸时,其释放出的电磁脉冲向四周辐射。同时,电磁脉冲的功率也在衰减。在半径为 6～10m 时,电磁脉冲可将无线电引信引爆;在半径为30m 时,可使便携式防空导弹系统致盲和阻止防空导弹发射;在半径为 50m 时,可使非触发反坦克地雷临时或永久致盲。试验结果证明,当电磁脉冲弹爆炸时,非触发反坦克地雷在 20～30min 的时间内可使从其旁边驶过的坦克和汽车失去任何反应(这时,从地雷旁边驶过的不只是一个坦克营)。应当指出的是,这种中口径的电磁脉冲弹不仅可以摧毁近距离目标的电子元件,而且可以使几十米以外的目标瘫痪,甚至还可以使更远的目标致盲。

三、核武器及其损伤机理

核武器(原子武器)主要指原子弹、氢弹。其中,原子弹是利用重核裂变反应瞬间放出的巨大能量起杀伤破坏作用的武器;氢弹是利用轻核聚变反应瞬间放出的巨大能量起杀伤破坏作用的武器。新型核武器还有中子弹、γ 射线武器等。

核武器的威力取决于核爆炸时释放的能量,一般用当量表示。当量是指与爆炸能量相当的 TNT 炸药的质量。核武器的爆炸方式是指按爆炸高度与当量的比例关系,即比例

爆高(简称比高)来区分的。比高的定义可简单地表示为

$$比高 = \frac{爆炸高度}{\sqrt[3]{当量}} \qquad (2-33)$$

爆炸方式概略地区分为:比高小于零的称为地下爆炸;比高小于60的称为地面爆炸,简称为地爆;比高大于60的称为空中爆炸,简称空爆,其中,比高为60～120的称为低空爆炸,比高为120～200的称为中空爆炸,比高为200～250的称为高空爆炸,爆炸高度在几十公里以上的称为超高空爆炸。

核武器对武器装备的破坏作用是巨大的,图2-7至图2-13展示了武器装备在核武器毁伤作用下的损伤情况。其中,图2-7所示为核爆炸后,距爆心较远的63式轻型坦克没有被击翻,但也起火燃烧;图2-8所示的T-54坦克的炮塔被冲击波吹飞了;图2-9所示的坦克车身整体翻转,并且还在起火燃烧;图2-10所示的坦克更惨,炮塔吹飞,底盘倒扣;图2-11所示为远离爆心的火箭炮车被气浪掀翻;图2-12所示为距爆心稍近的火炮已经被拧成了麻花,难以辨认;图2-13所示的战斗机显然在地面上做过多次翻滚,已经滚得不成样了。

图2-7　63式轻型坦克起火燃烧

图2-8　T-54坦克炮塔被冲击波吹飞

图2-9　坦克整体翻转并起火燃烧

图2-10　坦克底盘倒扣、炮塔吹飞

(一) 核爆炸的杀伤破坏因素

核爆炸产生5种杀伤破坏因素,即光辐射、冲击波、早期核辐射、放射性沾染、核电磁脉冲,主要是前4种。当核武器在30km高度以下的大气层中爆炸时,5种杀伤破坏因素在总能量中所占的比例如表2-3所列。

图2-11 火箭炮车被气浪掀翻

图2-12 火炮被拧成麻花

图2-13 战斗机多次翻滚后损伤严重

表2-3 核爆炸的杀伤破坏因素

因素	光辐射	冲击波	早期核辐射	放射性沾染	核电磁脉冲
百分比/%	35	50	5	10	所占能量极小

1. 冲击波

如前所述,它是由于核爆炸时产生的高温火球急剧膨胀挤压周围的空气而产生的巨大的超压(对物体产生挤压作用)和动压(对物体产生抛掷作用)。由于动压具有方向性,冲击波传入土壤后能迅速减弱,冲击波作用与受力面积有关,所以凡能阻挡的物体、地下工事和埋入地下及受力面积小的物资装备,都可减轻或避免其破坏。

2. 光辐射

核爆炸时产生极高的温度,形成一个炽热而明亮的火球,像太阳一样向四周发出大量的光和热。发光时间只有几秒到一二十秒,这就是光辐射。光辐射对物资装备的破坏首先与光冲量(描述光辐射强弱的一个量,单位为 J/cm^2)的大小有关,此外还与物体的性质(其中颜色影响最大)以及光辐射的作用时间有关。对导热性能好、薄的物资装备,在光冲量值相近时,光辐射的作用时间越长破坏越轻,反之越重。

3. 早期核辐射

它是核爆炸后十几秒内放射出的一种看不见的 γ(丙射线)和中子流,它基本上以光速直线从爆心向四周传播。早期核辐射是随距离的增加而迅速衰减的。早期核辐射虽然有很强的穿透力,但也可被各种物质削弱,物体越厚、密度越大削弱得越多。

4. 放射性沾染

它是核爆炸时产生的大量带有放射性的灰尘沉降到爆区和下风向的地面物体上或停留在空气中所造成的沾染。放射性沾染对物资装备没有破坏作用,但沾染较重时不经消除在一定时间内影响使用,只要遮盖严密也是可以防护的。

5. 核电磁脉冲

核电磁脉冲指的是核爆炸瞬间产生于爆心的一个强大的电磁场。其强度很高,空、地核爆炸内源区的场强可达 10MV/m,其作用时间很短,一般只有几十微秒,总持续时间不大于 10s,它对电子设备有破坏作用。

(二) 核爆炸对装备的破坏模式

为了讨论问题的方便,将装备分为机械装备(轻武器、地炮、高炮、自行火炮和车辆)、弹药、光学器材和电子装备 4 类,并将核爆炸对这 4 类装备的影响一一说明。

1. 核爆炸对机械装备的破坏

核爆炸对机械装备的破坏依其零部件的类型不同而将产生不同的损伤模式。在冲击波的作用下,细长杆(管)易在核爆炸的作用下弯曲折断,受力面积大的板件易变形,尤其是当装备在动压作用下发生翻倒、位移、抛掷离散时,破坏更加严重;在光辐射作用下,薄壁件、低熔点金属件容易被烧熔、破坏,木质件、玻璃钢、棉织品和漆层等容易炭化或燃烧,外露和薄壁件内的弹簧易退火失效;在中子流的作用下,含有锰、铝、铜、钠、镍等元素的材料易产生感生放射性,含量越多,感生放射性越强。

此外,冲击波吹起的砂石能将武器表面的法兰层和漆层打掉、木质部表面打麻;砂土进入活动机件内部会造成动作困难,同样这种砂石、建筑物的破碎件等会将火炮表面的漆层、氧化层打掉,将各种金属分划环(筒)表牌打麻,使刻线字迹分辨不清,甚至造成炮膛及其他光滑的金属表面(如炮尾检查座)的严重打麻或出现毛刺等;此外砂土易进入火炮的装填发射机构、瞄准机构内造成动作困难或不能动作。

2. 核爆炸对弹药的破坏

光辐射是对弹药破坏的主要因素,其次是冲击波。它们对弹药的破坏主要有以下一些情形:固定剂、炸药、信号剂和发射药等易熔化、燃烧或爆炸。例如,百万吨级空爆中当光冲量为 58.6J/cm² 时无后坐力炮的发射药爆炸;低熔点件和薄壁件易烧熔、烧穿。例如,火箭筒弹的弹体较薄(0.5mm),风帽材料熔点低,在光辐射作用下易熔化、烧穿;木质包装箱易炭化、烧毁,铁匣易开焊、变形,光冲量为 251J/cm² 时可使枪弹的铁皮匣开裂;弹药位移、变形,连接处松动、脱落,发射药抛散,引信解脱保险,当冲击波的动压为 24.5 ~ 49kPa 以上时可使弹药抛掷数十米至数百米远,致使药筒尾翼和枪弹弹壳变形,定装式炮弹弹头与药筒连接处松动或脱落,分装式炮弹发射药抛散,低膛压惯性保险引信解脱保险等。

3. 核爆炸对光学器材的破坏

冲击波、光辐射和早期核辐射对观测器材都有明显的破坏作用。其中,在冲击波的作用下,强大的冲击力会导致观测器材破碎、零件脱落、断裂和飞散,其抛掷作用会导致观测器材镜筒断裂、连接部件松动、转动部位卡滞或自由转动、光学零件位移、镜筒扭转等,卷起的沙石可将镜片表面打麻、打破;在光辐射作用下,使观测器材表面温度升高造成薄壁零件烧熔,密封油灰、防尘油灰熔化,光学玻璃炸裂等,光辐射使玻璃受热产生内应力而炸裂;在早期核辐射作用下,使光学玻璃变色,变色程度与丙射线剂量和热中子通量有关,剂量、通量越大,颜色变得越深。玻璃变色使透光率下降,影响瞄准和观察。

4. 核爆炸对电子装备的破坏

在早期核辐射作用下,电子元器件性能会发生变化,如晶体管的电流放大倍数下降、反向电流增大等;在电磁脉冲作用下,使含电子元器件的雷达、计算机、高炮及导弹系统仪器的工作状态受到干扰,在试验中常遇到的有晶体管输出波形变形或中断信号输出,有时还由于过电流而使电极烧断,还发现电缆中会产生较弱的感应电流,在一定条件下电缆跨越的距离越长感应电流越大;在冲击波动压作用下,破坏雷达及通信等电子装备的天线,将天线吹弯、吹倒或折断。

第三节　生存性与抢修性的定性要求和定量计算

一、生存性的定性要求与定量计算

（一）生存性的定性要求

1. 降低装备被探测性的设计要求

1）降低光学可见特征

（1）降低反差度,按照装备的作战环境,喷涂对环境背景产生反差度小的伪装色彩或涂料,并减少可见烟雾的排出。

（2）降低反光强度,喷涂无光反射或光反射很小的涂料,并使风挡玻璃表面形状和安装角度应避免或减少可发现的光反射。

（3）光源隐蔽,对执行夜间任务的装备应考虑灯光的隐蔽而又不影响正常的装备操纵和执行任务的能力。

（4）降低目视分辨率,减小装备的外廓尺寸,特别是装备的前视面积。

2）降低噪声

采用吸音材料充填、降噪装置（设备）、优化结构设计等措施,减少排气装置、空气动力面、动力装置等发出的外部噪声,重点是考虑对听觉敏感的、传播距离较远的噪声频率。

3）降低雷达反射截面

（1）采取设计措施减少雷达反射截面。外形设计上应避免造成电磁波反射的尖角和平面,结构设计上还应减少内在的结构角反射体、空腔（雷达天线罩、雷达内部隔板等）以及外挂物产生的雷达电磁波反射。

（2）采用吸波涂料和材料。采用能吸收探测雷达电磁波的涂料,结构材料应尽可能多地采用能吸收雷达电磁波的非金属材料。

4）降低红外辐射

要特别注意的是,暴露的发动机热部件、受热表面、发动机排气口和排气流、来自座舱玻璃和金属表面或红外反射面的红外反射以及机内、外照明装置的红外辐射等。

5）减少电磁辐射

采用屏蔽等措施,消除或减少监控装置发现装备位置的电磁辐射,使电子设备在备用工作状态不会发射超出有关规定的辐射量级。

2. 降低装备被击中概率的设计要求

1）提高机动能力

提高装备的机动能力是躲避敌方威胁的有效方法。例如,第四代战斗机强调超声速巡航(Supercruise,飞机发动机不开加力保持马赫数 1.5 飞行的能力),可以大大提高其作战效能,不仅可以使其以更快的速度飞抵战区执行任务,而且也可以高速脱离战区摆脱敌机攻击。为此,要充分分析提高机动能力对装备生存性的贡献,并且确定制约装备机动能力的主要因素,进而采取相应的设计措施提高其机动性。例如,对于车辆装备而言,提高其机动能力的措施主要有:加快机动速度,加长机动距离和续驶里程,降低加速时间,加大爬坡度、越壕宽度和转弯半径,超越垂直障碍高度,加深涉水深度等。

2）采用干扰和欺骗措施

采用干扰和欺骗措施是防止装备被武器击中的重要而有效的手段。例如,对于军用飞机而言,根据飞机专用规范和航空电子系统性能规范要求,可以通过采用电子干扰和反干扰措施,使其在执行任务中降低规定威胁武器的发现能力、电子战能力和诱惑能力,从而提高飞机的生存能力。又如,对于装甲车辆、自行火炮等装备而言,专门配置了发烟器材和装置,用于在作战中施放。

3. 降低装备易损性的设计要求

1）装甲防护

装甲防护是在装备的关键部件或系统加装装甲,以有效防护破片、枪弹、穿甲弹、金属射流等穿透物击伤装备和人员。对装备进行装甲防护,应该在充分分析装备所遭受的威胁类型的基础上,合理确定装甲防护的程度和形式,特别是要综合权衡装甲防护引起的增重和成本等因素。

2）采用冗余技术

冗余技术是提高系统或装备可靠性和生存能力的重要途径之一。冗余是指系统或装备具有一套以上完成给定功能的单元,只有当规定的几套单元都发生故障或损伤时,系统或装备才会丧失功能。但是,冗余会使系统或装备的复杂性、重量和体积增加,保障费用会增加。因此,在采用冗余技术时,应科学确定系统或装备的致命性部件,同时在设计上必须将冗余的部件有效地分开,以降低单次击中时冗余部件的受损概率。

3）合理设置布局

系统或装备的总体布局应以实用的最小代价争取获得最高的防护等级。因此,在系统或装备设计中,应在系统考虑装备可能遭受的威胁类型的基础上,对致命性部件的位置进行科学设置,以使其受损的可能性和程度降至最低。

4）采用损伤控制技术

损伤控制主要是指为保持和恢复装备生命力和战斗力所采取的预防、限制和消除损害的一切措施和行动。例如,为了减少或防止润滑系统损伤,对装备采用固体润滑剂的设计措施;为了防止装备损伤发生燃油泄漏引起系统起火和爆炸,合理设计无危险的燃油泄漏路径,设置可靠的火警探测器,采取有效的灭火措施。

5）遮挡关键性部件

对于那些一旦损伤将影响装备安全和作战任务完成的关键性部件,应该采用必要的措施进行防护。为此,可以采用承担次要功能的部件对承担重要功能的部件进行有效遮挡,以消除或降低关键性部件的损伤概率。

6)减少或取消关键性部件

在装备的功能和原理设计中,尽量减少承担重要功能的关键性部件的数量,或者关键性部件选型中,尽量采用非易损部件,使关键性部件的受损概率大大降低。

7)减少激光易损性

在规定的威胁中包括激光武器时,在设计中应能够使装备经受住规定等级的激光辐射。减少激光易损性的技术通常和减少射击易损性的原则相同,如提供冗余、合理设置布局等。对于人员和装备的关键性部件,还需要采用反射或阻塞激光能量的技术。

4. 减少核爆炸损伤的设计要求

1)改进装备的结构

减少核损伤及其影响,装备的结构应满足:一是体积小、重心低、流线形好,提高抗击冲击波的能力;二是结构要合理,尽量减少或避免关键部件牵连受损;三是结构要严密,提高抗冲击波和放射性沾染的能力。

2)研究和选用新材料

通过前面核爆炸对装备的破坏模式可以发现,对许多种破坏模式的解决办法都可以归结到材料性能的改进上。例如,对易弯曲、折断的细长杆(管)在设计时应尽可能地采用高强度的材料;对易烧熔、破裂的薄壁低熔点金属在设计时应考虑用熔点较高的金属;对易灼焦或燃烧的木制品采用耐高温的化工材料来代替,并采用防火剂处理;改进光学仪器中的密封油脂以提高耐高温性能等。

5. 易于抢修的设计要求

发生战场损伤的装备应能够快速地进行修复,以恢复其作战能力。为此,需要对装备进行必要的抢修性设计,在设计中采取有效的措施赋予装备易于抢修的特性。

(二)生存性的定量计算

假设生存性的度量用生存概率 P_S 表示,装备的损伤概率用 P_k 表示,其含义是装备在敌方武器打击作用下受到损伤的容易程度,则 P_S 可表示为

$$P_S = 1 - P_k \qquad (2-34)$$

根据不同的情况 P_k 有多种表示形式,具体如下。

(1)计算地炮、高炮在对抗条件下的损伤概率时,有

$$P_k = P_1 P_2 P_3 P_4 P_5 \qquad (2-35)$$

式中: P_1 为装备的被发现概率; P_2 为装备被发现后遭到射击的概率; P_3 为装备被命中的概率; P_4 为装备被命中后的损伤概率; P_5 为装备损伤后不可修复的概率。

(2)计算综合防护条件下地下指挥中心的损伤概率时,有

$$P_k = P_1 P_2 P_3 P_4 \qquad (2-36)$$

式中: P_1 为敌攻击武器的突防概率; P_2 为在 Z 种侦察手段下,采用 Y 种隐身措施时被发现与识别的概率; P_3 为 G 种干扰措施综合作用下的敌攻击武器的命中概率; P_4 为 M 枚弹攻击条件下目标遭受硬破坏和软杀伤的综合毁伤概率。

（3）计算防空导弹系统的损伤概率时,有

$$P_k = \sum_{k=1}^{n} q_k(1 - P_k) \prod_{i=1}^{k-1} (1 - P_i)(1 - q_i) \tag{2-37}$$

式中:q_i为敌机第 i 次攻击时,防空导弹系统被敌机击毁的概率;P_i为敌机第 i 次攻击时, 被我防空系统击毁的概率。

总之,P_k的表示依具体情况而定,其具体的计算方法、复杂程度也不同,在此不一一而论。仅就前面生存性的定义中给出的描述和条件,介绍生存性计算的一般表达形式。假设敏感性的概率度量称为敏感度,用 P_h 表示;易损性的概率度量称为易损度,用 $P_{k/h}$ 表示。显然,$P_{k/h}$是一种条件概率,是指装备被命中后的损伤概率。如果不考虑战损修复的影响,生存性则主要由敏感性和易损性两个子特性组成,其度量 P_S 则表示为

$$P_S = 1 - P_h P_{k/h} \tag{2-38}$$

式中:装备的损伤概率 $P_k = P_h P_{k/h}$。

对于易损性的概率度量 $P_{k/h}$,可以通过解析计算或者仿真的方法进行研究,其计算方法将在第4章进行重点介绍,此处不再详述。下面对敏感度 P_h 做进一步讨论。装备被击中的概率,即敏感度可用 3 个参数来表述:一是装备被发现的概率 P_A;二是装备被跟踪的概率 P_{DIT};三是战斗部（导弹、炮弹、激光束等）成功发射、制导（或瞄准）且击中装备,或者被战斗部爆炸所产生的威胁击中装备的概率 P_{LOD}。其中,P_A、P_{DIT}的数值取决于敌方雷达的探测能力和装备自身的敏感性;P_{LOD}的数值取决于敌方武器发生装置的效能、制导（或瞄准）精度,以及装备自身的敏感性,则敏感度 P_h 可表示为

$$P_h = P_A P_{DIT} P_{LOD} \tag{2-39}$$

式（2-38）表示的是装备经受一次威胁打击的生存概率。当装备遭到多种相互独立的威胁射击时,该装备要想在严酷的环境中生存下来,必须在每一次单独击中后都能够生存下来,即装备可承受 n 次独立的攻击,其概率用 $\bar{P}_S^{(n)}$ 表示,则有

$$\bar{P}_S^{(n)} = P_S^{(1)} P_S^{(2)} \cdots P_S^{(i)} \cdots P_S^{(n)} \tag{2-40}$$

式中:$P_S^{(i)}$ 为装备受第 i 种威胁机理击中能生存下来的概率。

该式是装备生存性计算的基础,也可应用于经过 n 次击中后每个组成部分的生存概率,也适用于装备完成 n 次任务后仍生存的概率,还可用于计算装备遭受 n 次威胁仍然生存的概率。

假设装备经历每一单次射击的生存概率均相等,则装备经历 n 次射击后的生存概率为

$$\bar{P}_S^{(n)} = P_S^n \tag{2-41}$$

装备的生存性还可以通过装备的损失率及装备的生存率来表示。装备的损失率为在战斗中装备损失的数目与参战装备总数的比值,其含义实际上是装备执行一次任务的损毁概率的另一种表达形式。与此类似,装备的生存率就是装备执行一次任务生存概率的另一种表达形式。若用 P_{LO} 表示装备的损失率,则装备执行一次任务的生存率为 $1 - P_{LO}$。假设装备执行每次任务的生存率均相等,则装备执行 m 次任务后的生存率 $P_S^{(m)}$ 应为

$$\bar{P}_S^{(m)} = (1 - P_{LO})^m \tag{2-42}$$

二、抢修性的定性要求和定量计算

（一）抢修性的定性要求

如前所述,抢修性与维修性在设计要求上有许多共同之处,如可达性、标准化与互换性、防差错措施、人素工程等要求。但抢修性更侧重于战时便于应急抢修的设计,具体的设计准则有以下几条。

1. 允许取消或推迟预防性维修的设计

在紧急的作战环境中,有时是不允许按照平时的要求按部就班地实施预防性维修工作的。因此,对于某些预防性维修工作,应该允许取消或推迟。这样就对设计提出了新的要求。

（1）取消预防性维修工作,不应出现安全性故障后果。比如,对于可靠性、安全性要求高的产品而言,要充分考虑战场环境的严酷性,采用高可靠性的元器件和冗余设计措施等。

（2）预防性维修工作推迟到什么程度,应在设计中予以说明。比如,通过设置报警器、指示器等装置,告诉操作人员在什么情况下装备仍可安全使用;对于大型复杂武器系统,应有对损伤或故障危害的自动预计判断报告系统等。

2. 便于人工替代的设计

在恶劣战场环境条件下,战场抢修工作往往是由不熟练的和半熟练的士兵,用临时拼凑的工具和方法在恶劣的环境中进行的,这种维修在平时是禁止的或非规范的,但在装备设计中应考虑允许和便于这样做。例如,大型零部件在拆卸时除了使用吊车或起重设备外,在设计上还允许使用人力和绳索等;对自动控制的装置,应考虑自动装置失灵时、人工操纵的可能性等。为此,可以考虑以下设计措施。

（1）尽量减少专用工具的品种和数量,使得装备抢修（维修）只需要用起子、钳子、活动扳手等普通工具和通用设备就可实施。

（2）可修单元的质量和体积应限制在一个人就可以搬动的程度。

（3）应设置人工搬动时所需的把手或起吊的系点。

（4）配合和定位公差应尽可能地宽,从而使产品在分解结合时无需车间使用的起吊和定位工具,以便于人工安装和对中。

3. 便于截断、切换或跨接的设计

这种措施集中体现在电气、电子、供气或气动、燃油和液压系统中,在设计上应考虑战损后可以临时截断（舍弃）、切换或跨接某些通路,使当时执行任务所必备的基本功能能够继续下去。适合于该设计的措施如下。

（1）对于流程或某种运动提供允许替代的（备用的）途径。

（2）设计附加的电缆、管道、轴、支承物等。

（3）对于各个线路、管道在全长或间断加上标识,使其能够简便、准确地识别以追踪其流向。

（4）设法使被截断、切换或跨接的部分能方便地与系统对接或从系统中分离出去。

设计人员从事的这项工作是两方面的:一方面,必须明确各分系统在整个系统中具有的最低限度能力,即某一分系统停止了工作,而其他的分系统或系统还能保持工作;另一方面,设计人员必须提供一种手段或是形成一种设计,在战场上能够容易地提供一种方法,使得受损装备的其他部分还能继续工作。

4. 便于置代的设计

置代不是互换,是为了战时修理的需要,用本来不能互换的产品去暂时替换损坏的产品,以便使系统恢复当前任务所需的作战能力。因此,在设计中应考虑便于置代,其技术途径有以下几种。

(1)设计中应使用标准化、多用途的或易修改的零部件。例如,液压流体系统的有关参数、接口标准化后,可为泵、阀门的置代提供方便。

(2)设计中应指明,可以置代的零部件清单及在同一系统或其他系统中的位置,置代所需的分解步骤和修改方法,互换或置代后对系统的影响等。例如,用较小功率的发动机代替大功率的发动机,可能使装备运行速度和载重量下降,但起码还能应急使用;汽油发动机上的火花塞用在涡轮机上作为点火器等。

需要注意的是,为了实现置代,在设计上应该使能够置代的产品与装备的接口、连接方式等保持一致。例如,上述实例中,不同功率的发动机要想实现置代,在设计上应该使发动机的支座和外部接头保持一致;不同火花塞的尺寸、连接方式应该是一致的等。

5. 便于临时配用的设计

用粘接、矫正、捆绑等办法或利用在现场临时找到的物品来代替损坏的产品,使系统功能维持下去。为此,设计时应尽可能满足以下要求。

(1)配合和定位不采用紧容限,放宽配合公差,降低定位精度。

(2)应提供较大的安装空间,适用于手工制作与安装。

(3)材料容易加工(胶合、环氧树脂、钎焊、螺接等)。

6. 便于拆拼修理的设计

拆拼修理是指拆卸同型装备或不同型装备上的相同单元替换损伤的单元。为此,对装备的设计要求主要包括以下几项内容。

(1)零部件、模块的良好互换性、标准化、通用化是实施拆拼修理的前提,应使同一功能的零、部件在同类或不同类装备上可以互换,如汽油发动机和涡轮发动机采用相同的火花塞。

(2)考虑电气、电子和流体系统参数的标准化,如电压与压力的标准化。

(3)在电子设备领域,标准的信息、电源电压不临时配用电阻就可以获得所需的电压。

(4)在液压流体领域,标准化的参数值可以为拆拼修理泵、阀门、管路等提供方便。

美国陆军研究了装甲车辆的通用性对 BDAR 的影响,装甲车族具有 26 种车型,其中大部分零部件通用。为了比较车族与不通用车辆的 BDAR 特性,采用 BATRR 模型进行蒙特卡罗仿真,得到在同样损伤概率、备件供应水平、维修资源条件下的车辆修复概率水平,如图 2-14 所示,充分表明产品通用性对 BDAR 的重要性。

7. 使损伤装备便于脱离战斗环境的设计

装备损伤后,若不能进行现场修复,应使损伤装备立即撤离战斗环境,以避免进一步发生"二次损伤",并尽快实施抢修。为此,在装备设计上,应该考虑使损伤装备能够自行撤离或采用拖曳等措施撤离危险地域。例如,坦克或自行火炮的履带负重轮少一个或几

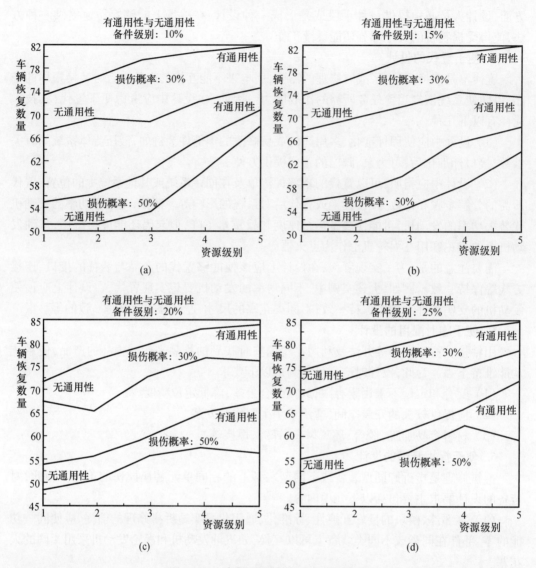

图 2-14　车辆通用性对 BDAR 的影响

个时,仍然能继续行动;在坦克上提供专门的牵引环和机械手,使乘员在不离开坦克的情况下,能够用钢索连接并牵引损坏的车辆或坦克;飞机上应提供牵引钩、环,使其在跑道上损伤时,便于使用车辆拖曳等。

8. 使装备具有自修复能力的设计

对于装备的易损关键产品而言,设计中应考虑使其具有自修复能力,使其在遭受损伤后能够自行恢复其最低功能要求。例如,油箱具有损坏后自动补漏功能,车辆轮胎具有自动充气(或充填其他材料)功能,电子系统损坏后能自动切换等。

以上关于抢修性的设计内容和措施已列入《维修性设计技术手册》(GJB/Z 91—1997)中。

(二) 抢修性的定量计算

在1986年的美国可靠性与维修性年会上,J. 考订豪发表了"对战斗恢复力的设计要求与后勤要求"一文,讨论了抢修性(战斗恢复力)的量化问题,并提出:"对于抢修性的定量要求应根据一个或更多的有代表性的、综合的战场情况导出,应有若干个尺度。"

抢修性与维修性不同,维修性针对装备在使用过程中的自然故障,主要由装备的磨损、老化等原因引起故障;抢修性是针对装备在一定的作战环境下的战斗损伤和非战斗故障,影响的因素更加复杂,很难给出合适的用于设计、生产的定量化指标。但是,抢修性实际上是维修性的一种特殊情况,可以用维修性的一些定量化的方法进行定量化处理。比如,可以用在某些规定条件下的抢修时间或者用类似维修度的"抢修度"作为定量指标。但是,维修性中的规定条件比较明确、单一,维修结果要达到的规定状态也比较明确、单一;而抢修性中的条件,特别是敌对威胁不尽明确,可能有不同的威胁和损伤,抢修后达到的状态也可能不同(具有全部任务能力、部分任务能力、能自救等)。因此,在规定抢修性要求时,应当列出各种威胁情况和各种允许的抢修结果(状态),如表2-4所列。设计单位提供的战场损伤分析的输入数据,可能包括各种威胁条件下的损伤清单、工作模式,以及正在进行战斗中的降额使用但具有一定功能的工作模式,如能执行的全部任务(任务1)、完成部分任务的(任务2)、(任务3)、……,(每个后面的任务要求的性能较前一个任务要求要低),直至完成自救能力。

表2-4　抢修性指标的表达示例

威　胁	A			B			C			D		
	P	T	M	P	T	M	P	T	M	P	T	M
全部任务能力												
部分任务1												
部分任务2												
自　救												

表2-4中,P为当系统遭受给定的损伤威胁时,能恢复到完成指定任务的最低可接受概率;T为修复时间;M为修复所需的人力。

但这些指标往往难以确定,验证也比较困难。一般情况下,对于维修负担和可用度而言,如果同一战斗损伤对某一武器系统所产生的危害性比对另一武器系统小,那么前者的抢修性就好(图2-15),较小维修负担的系统的抢修性好。

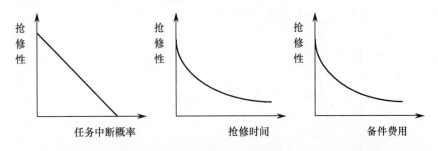

图2-15　抢修性与任务中断概率、抢修时间和备件费用的关系

战损装备的维修要求能作为抢修性的度量,如抢修度、修复时间、备件费用等。在规定战场情景下系统的可用度、作战效能也包含抢修性的度量。

这里仅讨论一种将抢修性定量化的方法——抢修度。可以根据研究工作的进一步深入,提出更为有效的定量化方法,以便在设计、生产中进行抢修性设计和验证,提高装备的快速抢修能力。

1. 抢修性函数

由于抢修性与维修性一样,主要反映在抢修(维修)时间上,而抢修时间又是个有很多因素影响的随机变量。因此抢修性的定量描述也可与维修性一样,根据抢修时间的概率分布为基础进行定量化。

1) 抢修度

抢修性的概率表示称为抢修度,记为:$Q(t)$,即:在战场上规定的时间内,使损伤的装备能够迅速地恢复到其完成某种任务所需功能的概率,即

$$Q(t) = P(T \leq t) \tag{2-43}$$

式中:T 为在一定的作战环境下使装备恢复基本功能的时间;t 为规定的抢修允许时间。

显然,抢修度是抢修时间的函数,$Q(0) = 0$,$Q(\infty) \rightarrow 1$。

$Q(t)$ 也可表示为

$$Q(t) = \lim_{N \to \infty} \frac{n(t)}{N} \tag{2-44}$$

式中:N 为损伤的需要抢修的装备数;$n(t)$ 为在 t 时间内通过抢修恢复基本功能的装备数。

在实际实践中,需要抢修的装备数是有限的,抢修度可运用试验或从作战或军事演习中损伤数据,通过统计获得。其估计值的公式为

$$\hat{Q}(t) = \frac{n(t)}{N} \tag{2-45}$$

移动电站是火炮火控系统的重要组成部分,如果移动电站故障或损伤,整个火控系统将处于瘫痪状态。图 2-16 是移动电站的抢修度曲线。由图可知,抢修时间为 20h 时,大约有 50% 的移动电站能够修复;抢修时间为 50h 时,大约有 75% 的移动电站能够修复。因此,还需要进一步改善电站的抢修性,或改进抢修方法,缩短抢修时间,使装备在尽可能短的时间内恢复作战能力。

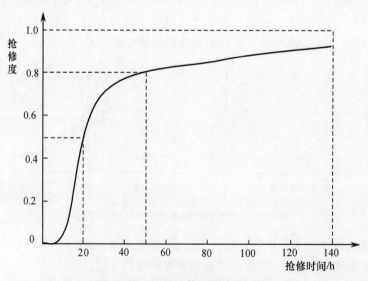

图 2-16　电站抢修的抢修度函数

2）抢修时间的密度函数

抢修度 $Q(t)$ 是 t 时间内完成抢修任务的概率,那么,其概率密度函数 $q(t)$ 可表示为

$$q(t) = \frac{\mathrm{d}Q(t)}{\mathrm{d}t}$$

$$= \lim_{\Delta t \to 0} \frac{Q(t + \Delta t) - q(t)}{\Delta t} \tag{2-46}$$

$$Q(t) = \int_0^t q(t)\,\mathrm{d}t \tag{2-47}$$

同样,参照维修性的定量化方法,$q(t)$ 的估计量为

$$\hat{q}(t) = \frac{n(t + \Delta t) - n(t)}{N\Delta t} \tag{2-48}$$

3）抢修率

抢修率 $\mu(t)$ 指在 t 时刻未恢复基本功能的装备在时刻 t 后单位时间内恢复基本功能的概率,可表示为

$$\mu(t) = \lim_{\substack{\Delta t \to 0 \\ N \to \infty}} \frac{n(t + \Delta t) - n(t)}{(N - n(t))\Delta t} \tag{2-49}$$

其估计公式为

$$\mu(t) = \frac{n(t + \Delta t) - n(t)}{(N - n(t))\Delta t} \tag{2-50}$$

4）平均抢修时间（Mean – time – to – recovery）

平均抢修时间 $\overline{M}_{\mathrm{rt}}(t)$ 指抢修时间的平均值,或抢修时间的数学期望,即

$$\overline{M}_{\mathrm{rt}} = \int_0^\infty t q(t)\,\mathrm{d}t \tag{2-51}$$

2. 抢修时间分布

研究抢修性定量化的基础是抢修时间的概率分布。一般来说,战场抢修时间服从对数正态分布。

若抢修时间的对数 $\ln t = Y$ 服从 $N(\theta, \sigma^2)$ 的正态分布,则称抢修时间 t 是具有对数均值 θ 和对数方差 σ^2 的对数正态分布,其抢修时间分布函数为

$$q(t) = \frac{1}{\sqrt{2\pi}\sigma t} \mathrm{e}^{-\frac{(\ln t - \theta)^2}{2\sigma^2}} \tag{2-52}$$

$$Q(t) = \Phi\left(\frac{\ln t - \theta}{\sigma}\right) \tag{2-53}$$

式中:θ 为抢修时间对数的均值,其统计量用 $\overline{Y}$ 表示,即 $\overline{Y} = \frac{1}{n_r}\sum_{i=1}^{n_r}\ln t_i$；$\sigma$ 为抢修时间对数的标准差,其统计量用 S 表示,即 $S = \sqrt{\frac{1}{n_{r-1}}\sum_{i=1}^{n_r}(\ln t_i - \overline{Y})^2}$。

3. 抢修性参数

1）平均抢修时间

抢修时间参数是装备抢修性的重要参数,它将直接影响装备的作战效能。简单地说,

平均抢修时间就是在战场上使损伤装备恢复基本功能所需实际时间的平均值,记为 $\overline{M}_{rt}$。抢修的实际时间包括损伤评估时间和损伤修复时间,这里不包括由于指挥或后勤保障的原因引起的停机时间。

平均抢修时间也可用实际抢修时间进行估计,即抢修时间总和与抢修次数之比。

$$\overline{M}_{rt} = \frac{\sum_{i=1}^{n} t_i}{n} \qquad (2-54)$$

2)恢复功能用的任务时间(Mission – time – to – restore – function)

恢复功能用的任务时间是与作战任务有关的抢修性参数,记为 MTTRF 或 $\overline{M}_{mct}$。MTTRF 的度量方法为:在规定的任务剖面内,装备致命性故障的总修复时间与致命性故障总数之比。MTTRF 本来是一个与任务成功性有关的传统维修性参数。对于军事装备,如果把各种战场损伤及其各种修复方法一并考虑进去,也就成为维修性(含抢修性)的参数。

3)最大抢修时间

最大抢修时间指使装备损伤后将其恢复到足以完成当前任务或基本功能的最大可能时间,记为 M_{maxrt}。确切地说,应当是给定抢修度百分位的恢复时间,通常给定抢修度 $Q(t)$ 是 95%(也可用 90%)。最大抢修时间通常是平均恢复时间的 2~3 倍,具体比值取决于抢修时间的分布和方差及规定的百分位。在实际应用中,某个损伤装备的最大抢修时间不能大于当前作战任务允许的最大抢修时间;否则,抢修便没有实际意义。

第四节   生存性与抢修性分析

生存性与抢修性分析,主要是根据装备可能遭受的战场威胁和敌方破坏作用,联系其预定的作战任务,确定装备所必备的任务基本功能,在此基础上分析装备的易损性关键部件、故障模式及影响、损坏模式及影响、抢修方法及所需资源等内容,进而找出装备生存性和抢修性的薄弱环节,并提出可以采取的预防和改进措施,以提高装备的生存性和抢修性。

一、生存性与抢修性分析的基本程序

生存性与抢修性分析的目的是找出装备生存性和抢修性的薄弱环节,并提出可以采取的预防和改进措施,为生存性设计评估提供依据,其基本程序如图 2-17 所示。

在进行生存性与抢修性分析之前,应当充分收集装备设计、预定作战任务、以往的战损记录等数据资料,并分析确定装备可能受到的战场威胁和威胁机理。在此基础上,首先开展任务—功能分析,分析确定装备执行作战任务所必备的功能;第二步进行基本功能项目分析,确定装备担负任务必备功能的项目;第三步是进行故障模式及影响分析(Failure Mode and Effects Analysis,FMEA),了解装备各层次产品发生故障的表现形式,及其对装备基本功能的影响;第四步是进行损坏模式及影响分析(Damage Mode and Effects Analy-

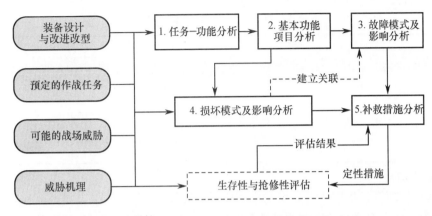

图 2-17 生存性与抢修性分析的基本程序

sis, DMEA），了解装备各层次产品可能发生的损坏模式，并建立损坏模式与故障模式之间的关联关系，即确定损坏影响；第五步是进行危害性分析（Criticality Analysis, CA），确定每一损坏模式的危害度；第六步是汇总 FMEA、DMEA 和 CA 的结果，对装备的生存性与抢修性进行定性分析；第七步是提出装备生存性和抢修性的预防、改进措施。

二、任务—功能分析

一种装备有多种功能，在这些功能中，有一些是完成其任务必不可少的，而另一些并不是十分必要的，前者称为装备的基本功能，是装备生存性和抢修性研究的重点。因此，基本功能是指那些确保装备完成其预定作战任务所必备的系统或子系统功能，如枪炮的基本功能是发射弹丸毁伤敌方目标。进行任务—功能分析的主要目的是从装备的所有功能中正确区分基本功能和非基本功能，为开展装备生存性和抢修性分析奠定基础。值得注意的是，对于一种装备，执行不同任务时其基本功能可能是不同的。因此，进行任务—功能分析应该充分考虑装备的每一任务阶段，即科学建立装备的任务剖面是进行基本功能分析的前提和基础。例如，进行自行火炮任务—功能分析之前，首先应绘制其典型任务剖面，如图 2-18 所示，一门自行火炮的典型任务包括驻地准备、隐蔽地域准备、行军、集结待命、向战斗地域开进、占领阵地射击准备、射击、撤出阵地、机动行军、待命等。

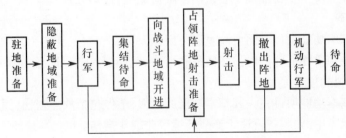

图 2-18 自行火炮的典型任务剖面

在装备任务剖面描述的基础上，采用"任务—功能分析表格"的形式进行装备任务—

功能分析,如表2-5所列。

表2-5　任务—功能分析表格

序号	系统基本功能	任务阶段									
		驻地准备	隐蔽地域准备	行军	集结待命	向战斗地域开进	占领阵地射击准备	射击	撤出阵地	机动行军	待命

1. 基本原理

基本功能项目是指那些受到损伤将导致对作战任务、安全产生直接致命性影响的项目,如火炮完成发射弹丸这个基本功能的必备项目有枪炮身管、炮闩、炮架等部件。装备完成预定任务的能力主要取决于这些基本功能项目的持续工作能力和易损程度,反过来讲,基本功能项目的损伤及严重性将直接影响装备作战效能的发挥乃至任务的成功。因此,必须对装备的每一组成部分进行分析,以确认它们对装备基本功能的具体贡献或影响,称其为基本功能项目分析。为此,可采用表2-6所列的方法进行分析。

表2-6　基本功能项目分析表格

序号	系统基本功能	系统						
		火力	底盘	火控	电气	通信	弹药	辅助武器

2. 基本功能项目的性质

基本功能项目具有以下两条重要性质,在分析中应该重点关注。

(1)包含有影响基本功能项目的任务项目,其本身也是基本功能项目。

(2)包含在非基本功能项目中的任何项目,都是非基本功能项目。

从这两条性质可以看出,为了简化分析工作,确定基本功能项目应当自上而下地进行,即按照"系统—子系统—设备—组合—单机……"由整体到局部的次序逐步进行分析。凡上层次产品是非基本功能项目的,其所有下层次产品均为非基本功能项目,就不必再做分析。这样一步一步就能确定装备的基本功能项目。

3. 注意事项

分析确定基本功能项目时需要注意以下问题。

(1)应当特别重视那些战时损坏频率和概率较大且影响严重,而在平时故障频率可能不大、易被忽视的项目。

(2)造成基本功能项目丧失其基本功能的原因,不但包括战斗损伤,而且包括自然故障、人为差错、保障中断、装备不适于作战环境等非战斗损伤。

(3)基本功能项目损伤将直接导致装备任务不能完成,而不是一般的影响任务,或者只是对自身或高层次产品功能造成损害的项目。

(4)基本功能项目是指完成作战任务必不可少的项目,各种备用项目、冗余系统均不属基本功能项目。

通过进行基本功能项目分析,就可以建立装备的基本功能项目结构树,可以发现基本功能项目结构树是对装备工作分解结构树、产品层次结构等的简化。这个结构树就是装备生存性和抢修性分析中进行 FMEA、DMEA 等的分析对象。

三、故障模式及影响分析

故障模式及影响分析是指在产品设计过程中,通过对产品各组成单元潜在的各种故障模式、故障原因及其对产品功能的影响进行分析,并把每一个潜在故障按它的严酷度予以分类,提出可以采取的预防、改进措施,以提高产品可靠性的一种设计分析方法。将故障模式及影响分析应用于装备生存性分析,可以用来确定装备及其组成部分在完成其预定功能时可能发生的故障模式及后果,对于每一个组成部分的所有可能故障模式进行汇总就可以用于装备(系统)的易损性评估。

FMEA 常采用填写表格的形式进行,一种典型的 FMEA 表格如表 2-7 所列。

表 2-7　故障模式及影响分析表

初始约定层次　　　　　　任　　务　　　　　审核　　　　　　第　页·共　　页
约定层次　　　　　　　分析人员　　　　　批准　　　　　填表日期

| 代码 | 产品或功能标志 | 功能 | 故障模式 | 故障原因 | 任务阶段与工作方式 | 故障影响 | | | 严酷度 | 补救措施 | 备注 |
						局部影响	高一层次影响	最终影响			
对每个产品采用一种编码体系进行标志	记录被分析产品或功能的名称与标志	简要描述产品所具有的主要功能	根据故障模式分析结果,依次填写每个产品的所有故障模式	根据故障原因分析结果,依次填写每个故障模式的所有故障原因	根据任务剖面依次填写发生故障时的任务阶段与该阶段内产品的工作方式	根据故障影响分析的结果,依次填写每一个故障模式的局部、高一层次和最终影响并分别填入对应栏			根据最终影响分析的结果,按每个故障模式确定其严酷度	根据故障影响等级分析结果,依次填写设计改进和使用补偿措施	简要记录对其他栏的注释和补充说明

结合表 2-7 所列的 FMEA 分析内容,对表格中的有关内容介绍如下。

1. 定义约定层次

在进行 FMEA 之前,应明确分析对象,即明确约定层次的定义。将 FMEA 应用于生存性和抢修性分析时,其约定层次的定义与可靠性中约定层次的定义并不相同,而应该是基本功能项目结构树中某一层次或者某几个层次的产品,但其约定层次同样有初始约定层次、约定层次和最低约定层次之分,其定义和确定的方法是一样的。

(1)约定层次划分的依据和准则。装备总体单位首先应将研制的装备定义为初始约定层次。对于采用了成熟设计、继承性较好且经过了可靠性、维修性和安全性等良好验证的产品,其约定层次可以划分得少而粗;反之,可划分得多而细。

(2)最低约定层次确定的依据和准则。可参照约定的或预定的维修级别(战时)上的产品层次,如维修(抢修)时的最小可更换单元;当产品中的某一组成部分故障将直接引起灾难性的或致命性的后果时,则最低约定层次至少应划分到这部分所在的层次。

2. 分析基本功能项目的功能

基本功能项目的功能描述要清晰,是判别产品功能故障的依据。因此,对于功能描述:一是至少要由动词和名词组成,即"谓语 + 宾语"的形式,如转向机构的功能为"控制方向";二是应尽可能准确地写出该产品规定的性能指标,如射程为 150km;三是功能一定要列清、列全。

3. 分析故障模式

故障模式即故障的表现形式。分析人员应确定并说明各产品约定层次中所有可预测的故障模式,一是产品具有多种功能时,应能找出该产品每个功能的全部可能的故障模式;二是复杂产品一般具有多种任务功能,则应找出该产品在每一个任务剖面下每一个任务阶段可能的故障模式;三是应区分功能故障和潜在故障,根据系统定义的框图模型中给定的产品功能输出确定其潜在故障模式。

4. 分析故障原因

故障原因分析的目的是找出每个故障模式产生的原因,进而采取有针对性的有效改进措施,防止或减少故障模式发生的可能性。故障原因分析的方法:一是从导致产品发生功能故障模式或潜在故障模式的那些物理、化学或生物变化过程等方面找故障模式发生的直接原因;二是从外部因素(如其他产品的故障、使用、环境和人为因素等)方面找产品发生故障模式的间接原因。需要注意的是,正确区分故障模式与故障原因,一般而言,故障模式是可以观察到的故障表现形式,而故障模式直接原因或间接原因是由于设计缺陷、制造缺陷或外部因素所致;还要考虑产品相邻约定层次的关系,下一约定层次的故障模式往往是上一约定层次的故障原因。

5. 分析故障影响及严酷度

故障影响分析的目的是找出产品的每个可能的故障模式所产生的影响,并对其严重程度进行分析。每个故障模式产生的影响通常按约定的层次结构进行,可以分为局部影响、高一层次影响和最终影响,如表 2 - 8 所列。需要注意的是,不同层次的故障模式和故障影响存在着一定关系,即低层次产品故障模式对紧邻上一层次产品的影响是紧邻上一层次产品的故障模式,低层次故障模式是紧邻上一层次的故障原因,由此推论可得出不同约定层次产品之间的迭代关系。

表 2 - 8 故障影响类别及定义

名 称	定 义
局部影响	某产品的故障模式对该产品自身及所在约定层次产品的使用、功能或状态的影响
高一级影响	某产品的故障模式对该产品所在约定层次的高一层次产品的使用、功能或状态的影响
最终影响	某产品的故障模式对初始约定层次产品的使用、功能或状态的影响

严酷度指故障模式所产生后果的严重程度,是对影响后果的量化度量,从而能够对各故障模式所产生的后果进行分级排序。严酷度一般分为 4 类,其定义如表 2 - 9 所列,可以看出,前 3 类情况将是生存性和抢修性研究的重点。

表 2 - 9　严酷度类别及定义

名　称	定　义
Ⅰ类(灾难的)	会引起人员死亡或系统(如飞机、导弹)毁坏
Ⅱ类(致命的)	会引起人员的严重伤害、重大经济损失或任务失败
Ⅲ类(临界的)	会引起人员的轻度伤害,一定的经济损失或任务延误
Ⅳ类(轻度的)	不足以导致人员伤害、一定的经济损失或系统毁坏,但会导致非计划性维护或修理

6. 分析补救措施

分析补救措施的目的是针对每个故障模式的影响,采取了哪些补救措施,以消除或减轻故障影响,进而提高产品的可靠性、生存性和抢修性。

四、损坏模式及影响分析

损坏模式及影响分析(DMEA)是分析确定由于战斗损伤造成的损坏形式和程度,以提供因威胁机理所引起的损坏模式,以及损坏模式对武器装备执行任务功能的影响,为武器装备生存性和抢修性评估提供依据。特别是通过分析发现设计缺陷,确定改进措施,以提高装备的生存性和抢修性。

(一) 基本原理

1. 明确 DMEA 与生存性的关系

如前所述,生存性一般包括 4 个基本因素:①装备不易被敌人发现;②发现后不易被击中;③击中后不易被击毁;④战损后容易被修复。其中,第③、④是 DMEA 解决的主要问题,即通过 DMEA 结果,采取相应的有效措施,提高武器装备的生存性。

2. 明确 DMEA 的输入

一是科学确定装备的基本功能项目,并合理划分约定层次;二是明确约定层次产品的威胁机理,威胁机理类似于 FMEA 中的故障机理,是产品损坏模式发生的根本原因。威胁机理有直接的和间接的两种情况,直接的如抛射物、碎片、爆炸波阵面的超压、燃烧物、核辐射、激光束、电磁脉冲等的直接作用;间接的如燃烧、烟熏、释放的腐蚀物、液压冲击等的作用。为此,应该选择一种或几种典型的威胁机理进行有针对性的分析。

3. 掌握 DMEA 与 FMEA 的关系

DMEA 属于 FMEA 中的一种分析方法,是在 FMEA 基础上进行的扩展分析。但是,FMEA 是针对产品在使用过程中(含作战)可能出现的偶然故障和耗损故障,提高的是产品的可靠性,对装备生存性和抢修性产生重要影响;而 DMEA 是针对产品在战场环境条件下出现各种战斗损坏,将会改善产品的生存性、易损性和抢修性。因此,FMEA 是进行 DMEA 的基础,《故障模式、影响及危害性分析指南》(GJB/Z 1391—2006)明确了"未进行 FMEA,就不能进行 DMEA"的要求。

4. 明确 DMEA 与 FMEA 的重点

一是应用于生存性与抢修性分析中的 FMEA,不同于应用于可靠性分析中的 FMEA;二是在新研武器装备中应用 DMEA 与 FMEA,主要是为提高新研武器装备的生存性和抢修性提供依据;三是在现役武器装备中应用 DMEA 与 FMEA,主要是为分析抢修方法和措施,进而掌握保障资源需求,为战时装备保障准备奠定基础,这将在后续章节中涉及。

（二）分析内容和过程

DMEA 表格如表 2 – 10 所列。

表 2 – 10 损坏模式及影响分析表

初始约定层次 　　　　 任　务 　　　　 审核 　　　　 第　页·共　页

约定层次 　　　　 分析人员 　　　　 批准 　　　　 填表日期

代码	产品或功能标志	功能	任务阶段与工作方式	损坏模式	损坏影响			严酷度	补救措施	备注
					局部影响	高一层次影响	最终影响			

表 2 – 10 中的约定层次、代码、产品或功能标志、功能、任务阶段与工作方式等栏目，与 FMEA 表格中的内容基本相同，仅对表格中的有关内容介绍如下。

1. 损坏模式

损坏模式（Damage mode）是指由于战斗所造成装备损坏的表现形式，不包含其他非战斗损伤形式。应该根据威胁机理的因素，分析每一基本功能项目在特定威胁条件下可能发生的损坏模式。同时，在分析损坏模式时，应注意与故障模式的区别，故障模式一般由产品本身或系统的故障机理所引起，而损坏模式往往是由于战场环境下特定的外部因素所引起的。

不同的武器装备及其部件，不同的威胁机理，产生的损坏模式显然不同。为此，整理了武器装备典型的损坏模式。

（1）穿透（破孔）。其主要由于弹丸、破片等高速撞击所致，表现为面积不大、形状不规则的穿透性损伤，会造成内部器件和部组件损伤、漏气、漏液等。如图 2 – 19 所示，雷达天线被破片击中，有多处贯穿孔。

图 2 – 19 雷达天线破孔

（2）变形。其主要是由于破片、爆轰波、冲击振动、燃烧等引起，有弯曲、膨胀、鼓包、凹坑等形式，会造成动作困难、丧失功能、影响结构强度、性能下降等。如图 2 – 20 所示，火炮右手制动装置齿弧变形，造成无法操作。

（3）压坑。其主要是由于破片高速撞击所致，主要表现为不规则形状的凹坑，会造成

图 2 - 20　火炮右手制动装置齿弧变形

动作困难、丧失功能、影响结构强度、性能下降等。如图 2 - 21 所示,为某型火炮遭破片打击,致使火炮复进机压坑。

图 2 - 21　火炮复进机压坑

（4）凸起。其主要是由于破片高速撞击厚壁金属件所致,受破片打击面发生压坑或破片嵌埋,另一面凸起,影响强度、性能下降和功能丧失。如图 2 - 22 所示,火炮身管压坑造成膛内凸起,致使弹丸无法顺利通过。

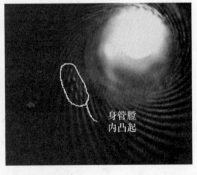

图 2 - 22　火炮身管压坑造成膛内凸起

（5）震裂（裂缝）。其主要是由于爆轰波、冲击振动等作用下产生的局部破裂,甚至是断裂、折断,造成部件破坏,低应力下裂纹扩展或破坏。如图 2 - 23 所示,由于爆轰波和冲击振动所致,火炮液量调节器导管断裂。

（6）分离（脱落）。其主要是由于爆轰波、冲击振动、弹丸、破片等作用下产生的大面

图 2-23　火炮液量调节器导管断裂

积穿透性损伤,造成部件破坏、功能完全丧失。如图 2-24 所示,由于爆轰波作用,火炮左平衡机脱落。

图 2-24　火炮左平衡机脱落

　　(7) 连接松动。其主要是由于爆轰波、冲击振动、破片等引起,表现为零件连接不牢,有间隙、位移等现象,影响部件的力学性能,连接不确实,甚至发生脱离。如图 2-25 所示,由于破片的打击作用,火炮摇架护筒结合部变形,螺栓连接松动、划扣。

图 2-25　火炮摇架护筒结合部螺栓连接松动

（8）卡住（卡滞）。由于零部件变形、异物阻挡等所致，表现为部件运动受限，造成操作、运动不灵活。如图 2-26 所示，由于冲击振动作用，火炮保险器杠杆轴折断造成不能开栓，由抢修人员进行强行开栓。

图 2-26　火炮保险器杠杆轴折断造成不能开栓

（9）烧蚀、燃烧、烧毁。其主要是弹丸爆炸产生的高温气体和燃烧粒子所致，主要有烧焦、熔化、脱落、变色等现象，造成零部件甚至是设备、系统级的严重损坏。如图 2-27 所示，弹丸命中火炮，零部件受损严重的同时，烧蚀变色现象明显。

图 2-27　弹丸命中火炮情况下局部烧蚀变色现象

（10）爆炸。其主要是弹丸爆炸产生的高温气体和燃烧粒子所致，引起随装携带的弹药、燃料等发生爆炸，造成装备或系统严重损毁或报废。

（11）断路。其主要发生于电路、网络等，由破片、爆轰波、振动等多种原因所致，造成设备或系统无信号输出。如图 2-28 所示，破片穿透 57 高炮配电箱，电缆被切断导致线路断路。

（12）短路。其主要发生于电路、网络等，由破片、爆轰波、振动等多种原因所致，可使电源、仪表、元器件、电路等烧毁，致使整个电路或设备不能工作。

（13）其他损坏模式，如电磁脉冲武器造成的元器件电击穿，核生化武器造成的化学（毒剂）污染、核污染、生物（细菌）污染，软件遭受各种"黑客"、病毒等袭击导致的系统功能失效等。

图 2 - 28　57 高炮配电箱电缆被切断

2. 损坏影响

损坏影响(Damage effects)是指每个损坏模式对武器装备或其部件的使用、功能或状态所导致的后果。与 FMEA 一样,损坏影响也应分几个层次来分析。

(1) 局部影响。它是指每个损坏模式对当前所分析的约定层次产品的使用、功能或状态的影响,其目的在于为制定改进措施、提高生存性和抢修性提供依据。

(2) 高一层次的影响。它是指每个损坏模式对被分析约定层次紧邻上一层次的产品使用、功能或状态的影响。

(3) 最终影响。它是指每个损坏模式对初始约定层次产品的使用、功能或状态总的影响,即对武器装备能力和主要功能的影响,以及生存性降低的程度。

从上面损坏影响的描述可以看出,损坏影响与故障影响的含义基本一致。一般而言,故障模式往往就是损坏模式的影响,这样就能够建立损坏模式与故障模式的一种关联关系。

3. 损坏模式的严酷度

损坏模式的严酷度是对装备损坏模式影响程度的量化。与故障模式的严酷度不同的是,损坏模式的严酷度更加侧重于对装备基本功能的影响,而对修复的经济性影响并不十分强调。

(1) Ⅰ类(毁坏性的)。损坏模式发生后直接导致装备基本功能的丧失,且不能修复或无修复价值。

(2) Ⅱ类(致命性的)。损坏模式发生后直接导致装备基本功能的丧失,且不能在战场上在规定的时间(依装备的类型而定)内修复的。

(3) Ⅲ类(严重的)。损坏模式发生后直接导致装备基本功能降低或丧失,且可能在战场上在规定的时间(依装备的类型而定)内修复的。

(4) Ⅳ类(轻微的)。损坏模式发生后不能影响装备基本功能。

4. 补救措施

根据损坏模式的影响程度,针对各种损坏模式所采取的有效改进措施,以消除或减轻故障影响,进而提高装备的生存性和抢修性。

五、补救措施分析

在 FMEA 和 DMEA 中的最后一步都是进行补救措施分析,以消除或减轻故障和损伤所带来的影响,进而提高装备的生存性和抢修性,具体措施如下。

(1)设计改进措施。当产品发生故障或损伤时,根据其对装备基本功能的影响大小,应对装备设计进行综合权衡,确定是否有必要采取相应的设计改进措施,用于提高其生存性和抢修性。如果需要从降低被探测性、易损性或故障概率的角度考虑,可以采用冗余技术、安全或保险装置(如监控和报警装置)、提供替换的工作方式(如备用或辅助设备)、可以消除或减轻故障影响的设计改进(如优选元器件、热设计、降额设计等)等措施;如果需要从快速修理的角度考虑,则可以使装备能够允许取消或推迟预防性维修,便于截断、切换或跨接,便于置代,便于临时配用,便于拆拼修理等。

(2)使用补偿措施。为了尽量避免或预防故障和战斗损伤的发生,在使用中所采用的预防性措施。一是充分利用地形、地物、烟雾等进行遮挡,减少在主要威胁方向上的暴露;二是制定必要的使用维护措施和制度,科学确定预防性维修间隔期,提高其任务可靠性,进而提高其战场生存能力;三是提供装备一旦出现故障或发生损伤以后的抢修措施和方法,如果存在多种方法,给出各种方法的使用时机和注意事项,并对抢修方法按照所需时间由少到多、实施难度由易到难、所需资源由少到多的次序进行排列。

第三章　装备战损试验与验证

　　武器装备的生存性和抢修性以及战损机理、模式和规律等,归根结底要靠实战来检验。但是在和平时期,武器装备并没有参战的机会,只能通过实弹试验和实战化训练进行检验和验证,将其统称为装备战损试验。近年来,随着部队战时装备保障能力建设和发展需求,我军对装备战损试验赋予了新的内涵,正在发生深刻的变化。本章将重点介绍装备战损试验的基本概念、原理、方法和组织实施等内容,为开展装备战损试验与验证提供理论与方法。

第一节　概　　述

　　装备战损数据是战场抢修方法与对策研究、抢修设备工具规划的重要基础,是进行装备战损机理与规律研究的重要支撑,是进行战备储备器材标准制订的重要依据。对于装备战损数据的收集,仅靠作战数据的积累是十分有限的,而进行实弹试验是装备战损数据获取的一种有效、可行的补充途径。1986年和1987年,为了评估武器装备的战场生存能力,北大西洋公约组织在德国梅彭(Meppen)联合举行了大规模的实弹试验与评价(Live Fire Test and Evaluation,LFT&E),他们以老装备作为目标装备,使用155mm榴弹在距离装备5~25m的地方"静爆",将手榴弹固定在卡车外面引爆,用空心装药和小型杀伤炸弹炸轮式车辆和轻型装甲运兵车,用地雷炸坦克等,再对受损装备进行抢修。通过一系列实弹试验,北约组织获得了大量的装备战损数据,并得出了重要结论,用于指导武器装备设计与战场抢修工作。后来,美军在DoD 5000.2 - R国防采办程序中规定,武器装备在研制阶段要接受实弹试验与评价,即采用新装备进行试验,BDAR试验是其中的重要内容,从而通过试验对武器装备的生存性、易损性和抢修性进行评估。

　　我国在核试验中也曾进行过类似的效应研究,探讨和检验核武器对各种武器装备的破坏作用,研究装备损伤防护和修复方法。近年来,着眼新时期军事斗争准备,我军已多次组织了各种装备的战损试验,收集了大量的战损数据,为装备战损机理与规律研究提供了重要支撑。但是,以往开展的这些战损试验的目的和内容各有所侧重,有些侧重于抢修训练与演练,有些侧重于装备战损机理与规律研究,有些则侧重于检验武器装备的毁伤效能,开展"综合性"试验的很少。为了提高试验效益,近年来装备战损试验呈现出综合化的发展趋势。在此基础上,给出了装备战损试验的概念、分类和作用意义。

一、基本概念

　　装备战损试验,又称为装备毁伤试验、实装实打试验、实弹打击试验等,是指通过构设战场环境和试验条件,对己方装备(群)进行火力"硬打击",以及电磁等"软毁伤",对实际毁伤作用下装备的生存性、易损性、抢修性、战损机理与规律、抢救抢修方法与手段、战备储备器材标准等进行试验研究和验证,以及以试验为依托开展的装备保障指挥、战场抢救抢修、供应保障等训练和演练活动。

为了更好地理解战损试验的基本概念,对有关内容解释如下:一是区别于传统的对敌火力毁伤试验,战损试验研究的对象是己方装备,采用"实弹"对其进行火力打击,具有对装备破坏作用大、试验成本昂贵等特点;二是试验的目的是在"实弹"打击作用下,评估武器装备特别是新装备的生存性、易损性和抢修性,研究装备的战损机理与规律,探索战场抢救抢修方法与手段,验证战备储备器材标准等;三是试验的方式主要包括单装单威胁战损试验和装备群战损试验,其中,前者主要是指一种型号装备在单次毁伤作用下的损伤试验,或是在破片、爆轰波、振动、电磁等某一种威胁机理下的战损试验;装备群战损试验主要是在一定作战想定下对建制部队装备群或武器系统进行的战损试验;四是强调综合性试验,试验中考虑多种试验目的,从作战、保障、定型试验、战场抢修研究、训练等多个角度对试验进行系统设计和规划,争取通过一次试验获取多种效益。

二、分类

依据不同的试验目的,装备战损试验的内容,以及所采用的方法、收集的数据等也会有所不同。因此,为了区分不同情况下的装备战损试验,根据试验目的的不同,将其分为以下几类。

1. 结合鉴定试验进行的装备生存性、易损性与抢修性评估试验

试验训练基地每年都有新装备和新型弹药的定型试验,在性能试验的过程中,可以增加装备战损试验的内容,使鉴定试验既能够验证新装备在实战条件下的火力毁伤效能,又能够解决装备的生存性、易损性和抢修性评估。

2. 用于探索装备战损机理与规律的装备战损机理试验

为了探索装备在破片、爆轰波、振动、温热、电磁等威胁机理作用下的战损机理与规律,采用"实弹"对装备进行实际毁伤,并采集装备的战损数据和威胁数据,为探索装备的战损机理与规律提供支持。

3. 用于战时装备保障训练与演练的实打实保试验训练

为提高部队战时装备保障能力和水平,按照实战化训练要求,以一定的作战想定为背景,科学构设实战化战场环境条件,模拟敌方打击效果对己方装备进行火力毁伤,并组织开展装备保障指挥、战场抢救抢修和供应保障训练。

4. 着眼多种试验目的的综合性试验

在装备战损试验中,考虑武器装备试验鉴定、战损机理与规律研究、战时装备保障准备、抢救抢修演练、对敌火力打击等情况,集多种试验目的于一体,争取"一次试验多种效益""一次投入多种产出",从而提高试验效益。

三、作用意义

装备战损试验的实施时机不同,其作用也有所不同。对于新研装备而言,应及早规划装备战损试验工作,并在工程研制阶段和定型时实施,其中部件级的试验应当在方案阶段开始进行,用于评估装备的生存性、易损性和抢修性,特别是对于采用新设计、新技术和新材料的部分,通过试验可以发现影响装备生存性、易损性和抢修性的薄弱环节,为改进设计提供依据。对于现役武器装备而言,开展战损试验主要是为了探索武器装备的战损模式、机理和概率,研究装备战损修复方法及其所需资源,评价应急修复方法和手段的应用效果,开展装备战场抢救抢修训练和演练,从而提高部队的战时装备保障能力。同时,对于现役武器装备而言,战损试验往往是在一定作战想定下开展的,除了对战时装备保障具有重要作用外,从作战的角度还可用于评估火力毁伤效能,为对敌目标火力打击武器弹药选择与运用、打击方式确定等提供支持。

第二节　战损试验基本原理与方法

由于装备战损试验属于破坏性试验,所以不可能不计成本在全军面向所有型号装备大范围开展。为了以最小的试验成本解决最突出的问题、获取最大的效益,必须科学确定战损试验中的受试装备,合理选择受试装备的损伤源,采取有针对性的试验措施和方法,并对战损试验进行系统设计。

一、受试装备的确定

进行装备战损试验研究的对象是那些有生存性、易损性和战场抢修要求的装备。一般地说,各种新研武器装备特别是对于主战装备都要接受实弹试验与评价。但是,由于战损试验成本昂贵,不可能面向全军、面向所有型号装备开展试验。因此,如何确定受试装备是开展装备战损试验的关键。

（一）受试装备的主要来源

装备战损试验中的受试装备应该根据不同的试验目的进行确定,对于装备生存性、易损性与抢修性评估试验而言,其目的在于验证新研武器装备的生存性、易损性和抢修性,所以受试装备一般应为新装备。但是,由于新装备价格昂贵,有时是不允许采用实装进行实弹打击试验的。在这种情况下,可以选取装备中采用新设计、新技术和新材料等未经过生存性、易损性和抢修性验证的部分进行部组件试验。对于装备战损机理与规律研究而言,根据试验效费比,可以采用实装,也可以采用新装备或者新装备的部组件,还可以采用与实装功能、结构和尺寸等效的模拟装备进行试验。对于装备战场抢救抢修训练而言,可以采用老装备,也可以采用模拟装备进行试验。因此,对于受试装备的来源主要包括下面3种情况。

1. 利用退役报废的老旧装备

将退役报废的老旧装备作为装备战损试验中的受试装备,是以往国内外战损试验的普遍做法。之所以受试装备采用已经退役报废的老旧装备,主要有以下几点考虑:一是退役报废装备的残值低,利用其进行战损试验可以显著降低试验成本,提高试验效益;二是新研武器装备往往是在老装备的逐步改进和完善的基础上发展而来的,所以,新装备的功能和结构与老装备相比,具有很大的继承性和相似性,在一定程度上可以用退役报废的老旧装备代替新装备进行试验;三是不管是新装备,还是老装备的战损修理,传统的拆、修、补、车、焊等基本抢修技能都是不可或缺的,采用老装备进行这些基本技能训练的效费比,与采用新装备相比将更高。

2. 采用新装备

在装备生存性、易损性和抢修性评估试验中,一般都是针对新装备而言的。对于装备战损机理试验、实打实保试验训练等而言,如无退役报废装备可利用,或者是有要求采用新装备进行试验的,应该组织协调功能、性能和结构都符合试验要求的新装备用于试验,受试新装备的来源主要包括以下几个。

(1) 购买生产厂家的样机样车。在装备设计定型生产过程中,装备生产厂家会生产部分原理样机和试验装备用于装备定型鉴定试验,这些原理样机和试验装备与实装相比价格便宜,可以考虑购买这些样机样车作为受试装备。需要注意的是,所购买的样机样车应保持部组件完整,具备与部队实装应有的主要功能,以便于直接应用于实打实保试验训练。

(2) 协调院校教学装备。对于某些装备的原理样机和试验装备而言,当完成定型试验以后,往往交由院校用于人才培养。在装备战损试验中,可以向生产厂家购置实装替换院校的教学装备,并将其用于战损试验。

(3) 成品采购。成品采购的对象一般是指装备中采用新设计、新技术和新材料的典型部组件,在保证其功能、结构、尺寸等与实装基本一致的情况下,采购成品的性能和质量要求可以适当降低。

3. 研制战损修救试验装备

战损修救试验装备,是指为构设实打实保训练条件,针对实装训练存在的费用昂贵、效费比低、难以在全军大范围开展等突出问题,采用实物或半实物仿真手段构建的与实装功能、原理和结构相同或相似,专门用于战场损伤与抢救抢修研究和训练的试验装备。

从目前可获得的资料来看,目前国内外并没有战损修救试验装备的叫法,也没有专门用于实打实保试验训练的装备。参试装备、训练装备、试验装备、目标装备、试验靶标、靶标装备等术语,与战损修救试验装备相比有着本质的区别。作为新鲜事物,为了更深刻地认识和理解其概念,对其详细解释如下。

1) 以"1 + X"作为战损修救试验装备建设的基本方式

针对现役装备品种多、型号杂的特点,考虑到不同种类、不同型号装备间存在的联系和差异,战损修救试验装备既要考虑装备的覆盖面,又要考虑效费比。其构建方式可以采用"基本型 + 扩展型",简称"1 + X"方式。其中,"1"表示基本型,也就是面向多种型号装备,从中选取具有典型结构、外形和尺寸的装备,并对其结构进行改装设计,作为基本型战损修救试验装备的平台;"X"表示扩展型,也就是针对结构相似的不同装备,根据实装的具体组成部件,在基本型基础上通过加、改装部组件进行扩展,从而形成满足不同需求的、覆盖多种装备的战损修救试验装备。

2) 以模块化作为战损修救试验装备的基本设计方法

模块化设计是"1 + X"战损修救试验装备建设的主要实现方式。模块化设计方法,是从系统观点出发,研究系统的构成形式,用分解和组合的方法建立模块体系,并运用模块组合成新系统的一种设计方法,可用以解决复杂系统需求的多样化以及功能的多变化。针对不同型号装备和装备系统,按组成结构设计研制战损修救试验装备的功能模块,从而支持对基本型战损修救试验装备进行扩展,形成在一定外形、结构、尺寸和连接关系基础上的战损修救试验装备。同时,通过"即插即用"的连接关系可以把相互独立的功能模块连接为一个完整的战损修救试验装备或武器系统,用以模拟装备或武器系统的功能,从而大大提高建设效益。

3)以"以实为主、虚实结合"作为战损修救试验装备设计的基本原则

装备战损机理是装备及其部组件在破片、爆轰波、振动、燃烧、电磁等威胁机理作用下的损伤过程和表现形式。因此,如何收集这些威胁机理数据,以及因其导致的装备战损数据,是进行装备战损机理研究、构建新型装备在新型毁伤作用下的战损仿真模型的关键。基于此考虑,在构建战损修救试验装备时既要重视装备实体的构建,又要重视装备非实体部分的设置,即坚持"以实为主、虚实结合"的原则。这里的"实"是指装备实体的构建,"虚"是指威胁机理和装备战损数据采集与分析设备,支持装备战损机理研究。对于"虚"的部分,主要通过在试验装备上设置传感器、信息采集设备、信息处理设备、数据分析软件等形式实现,从而采集装备受爆轰波、振动、电磁等威胁机理和损伤信息,借助软件记录和分析威胁机理和装备战损数据,并以网络手段将采集的数据信息传到数据分析中心,从而实现网络传输和实时分析。

4)以简化设计作为战损修救试验装备的基本设计准则

在战损修救试验装备设计中,考虑到效费比问题,应尽可能采取一些简化设计措施和方法。为此,应区分装备的基本功能项目和非基本功能项目进行简化设计。

(1)对于那些对装备作战任务和安全有致命性影响的部组件,即基本功能项目,可以采用装备大修更换下来的堪用件和储备过期并评估确认为质量完好的器材进行改装,以满足试验需求。

(2)对于那些不影响装备作战任务和安全的部组件,即非基本功能项目,可以不作为战损规律研究和抢救抢修训练的对象,则采用报废件或模拟件进行改装。如果非基本功能项目对基本功能项目不存在遮挡关系,也不影响抢救抢修训练的,在战损修救试验装备设计中可以取消安装。

(3)对于有些装备的部组件(包括基本功能项目和非基本功能项目)而言,如果其性能的高低对装备的战损规律研究和抢救抢修训练不构成影响,可以采用民品替代,如某型号发射制导装置的图像数据显示器,军品 2.6 万元,民品 2000 元左右,采用民品还是军品对试验结果并无影响,考虑到效费比,可以采用民品替代。通过采用简化设计,可以大大降低成本,从而以最少的经费投入设计研制能够满足试验要求的战损修救试验装备。

5)以退役报废装备加改装、废旧器材利用和模拟装置研制作为战损修救试验装备研制的基本方法

(1)加改装退役报废装备。从退役报废装备中选取与新型军械装备结构或功能相近的装备及其部组件,采用切割、焊接、重构等方式进行改装,使改装后的退役报废装备在大部分结构上与实装基本相似,在外形尺寸上与实装基本相同,在主要功能上与实装基本相符,在防护措施和效果上与实装基本等效,从而能够代替实装进行实打实保训练。

(2)利用废旧器材改装。充分利用装备大修更换下来的功能、结构和尺寸相同或相似的堪用件,以及储备过期的废旧器材,作为战损修救试验装备的部组件。

(3)研制模拟装置。对于武器装备中的高价值部组件,考虑到效费比问题,不便采用实体部件进行构建,为此可以研制能够代替实体部件的模拟装置,从而代替高价值部件在装备中的基本功能。

（二）受试装备损伤后的处理

受试装备在战损试验后,应对受损试验装备进行全面、科学的评估,给出受损装备的处理建议,并按照"四进入"的要求进行处理。一是进入保障。经评估确认为能够修复的,由指定修理机构利用配套器材和部组件对其进行修复以重复使用。二是进入设计。将受损试验装备或部组件交由装备论证和研制单位,用于研究装备的战损机理、模式和规律,为改进装备的防护、生存性和抢修性提供支撑。三是进入课堂。将受损试验装备或部组件交由院校,用于装备战场抢救抢修课堂教学和人才培养。四是进入训练。将受损试验装备或部组件交由训练机构,用于开展装备战场抢救抢修训练。通过"四进入"的处理方式,可以提高受试装备的利用率,降低试验成本,减少"污染",从而最大限度地发挥受试装备的使用效益。

二、损伤源的选择

损伤源是指造成装备损伤的主要敌对威胁,如炮弹、导弹、激光、鱼雷等。在装备战损试验中,选择什么样的损伤源,应该根据受试装备的作战任务、战场环境条件以及敌军武器装备配备与使用等进行研究确定。一般而言,根据我方武器装备的作战运用,以及假想敌作战力量编成和武器装备配备,采用专家决策的方式就能够直接确定装备的损伤源。而对于新装备而言,则需要通过任务—威胁分析进行确定。

任务—威胁分析是装备生存性设计中的一种分析技术,主要是在分析建立装备任务剖面的基础上,对装备每一任务阶段可能遭遇的敌对威胁进行分析、判断和确定,为采取相应的生存性设计措施提供依据,从而使武器装备能够顺利而有效地完成既定任务。同时,通过任务—威胁分析确定的敌对威胁和敌对威胁环境,是进行装备生存性评估和权衡研究的基础,也是装备战损试验中选择损伤源的重要依据。

任务—威胁分析一般分为 3 个步骤。

1. 建立任务剖面

根据武器装备的作战运用情况,确定装备的任务类型。然后,对于每一种类型任务均应建立一种或多种任务剖面,并分析每一任务剖面装备的工作状态、产品工作时间顺序、所处环境时间顺序等。在此基础上,进行任务—功能分析,确定装备完成任务所必备的基本功能,详见第二章第四节。

2. 分析每种任务预期的威胁环境

针对每一任务剖面的每一任务阶段,全面分析潜在的敌方武器系统攻击和威胁环境。为此,主要从以下几个方面进行分析:一是敌方攻击的来源,主要包括陆地、空中、海洋等;二是敌方攻击所采用的武器,如常规武器、核武器、生物武器、化学武器、激光武器、电磁脉冲武器等;三是分析敌方武器的主要攻击方向,主要包括正面、侧面、后面、上面、下面等;四是根据任务剖面确定敌方武器攻击的时机,如行军、作战、静态停放等。

3. 分析受到威胁攻击的可能性

综合前两步分析的结果,结合装备本身的隐身性能、对敌干扰能力、躲避敌方武器攻击的能力等因素,分析装备遭受各种威胁攻击的可能性大小,进而为分析装备的易损性、损伤模式及其发生概率等奠定基础。

通过上述任务—威胁分析过程,可以确定装备的典型任务剖面和各任务阶段可能遭受的敌对威胁。以此分析结果为基础,根据装备遭受各种威胁攻击的可能性大小,确定战损试验中各种受试装备的损伤源。需要注意的是,通过任务—威胁分析确定的损伤源,都是敌对威胁,然而这些敌对威胁及其毁伤效能数据往往是不被我们所掌握的。为此,在装备战损试验中,可以采用与敌对威胁毁伤效能相同或相近的我方威胁来代替。

三、试验方法

装备战损试验方法主要是按威胁机理的产生方法来区分的,为此,针对常规战斗部的毁伤作用和特点,将装备战损试验方法分为静爆试验和瞄准射击试验。

1. 静爆试验

静爆试验是指通过引爆静止的弹药,模拟瞄准射击的实弹爆炸效果,从而对装备进行实际毁伤,并采集装备的战损数据和威胁数据,为评估装备的生存性、易损性和抢修性、探索装备的战损机理与规律等提供支持。静爆试验区域布局如图3-1所示。为了装备战损研究的方便,静爆试验区域一般选择在宽敞的平面上,试验弹丸置于"爆心",受试装备或试验靶标绕引爆中心排列成圆阵列。通过对静止的弹药实施引爆,模拟瞄准射击的爆炸效果,并对放置在爆心周围的受试装备进行实际毁伤,从而获取武器装备在已知威胁、爆心方位和防护条件下的战损数据,为装备战损机理与规律研究提供支持。

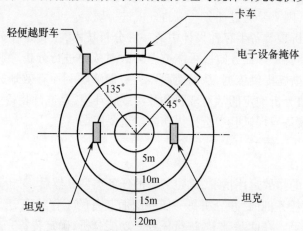

图3-1 静爆试验区域布局示意图

在试验中,受试装备的位置一般按距爆心的距离和从基线测量的角度给定。为了全面掌握装备在不同距离、不同方位的毁伤作用下的战损规律,并建立装备战损程度、损伤模式及其发生概率等与爆心距离、方位的关系,应将受试装备置于静爆试验区域的不同位置。为此,应当综合考虑装备的防护特性和试验弹丸的杀伤威力,确定受试装备的位置。同时,为了避免受试装备互相遮挡,各受试装备应置于不同的方位上。

试验弹丸放置于试验区域的爆心位置,可以与地面垂直放置,也可以将弹头顶部对象或背向某一靶标一定角度,称这个角度为弹丸定向角,如图3-2所示。弹丸定向角的取值范围为0°~180°,从而可以模拟弹丸在不同落角情况下对装备的毁伤效果,图3-3所示为参试人员设置弹丸定向角。此外,为了模拟弹丸空爆的效果或者数据采集的方便,也可以采用木板支架等将弹丸悬挂或固定在距离地面有一定高度的空中引爆,如图3-4所示。

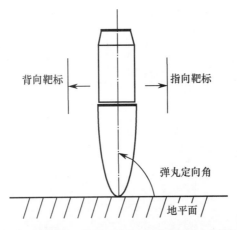

图 3－2　试验弹丸的定向

图 3－3　参试人员设置弹丸定向角

图 3－4　木板支架固定试验弹丸

2. 瞄准射击试验

　　利用火炮、坦克、导弹、直升机等对受试装备进行瞄准射击,研究装备的战损机理与规律,组织实施战时装备保障训练和演练。受试装备按照假定的战术背景进行配置,

图 3 - 5 所示为某战损试验中,按照假定战术背景配置的 152 加榴炮、130 加农炮和 57 高炮阵地。

图 3 - 5   某战损试验中受试装备的配置情况

按照实战化训练要求,并考虑装备战损机理与规律、生存性评估等相关研究的实际需求,也可以对装备实施防护,防护类型主要包括简易掩体防护、钢板防护、半地下掩体和全防护等,如图 3 - 6 所示。

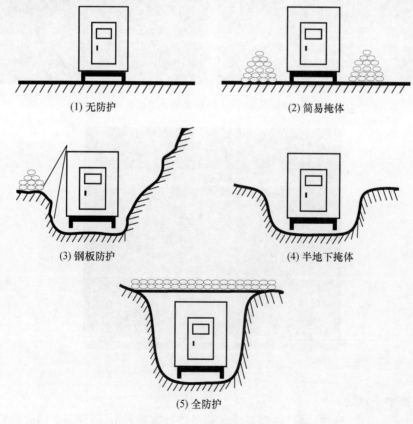

(1) 无防护

(2) 简易掩体

(3) 钢板防护

(4) 半地下掩体

(5) 全防护

图 3 - 6   装备防护类型

对目标装备(受试装备)的射击方式可以采用面火力,也可采用点火力(瞄准火力),如图3-7所示。面火力是在目标装备准确位置不知道的情况下所采用的战术,通常由落入目标装备区域的弹幕构成;点火力是相对于面火力而言的,与之不同的是,点火力是射手瞄准一个可见目标装备进行的射击,即为瞄准射击。

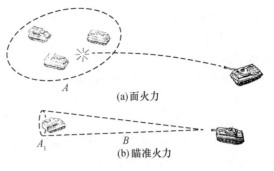

图3-7　瞄准射击试验中的射击方式

四、试验设计

在战损试验中,如果试验安排得好,试验次数不多,还能得到满意的结果;相反,如果试验安排得不好,试验次数既多,又浪费大量的人力、物力和财力,还得不到令人满意的结果。因此,如何对战损试验进行科学设计,是装备战损试验准备中的关键问题。通过战损试验设计,应达到两个目的:一是试验次数尽可能地少;二是便于分析试验数据,得到令人满意的结果。

1. 正交设计

"正交设计"法是一种科学安排与分析多因素试验的方法。它主要是利用一套现成的规格化的表——正交表,来科学地挑选试验条件合理安排试验。表3-1所列为一张典型的正交表。它的主要优点是:能在众多的试验条件中选出代表性强的少数试验条件,并能通过这较少次数的试验条件,推断出最好的试验条件。

表 3-1　$L_9(3^4)$ 正交表

水平\列号　　试验号	1	2	3	4
1	1	1	1	1
2	1	2	2	2
3	1	3	3	3
4	2	1	2	3
5	2	2	3	1
6	2	3	1	2
7	3	1	3	2
8	3	2	1	3
9	3	3	2	1

以表3-1为例,说明正交表中符号的含义如下:

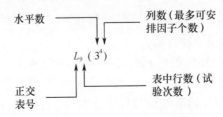

水平数　　　　　　　　　列数(最多可安排因子个数)

$$L_9(3^4)$$

正交表号　　　　　　　　表中行数(试验次数)

在正交设计中,将所考察的因素也称为因子,如正交表 $L_9(3^4)$ 的因子个数为 4,对应于表 3 - 1 中的列数;各个因子在试验中的具体条件称为水平,如正交表 $L_9(3^4)$ 的各因子的水平数均为 3。

正交表必须具备以下两个性质。

(1)表中任何一列,其所含各种水平的个数都相同,如 $L_9(3^4)$ 中每列皆有 3 个"1"、3 个"2"和 3 个"3"。

(2)表中任何两列,所有各种可能的数对出现的次数都相同,如 $L_9(3^4)$ 中,1、2、3 这 3 个数字的可能数对为 (1,1)、(1,2)、(1,3)、(2,1)、(2,2)、(2,3)、(3,1)、(3,2)、(3,3) 9 种,而表中任何两列,这 9 种数对皆出现一次。

凡满足以上两个性质的搭配方案称为"正交表"。

2. 用正交表安排战损试验

用一个具体的例子来说明用正交表安排战损试验的方法。

例 3 - 1　根据以往经验,已知某型号火炮装备的战斗损伤程度及概率,主要与装备防护措施,以及爆心与装备之间的方位角、距离和定位角等 4 个因素有关。为了评估该型号火炮在某型战斗部毁伤作用下的生存性和易损程度,拟对该型号火炮装备进行战损试验,请采用正交表对该试验进行安排。

根据题意可知,进行战损试验的目的是评估该型号火炮在某型战斗部毁伤作用下的生存性和易损程度。首先,应对影响火炮装备战损程度及发生概率的 4 个因素进行认真考察,假设每个影响因素的取值都有 3 个不同水平,见表 3 - 2。

表 3 - 2　某型火炮装备的战损概率各影响因素的水平

因素	水　平		
	1	2	3
A 爆心相对于火炮的方位	A_1 = 左前	A_2 = 右前	A_3 = 后方
B 爆心与火炮之间的距离	B_1 = 近(3m 以内)	B_2 = 中(3 ~ 10m)	B_3 = 远(10m 以上)
C 弹丸定向角	C_1 = 45°	C_2 = 90°	C_3 = 135°
D 装备防护措施	D_1 = 无防护	D_2 = 简易掩体	D_3 = 半地下掩体

根据表 3 - 2 所列数据,若将所考虑的各种因子的各种水平进行全面搭配,则要进行 $3 \times 3 \times 3 \times 3 = 81$ 次试验,稍显多了些。因此,希望只选做其中的一部分试验,就能相当好地反映全面搭配可能出现的各种情况,以便从中选出较好的方案。那么,究竟选择哪一部分试验才能具有代表性呢?"正交表"就能够帮助我们进行这样的选择。

根据应用数理统计相关知识可知,进行正交设计有一系列的常用正交表,如 $L_4(2^3)$、$L_8(2^7)$、$L_9(3^4)$、$L_{27}(3^{13})$ 等。究竟选择哪一张表格,应该根据试验中考虑的因子数和水平数而定。由表 3 - 2 可知,例 3 - 1 是一个三水平试验,应该从三水平表 $L_9(3^4)$、$L_9(3^4)$ 等中选一张比较合适的表。而表 $L_9(3^4)$ 有四列,已经可以安排下 4 个因素,而且又只需做 9 次试验,所以选表 $L_9(3^4)$ 较合适。

那么,怎样用它来安排试验呢?只要把 A、B、C、D 这 4 个因素随机地填在表的 4 个列上方就行了,这叫表头设计。例如,将 A、B、C、D 这 4 个因素依次填在表 3 - 1 中的 1、2、3、4 列上方,如表 3 - 3 所列,表头就设计完了。这样,表头一旦排定,试验方案也就由正交表完全确定了。

表 3 - 3　表头设计示例

水平 列号 试验号	A 1	B 2	C 3	D 4
1	1	1	1	1
2	1	2	2	2
3	1	3	3	3
4	2	1	2	3
5	2	2	3	1
6	2	3	1	2
7	3	1	3	2
8	3	2	1	3
9	3	3	2	1

表 3 - 3 中各列的数字"1""2""3"分别代表该列所填因子的相应水平,而每一行就是一个试验方案。例如,第 2 行就是第 2 号试验,其试验条件是 A_1、B_2、C_2、D_2,即因子 A 取水平 A_1,其余 3 个因子皆取 2 水平 B_2、C_2、D_2。此外,各因子的各个水平的具体数据也可以是随机的,为此应在排表前先确定各因子的各种水平。例 3 - 1 中,在正交表的表头设计之前,A_i、B_i、C_i、D_i 的取值已经由表 3 - 2 进行了确定。

这样,通过采用正交表对试验进行设计,就形成了战损试验的具体方案,从而使战损试验方案更加具有代表性,能够比较全面地反映各因子各水平对指标的大致影响,并且大大减少了试验次数。

五、试验数据采集与分析

在装备战损试验中,充分有效地采集试验数据,并对试验数据进行分析与处理,从而获得对装备生存性与抢修性提高、战时装备保障准备等有价值的信息,是成功实施装备战损试验的关键。

（一）装备数据采集与分析

不同类型的战损试验,需要采集的数据也有所不同。从综合性试验的角度,针对受试装备,应采集的数据主要包括装备技术状态数据、装备战损数据和装备战场抢修记录数据。

1. 装备技术状态数据

在进行战损试验之前,首先应对受试装备进行全面的技术状态检查,以确保受试装备处于完好状态或具备必要的基本功能,为试验过程中评估装备的损伤情况和功能丧失程度奠定基础。在此基础上,填写装备技术状态检查表,如表 3 - 4 所列。

表 3 - 4　装备技术状态检查表(样式)

序号	检查项目	技术要求	检查结果
1	全炮查看	对损伤和缺件情况进行记录	
2	行军与战斗状态转换	动作正常	
3	炮身	直度径规通过检查	
4	……	……	

2. 装备战损数据

在对受试装备实施射击以后,由装备战场抢修人员对受损装备进行全面科学的评估,并充分收集炸点位置信息、受损部件、损伤模式等数据,并评估装备的功能丧失程度和损伤等级,填写装备损伤情况记录表,如表 3 – 5 所列。

表 3 – 5 装备损伤情况记录表(样式)

装备名称				装备编码		损伤等级	
基本功能状态	能修复吗		修复后状态	能完成吗	回收方式		
行驶			能执行全部任务		自行		
射击			能完成当前任务		牵引	炸点位置:	
通信			能应急战斗		运载		
			能自救				
序号	损伤部位	损伤状态				损伤影响	
		损伤模式	损伤检测方式	损伤状态描述			
1							
2							

3. 装备战场抢修记录数据

根据对受损装备的战损评估结果,组织力量对受损装备实施抢救抢修,并填写装备战场抢修记录表,如表 3 – 6 所列。

表 3 – 6 装备战场抢修记录表(样式)

装备名称			装备编码			损伤等级		
序号	损伤部位及现象	抢修方法	所需资源			抢修时间 /h	修复后 状态	备注
			人员	设备工具	器材			
1								
2								

4. 装备战损数据分析

对于装备战损试验的结果要进行认真分析,从试验数据分析中引出规律性的结论。最主要的有以下几点:

(1)参试装备战损率与损伤等级分布比例。

(2)各部件的损伤模式、损伤程度、损伤影响及危害性。

(3)各部件的损伤频率及其比较。

(4)装备中的易损件(此处是指战斗损伤的易损件)。

(5)各部件损伤的可修复性及其统计结果。

(6)设计缺陷和改进建议。当然这是从生存性、抢修性角度来说的。

(二)威胁数据采集与分析

战斗部爆炸所产生的破片、爆轰波、振动、燃烧、电磁等威胁机理,是造成装备发生战损的主要因素。为了深入研究装备战损机理与规律,探索典型部组件的损伤阈值,充分有效地收集和分析这些威胁机理数据是关键。为此,可以参考《常规兵器战斗部威力试验方法》(GJB 2425—1995)和《炮弹试验方法》(GJB 3197—1998),收集常规战斗部爆炸所产生的相关威胁机理数据。

1. 破片数量和质量分布情况——破碎性试验

该试验所采用的试验装置如图3-8所示,由空气室、砂箱和回收室(或土坑)等组成。回收室(或土坑)一般为永久性地下建筑,便于砂箱的设置及弹丸(或战斗部)的静爆,室壁和室底一般应铺设钢板或采用水泥结构。砂箱中的细砂应稍有湿度,并能够顺利通过筛网。顶板由钢板制成可开启式,并在适当位置处开有通风气孔。口径较大的弹丸(或战斗部)可采用半开敞式试验。

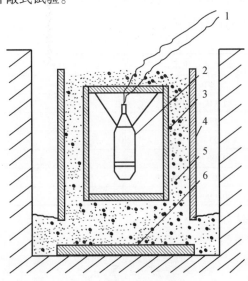

图3-8　破片回收装置
1—起爆线;2—被试品;3—内圆桶;4—外圆桶;5—细砂;6—钢座板。

首先进行弹药准备。改装引信,改装时不得改变引信传爆序列的最末两级。安装改装引信和雷管,并固定牢固。检查起爆雷管的导电性并连接传爆引线。然后进行破片回收装置准备。参照被试弹的外形参数设计制作空气室(图3-8中的内圆桶),空气室为圆柱体(或长方体),由木制框架围以三合板(或板材),上下盖板用木板制成。圆柱体空气室外形尺寸参照下式确定,即

$$\begin{cases} \phi = kd \\ H_N = L + \dfrac{2(k-1)d}{3} \end{cases}$$

式中:ϕ 为空气室直径(mm);k 为系数,一般取 $k \geqslant 5$;d 为弹径(mm);H_N 为空气室高度(mm);L 为弹丸(或战斗部)的长度(mm)。

砂箱为(图3-8中的外圆桶)圆柱体(或长方体),由木制框架以三合板(或板材)制成,其外形尺寸参照下式确定,即

$$\begin{cases} D = 3\phi \\ H_W = (2.0 \sim 3.5)H_N \end{cases}$$

式中:D 为砂箱直径(mm);H_W 为砂箱高度(mm);H_N 为空气室高度(mm)。

清理回收室并在底部垫适当厚的细砂,将砂箱装入回收室内细砂层中央处,在砂箱底部也垫适量细砂,细砂层厚度一般为3倍弹径。

上述准备工作完成后,即可进行破碎性试验,试验方法如下。

把装有改装引信、雷管的弹丸(或战斗部)牢固地悬挂在空气室中央,如图3-8所示,并盖上空气室上盖板,盖上回收室顶板,连接起爆器,起爆被试弹。起爆后,用弹片分离装置或筛子收集破片,用磁铁回收过小的破片,并除去空气室、砂箱的残骸。

清理破片表面泥沙并送干燥箱干燥,逐发称量全部破片,并称量和统计出各级破片的质量和数量。无法清点的破片允许用计算破片数代替,某级破片数等于该级破片回收总质量除以该级破片分级质量的均值。破片的分级按表3-7进行。当被试弹丸(或战斗部)装有预制破片时应单独统计称量。

表3-7 破片分级质量范围

破片分级序号	破片质量范围	破片分级序号	破片质量范围
1	≤0.99	8	30.00~49.99
2	1.00~3.99	9	50.00~99.99
3	4.00~7.99	10	100.00~199.99
4	8.00~11.99	11	200.00~299.99
5	12.00~15.99	12	300.00~499.99
6	16.00~19.99	13	≥500.00
7	20.00~29.99		

试验数据的处理方法如下。

(1)回收破片总质量为

$$M_{si} = \sum_{j=1}^{13} m_{ij}$$

式中:M_{si}为第i发弹回收破片总质量(g);m_{ij}为第i发弹第j级破片回收质量(g)。

(2)破片回收率为

$$\gamma_i = \frac{M_{si}}{M_{Ji}} \times 100\%$$

式中:γ_i为第i发弹破片回收率;M_{si}为第i发弹回收破片总质量(g);M_{Ji}为第i发弹金属质量(g)。

(3)有效发数回收破片质量平均值为

$$\overline{M}_s = \frac{1}{n} \sum_{i=1}^{n} M_{si}$$

式中:$\overline{M}_s$为回收破片质量平均值(g);n为有效试验发数;M_{si}为第i发弹回收破片总质量(g)。

(4)有效发数破片回收率平均值为

$$\overline{\gamma} = \frac{1}{n} \sum_{i=1}^{n} \gamma_i$$

式中:$\overline{\gamma}$为破片回收率平均值;n为有效试验发数;γ_i为第i发弹破片回收率。

(5)各级(回收)破片质量百分数为

$$\gamma_{mj} = \frac{m_{ij}}{M_{si}} \times 100\%$$

式中:γ_{mj}为第j级破片质量百分数;m_{ij}为第i发弹第j级破片回收质量(g);M_{si}为第i发弹回收破片总质量(g)。

（6）各级（回收）破片数量百分数为

$$\begin{cases} N_i = \sum_{j=1}^{13} n_{ij} \\ \gamma_{nj} = \dfrac{n_{ij}}{N_i} \times 100\% \end{cases}$$

式中：N_i 为第 i 发炮弹破片回收总数量；n_{ij} 为第 i 发弹第 j 级破片回收数量；γ_{nj} 为第 j 级破片数量百分数。

（7）第 j 级（回收）破片质量百分数平均值为

$$\overline{\gamma}_{mj} = \dfrac{\sum\limits_{i=1}^{n} m_{ij}}{\sum\limits_{i=1}^{n} M_{si}} \times 100\%$$

式中：$\overline{\gamma}_{mj}$ 为第 j 级破片质量百分数平均值；n 为有效试验发数；m_{ij} 为第 i 发弹第 j 级破片回收质量（g）；M_{si} 为第 i 发弹回收破片总质量（g）。

（8）第 j 级（回收）破片数量百分数平均值为

$$\overline{\gamma}_{nj} = \dfrac{\sum\limits_{i=1}^{n} n_{ij}}{\sum\limits_{i=1}^{n} N_i} \times 100\%$$

式中：$\overline{\gamma}_{nj}$ 为第 j 级破片数量百分数平均值；n 为有效试验发数；n_{ij} 为第 i 发弹第 j 级破片回收数量；N_i 为第 i 发炮弹破片回收总数量。

（9）破碎率为

$$C_{mj} = \dfrac{N_j}{N_i} \times 100\%$$

式中：C_{mj} 为破碎率；N_j 为质量大于 j 级的破片数量；N_i 为第 i 发炮弹破片回收总数量。

（10）有效破片质量平均值为

$$\overline{M} = \dfrac{1}{n} \sum_{i=1}^{n} m_i$$

式中：$\overline{M}$ 为有效破片质量平均值（g）；n 为有效试验发数；m_i 为第 i 发弹有效破片质量（g）。

（11）当被试弹内装有预制破片时，其预制破片破碎率及其平均值为

$$\begin{cases} \gamma_{yi} = \dfrac{N_{yi} - n_{zi}}{N_{yi}} \\ \overline{\gamma}_y = \dfrac{1}{n} \sum_{i=1}^{n} \gamma_{yi} \end{cases}$$

式中：γ_{yi} 为第 i 发弹预制破片破碎率；$\overline{\gamma}_y$ 为预制破片破碎率平均值；N_{yi} 为第 i 发弹预制破片总块数；n_{zi} 为第 i 发弹预制破片回收块数；n 为有效试验发数。

2. 破片初速随飞散角的分布——破片测速试验

该试验的基本原理如图 3 – 9 所示，主要由测速靶、爆桩、数据采集设备等组成。其中，测速靶采用断靶或通靶，尺寸应满足接收破片的要求，能无滞后地输出破片中靶信号；爆桩用于固定被试弹丸；数据采集设备主要为瞬态记录仪和计算机，瞬态记录仪的采样速

率不低于 1×10^7 点/s,每通道的采样长度不低于 128×10^3 点。

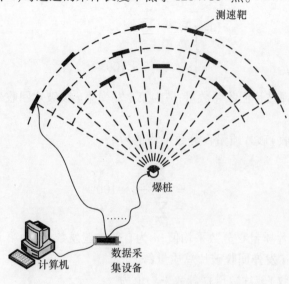

图 3 – 9　破片测速试验

　　如图 3 – 9 所示,在以爆点为圆心的 3 个不同半径的圆周上分别确定 2 ~ 5 个测速靶点,各圆周上靶点安置前后互不遮挡。各测速靶所在圆周距爆点的距离根据被试弹丸(或战斗部)的口径确定,在爆点上垂直埋置爆桩。其次,准备测速靶及靶架,如图 3 – 10(a)所示。将测速靶埋置在靶点处,连接断通信号线并引到测量室,精确测量各靶板距靶心的距离,并加以固定。然后,测量被试弹的质心位置,改装引信并安装起爆雷管,将改造后的弹丸(或战斗部)竖直放置在起爆桩上,并测量其质心到地面的距离,保证与靶网中心等高,如图 3 – 10(b)所示。在弹丸(或战斗部)上缠一匝漆包线传递起爆信号,并加以固定,将两端头连线引入测量室。最后进行仪器准备。将靶网断通信号连线和起爆信号连线接入瞬态记录仪,并检查仪器连线,调整仪器,使其处于待试状态。

(a)　　　　　　　　　　　　　　(b)

图 3 – 10　破片测速试验设备

　　上述准备工作完成后,按要求接通起爆回路,实施起爆。起爆 5min 后进行检靶,剔除测试线路所测得的异常数据。最后将瞬态记录仪处理的时间数据制表处理。试验数据的处理方法如下。

（1）破片飞至各靶距中点处的速度为

$$
\begin{cases}
v_{1i} = \dfrac{R_1}{t_{1i}} \\[2mm]
v_{2i} = \dfrac{R_2}{t_{2i}} \\[2mm]
v_{3i} = \dfrac{R_3}{t_{3i}}
\end{cases}
$$

式中：v_{1i}、v_{2i}、v_{3i}分别为第 i 个破片飞至各靶距中点处的速度值（m/s）；R_1、R_2、R_3分别为爆心至各靶网的距离（m）；t_{1i}、t_{2i}、t_{3i}分别为第 i 个破片飞至相应靶板的时间（s）。

（2）破片飞至各靶距中点处速度的平均值为

$$
\begin{cases}
\bar{v}_1 = \dfrac{1}{n}\displaystyle\sum_{i=1}^{n} v_{1i} \\[3mm]
\bar{v}_2 = \dfrac{1}{n}\displaystyle\sum_{i=1}^{n} v_{2i} \\[3mm]
\bar{v}_3 = \dfrac{1}{n}\displaystyle\sum_{i=1}^{n} v_{3i}
\end{cases}
$$

式中：$\bar{v}_1$、$\bar{v}_2$、$\bar{v}_3$为破片飞至各靶距中点处速度的平均值（m/s）；n 为测时仪测得相同距离的速度值个数；v_{1i}、v_{2i}、v_{3i}分别为第 i 个破片飞至各靶距中点处的速度值（m/s）。

（3）破片初速为

$$
\ln v_0 = \frac{(R_2 + R_3)\ln\bar{v}_1 - R_1(\ln\bar{v}_2 + \ln\bar{v}_3)}{R_2 + R_3 - 2R_1}
$$

式中：v_0为破片初速（m/s）；R_1、R_2、R_3分别为爆心至各靶网的距离（m）；$\bar{v}_1$、$\bar{v}_2$、$\bar{v}_3$为破片飞至各靶距中点处速度的平均值（m/s）。

3. 破片密度随飞散角的分布——球形靶试验

如图 3 – 11 所示，球形靶是用通过球心，相交成角 θ 的两个平面切割球面所得的两个（对称）球面二边形（如图中阴影部分）。球面二边形靶面可简化采用柱面二边形代替。将球面二边形从球心沿径向在球的外切面上投影，以所得的投影部分为球形靶（如图中阴影部分）。球形靶一般采用木结构框架，覆设木板靶面。靶面选用 20～25mm 厚木板制

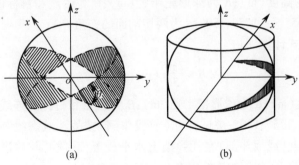

图 3 – 11　球形靶

成,选用木材为干燥的三等松木板(或强度相当的其他木板),允许拼接。靶面应平滑,不得有明显变位,两靶面应垂直并对称于爆点和弹丸(或战斗部)的轴线。

进行球形靶试验,首先应进行场地准备。选择爆点和被试弹的轴向方位,并确定球形靶半径 R 及两球形靶放置位置,在爆点设置爆桩,球形靶的半径 R 和两切割平面交角 θ 参照表3-8确定。

表3-8　球形靶 R 和 θ 的确定

弹径/mm	球形靶参数	
	R/m	θ/(°)
<122	5	45
122~155	8	30

然后进行球形靶准备。设计制作靶架和球形靶板,并布靶。在靶面中心划出纵向中心线和球带线,以被试弹体的质心为顶点,爆点和目标的连线与弹轴线的夹角,每10°分别在靶面上形成一个球带(第1和第19球带为5°),两球形靶面上共形成38个球带。两靶面位置相对球心对称,且靶面垂直于弹轴所在水平面。球形靶面的一个球面二边形在圆柱面上的投影展开后的图形及球带划分如图3-12所示。

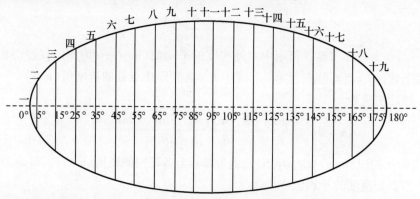

图3-12　球形靶面划分的球带

球形靶上球带的高度按下式计算,即

$$H_i = 2R \cdot \tan\left[\arcsin\left(\sin\beta_i \times \sin\frac{\theta}{2}\right)\right]$$

式中: H_i 为各球带的高度(m); R 为球形靶半径(m); β_i 为爆点和目标的连线与弹轴的夹角,其分度值为0°、5°、…、175°、180°; θ 为两切割面的夹角(°)。

球带宽度按下式计算,即

$$B = \frac{2\pi R}{36}(\beta_{i+1} - \beta_i)$$

式中: B 为球带宽度(m); R 为球形靶半径(m); β_i 为爆点和目标的连线与弹轴的夹角,其分度值为0°、5°、…、175°、180°;被试弹丸(或战斗部)按战斗状态组装,试验用弹量一般为3~5发,被试弹丸(或战斗部)在托弹架上水平放置,其质心与球形靶球心重合,弹轴与靶面第1球带和第19球带的连线重合。

最后,将改造后的弹丸(或战斗部)水平放置到爆桩上,保证其质心与球心重合,弹轴线与球形靶两切割平面交线重合。

上述准备工作完成后,接通起爆线路,实施起爆。起爆后5min进行检靶,按球带编号逐发统计靶上不小于6mm(按技术规范规定值)的卡入和穿孔破片的数量,并做好原始记录。试验数据的处理方法如下。

(1)两靶板内总破片数量为

$$N = \sum_{i=1}^{38} N_i$$

式中:N为破片总数量;N_i为第i球带破片数量。

(2)各球带破片分布率为

$$\delta_i = \frac{N_i}{N} \times 100\%$$

式中:δ_i为第i球带破片分布率;N_i为第i球带破片数量;N为破片总数量。

4. 弹丸爆炸后冲击波超压——冲击波超压试验

冲击波是爆炸产生损伤的重要形式之一,测定冲击波超压,能够为爆炸的毁伤能力分析提供依据。如图3-13所示,冲击波超压试验的设备、装置主要包括:一是冲击波测量仪,采用配笔型和B型压电或压阻式自由场压力传感器;二是冲击波波速测量仪,配操针和激波开关传感器;三是气象测量仪,配备温度计、测风仪、气压计;四是大地测量仪器;五是传感器保护器,可由钢管制成,长度约2m。

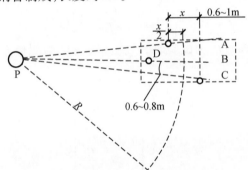

A,C—测速传感器;B—压电或压阻传感器;D—保护器($\phi = 10mm$);P—弹丸

图3-13　冲击波超压试验传感器设置

根据图3-13所示,下面介绍冲击波超压试验的方法。

首先,进行试验设计。按照被试品设计参数,用下式给出的相似关系估计冲击波超压沿径向上的分布,即

$$\begin{cases} P(R) = P_0\left(\dfrac{R}{a}\right) \\[2mm] D(R) = D_b\left(\dfrac{R}{a}\right) \\[2mm] \tau(R) = \tau_b\left(\dfrac{R}{a}\right) \\[2mm] a = \left(\dfrac{W}{W_b}\right)^{1/3} \end{cases}$$

式中:$P(R)$、$P_b(R)$为被试品与参比装药在距离R上的峰值超压(P_b);$D(R)$、$D_b(R)$为被

试品与参比装药在距离 R 上的冲击波速度（m/s）；$\tau(R)$、$\tau_b(R)$ 为被试品与参比装药冲击波到达 R 的时间（s）；W、W_b 为被试品与参比装药（kg）；a 为模拟比。

将各毁伤目标的冲击波超压从大到小排列 $\Delta P_1 > \Delta P_2 > \Delta P_3 > \cdots \Delta P_n$，并选择 $0.9\Delta P_1$、$0.9\Delta P_n$ 及其中位值对应的距离 R_1、R_2、R_3 作为测量节点。如果需要测量超压波形时，可在 $1.2\Delta P_i$ 和 $0.9\Delta P_i$ 对应的距离上设置压电式传感器或压阻式传感器。

按所测节点要求和试验场地绘制布站图，包括：一是被试弹位置，并以其中心作为原点；二是各成对布设的测速传感器夹角、径向距离、中心位置和方位角；三是正入射和掠入射压力传感器位置、径向距离和方位角；四是装备及构筑物位置、方位角及仓室内传感器位置；五是传感器保护器位置。

当试验阵地布设完毕后，接通起爆线路，实施起爆。记录起爆时的气象条件及测量结果；检查传感器和信号线是否损伤，并更换损坏的传感器和信号线；最后进行判断与处理。检查测量数据，进行试验数据处理与分析。

（1）冲击波波速，即

$$D = \frac{L}{\Delta t}$$

式中：D 为冲击波波速（m/s）；L 为起爆点与靶标间的距离（m）；Δt 为到达时间（s）。

（2）正入射峰压，即

$$P_f = \frac{7}{6}\left[\frac{(D+W)^2}{402.8T_0} - 1\right]P_0$$

式中：P_f 为正入射峰压（Pa）；P_0 为试验时大气压（Pa）；W 为测量方向上的风速（m/s）；T_0 为试验时气温（K）。

（3）掠入射峰压，即

$$P_s = P_f\left(2 + \frac{\dfrac{6P_f}{P_0}}{7 + \dfrac{P_f}{P_0}}\right)$$

式中：P_s 为掠入射峰压（Pa）；P_f 为正入射峰压（Pa）；P_0 为试验时大气压（Pa）。

（4）动压，即

$$q = \frac{2.5P_f^2}{7P_0 + P_f}$$

式中：q 为动压（Pa）；P_f 为正入射峰压（Pa）；P_0 为试验时大气压（Pa）。

第三节　战损试验组织与实施

一、试验组织实施的基本原则

试验的组织工作应遵循以下基本原则。

（1）做好试验规划、技术、组织、物质等各项准备工作。

（2）重视试验的计划工作，科学调度，合理安排，并对计划执行情况进行检查、监督。

（3）试验方案是试验工作的指导性文件，试验中必须严格执行，以确保试验实施的正确性、完整性。

（4）试验必须把质量放在首位，在质量与进度发生矛盾时，应在保证质量的前提下，努力完成进度要求。

（5）试验中可能出现许多预想不到的问题，要根据经验和技术状态，在问题未出现之前应尽可能地进行分析、设想、提出预案，以便问题出现后能够得到及时解决。

（6）制定合理的规章制度，使试验现场工作秩序井然，保证试验在良好的工作环境中进行。

（7）重视试验的培训工作，在试验前对受试人员进行必要的培训。

（8）试验中应做好人、设备的安全防范工作。

（9）做好试验靶场周围寄居或工作人员的思想工作，确保群众安全稳定。

（10）做好后勤保障工作。

二、试验组织机构设置

在装备战损试验中，应视具体情况设置试验领导组、实弹射击（静爆）组、损伤测评组、野战抢修组、综合保障组、安全检查组等，每个试验小组指定专门负责人，如图3－14所示。

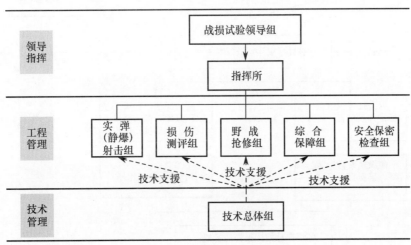

图3－14　试验组织机构设置

（1）试验领导组：负责整个试验工作的组织与指挥，下设指挥所或办公室，指挥、协调、检查各小组的工作情况。

（2）实弹射击（静爆）组：根据试验要求，负责目标阵地（靶标）设置和实弹射击（静爆）任务，并设置观察所。

（3）损伤测评组：组织装备专家和相关技术人员，负责收集记录战损数据，对战损装备进行评估。

（4）野战抢修组：负责对武器装备进行战场抢修，并在试验前对各参试装备进行技术检查。

（5）综合保障组：负责试验的各类后勤保障。

（6）安全保密检查组：督促、检查参试人员对安全、保密守则和要求的落实情况。

（7）技术总体组：对试验的各项工作提供技术指导和支援。

三、试验组织实施程序

战损试验的详细组织实施程序如图3-15至图3-17所示，每一轮试验都按照实弹射击、损伤测评和战场抢修3个环节组织实施。

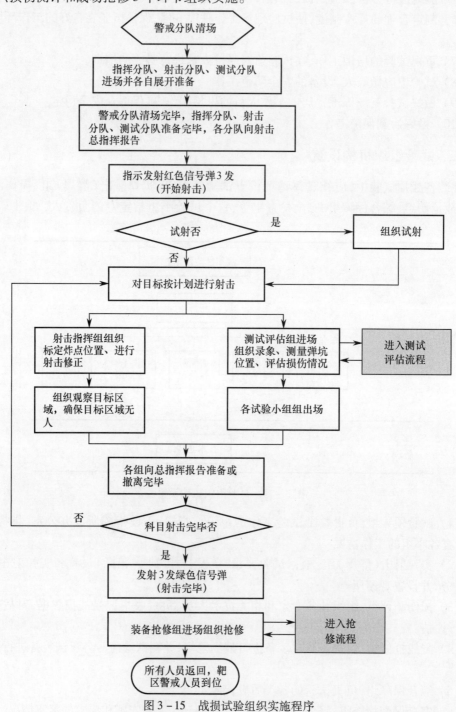

图3-15 战损试验组织实施程序

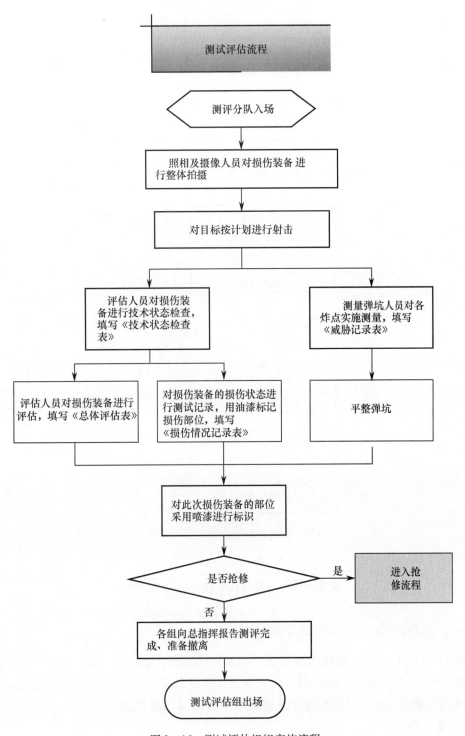

图3-16　测试评估组织实施流程

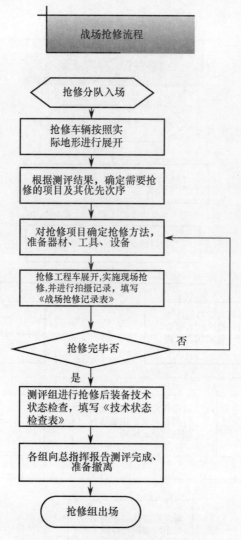

图 3 – 17　战场抢修组织实施流程

第四节　战损试验典型案例

一、通用武器雷达车辆装备战损试验

2004 年 3 月,于××靶场组织了通用武器雷达车辆装备战损试验,完成了试验装备战损数据收集,初步获得了给定战术背景下装备战损率和主要部件损伤规律,研究和修订了装备损伤评估准则和损伤等级分级标准,组织实施了装备抢修试验。

1. 基本情况

试验工作以新时期军事战略方针为指导,以军事斗争准备对装备保障的需求为牵引,以战损理论及仿真研究为基础,立足现有装备和利用报废装备,构建战场环境,通过对不同战术背景下的装备战损与抢修试验,验证装备战损仿真模型,探索装备战场抢修规律,为战时装备精确保障提供重要依据。

（1）主要任务。实施多种火炮不同打击方式和强度的实弹射击；收集装备战损数据，研究和修订装备损伤评估准则、损伤等级分级标准；组织野战抢修，研究装备野战抢修程序和方法，以及保障力量编组、维修资源需求等。

（2）参试装备。参试装备共 14 种 55 门（部），其中目标装备 34 部，地炮、高炮共 5 个连套；射击装备共 14 门，地炮、自行火炮 2 个连套又 2 门；试验弹药 6 种 1000 余发，杀爆榴弹、滑膛炮Ⅰ型杀爆榴弹、激光末制导炮弹，另有轻武器弹 1000 余发。

（3）阵地及威胁设置。按照炮兵分队战斗条令，目标阵地结合自然地形，分别按半地下掩体防护、简易掩体防护和无防护 3 种类型设置 5 个目标阵地；发射阵地共设置 4 种火炮射击阵地。设置了间瞄射击、直瞄射击、精确打击 3 种打击方式，间瞄射击采用了适宽射向、集火射向两种火力分配样式，按临时压制、一般压制的弹药消耗量标准实施；精确打击利用直瞄射击、激光末制导炮弹射击实施。

（4）试验阶段。试验分 4 个阶段进行：第一阶段单装备单威胁损伤试验；第二阶段装备群多威胁损伤试验；第三阶段直瞄和精确打击试验；第四阶段间瞄火炮补充试验。每个试验科目按照实弹射击、战损评估、战场抢修 3 个环节组织实施。

2. 主要成果

通过试验，在装备战损规律、战场抢修等方面取得了一系列成果，主要包括以下内容。

（1）收集了大量战损数据，包括各类装备的损伤记录、威胁记录和战场抢修记录等。

（2）统计了不同战术背景下各类参试装备的战损率，以及轻、中、重、废的比例。

（3）获取了装备在不同地形和防护条件下炮弹不同落点，破片对装备造成不同毁伤程度的规律。

（4）初步形成了装备损伤等级评估决断流程以及损伤等级分级标准。

（5）探索了战时抢修方法、保障力量编组和保障资源配备等问题。

3. 主要启示

（1）重度损伤以上装备比例较高，补充装备将成为恢复战斗力的重要途径之一。本次试验，在炮火达到一般压制的强度后，装备战损率在 ××% 以上，其中需后送后方基地修理和报废的装备比例达 ××%，即装备补充比例达 ××%；在受到精确打击时，装备战损率主要取决于打击精度，直接命中的装备以重损和报废为主；雷达、电站等电子装备，生存性差，受攻击后损伤严重，战场再生能力弱，是储备和补充的重点。

（2）合理划分装备战损等级、及时评估装备损伤情况，是快速恢复装备作战能力的重要环节。试验表明，装备战损等级划分，不能只按现有的以装备功能丧失程度划分为轻、中、重、废，这种划分不支持战场修理任务分工及保障资源配置，主要反映的是装备功能丧失程度。试验表明，装备战损等级划分，要综合考虑作战要求（时间）、装备功能丧失程度、修理力量部署层次、保障资源配置等因素，可划分为使用分队可修复的一级轻损、伴随修理力量修复的二级轻损、支援修理分队现场修复的中损、前方野战修理所修复的一级重损、后方修理基地修复的二级重损、无修复价值的报废四等六级构成。同时，由于战损装备损伤情况的复杂性和多样性，及时、准确评估损伤状况和确定抢修方案，有针对性地组织落实器材、设备和力量是战时装备保障工作的重要环节。

（3）装备主要部件战伤的分布及特征，与使用中部件失效的分布及特征有较大差异，对平时、战时备件储备结构提出不同需求。通过试验分析,各类电缆、火炮身管、炮口制退器、防盾、复进机、驻退机、摇架、反后坐装置护板、车轮、支撑座盘、电站的控制箱总成以及雷达上部组合等,损伤中占很大比例;而本次试验中的自然故障相对较小,且大部分故障可在现场修复。因此,战备器材应加大战伤易消耗的大件、机组、总成、单体等储备,与正常使用消耗器材一并构成战备储备。

（4）装备损伤等级分布的多样性,决定了不同的战场抢修模式。通过抢修试验,中损以下装备,现场抢修成为主要形式,拆拼、换件等应急修理是基本方法,报废装备的拆配是现场抢修器材的重要来源;重损装备,后送修理是主要形式,需要有效的拖救、后送装备及方法,前方维修基地需靠前配置,便于集中抢修。

（5）装备损伤等级分布的多样性,决定了保障力量部署的层次性和对人员素质的高要求。试验中装备轻、中、重、废分布,要求有与之相适应的使用分队、伴随修理力量、部队建制修理分队、后方基地修理力量的部署层次,在野战修理中按专业最小维修单元编组,建立伴随、靠前、弹性的维修体制;为有效组织和实施维修作业,要求保障人员具备装备损伤评估、战损主要部件野战抢修、野战仓库开设及器材供应等野战保障能力。

（6）合理设置阵地,对降低装备损伤程度有重要作用。本次试验表明,易损面较小的火炮等装备,无防护××m以内、简易掩体××m以内、半地下掩体××m以内落弹,会造成不同程度的损伤;易损面大的雷达及车辆等装备,××m以内落弹会造成不同程度的损伤;冲击波和振动对雷达电子装备中的真空器件会造成较为严重的损伤;目标近弹对装备会造成较大损伤,远弹影响较小;阵地设置在反斜面装备受损较小。

二、电子装备冲击振动损伤试验案例

为了深化研究电子装备振动损伤机理,于2005年2—3月在××机械厂进行了电子装备振动损伤阈值试验。通过这次试验,收集了部分电子产品和元器件的试验数据,为战损规律研究提供了数据支持。

1. 冲击试验

冲击是振动环境中的一种特例,它的特点是其瞬态性。这个特点表现为冲击的激励峰值大,但很快就消失了,且重复次数少。例如,在对××装备天控组合的冲击振动试验中,随给定的峰值加速度不同,试验结果如表3-9、图3-18、图3-19所示。

表3-9 冲击振动试验结果汇总（节选）

样品名称	冲击振动				
	方向	持续时间	振动次数	加速度/g	试验结果
××装备天控组合	z轴正向	6ms	3	10	正常
				20	方位板弹出
				30	方位板、高低板弹出
				40	方位板、高低板弹出,1个保险丝座松动,1个保险丝座振坏
				50	方位板、高低板弹出,1个保险丝座松动,2个保险丝座振坏
				60	方位板、高低板弹出,1个保险丝座松动,3个保险丝座振坏,方位板固定杆松动

图 3 - 18　方位板弹出

图 3 - 19　方位板和高低板弹出

2. 扫频振动试验

扫频振动即振动频率随扫描时间呈线性变化。本试验采用了指数扫描方式,即振动频率随扫描时间呈指数规律变化。这种扫描方式的优点在于整个试验频率范围内,扫描频率是以倍频程带宽相同为特征的,即单位频率带宽内的振动次数,无论在高频还是在低频端,其振动次数大致相同,这样就便于比较和分析振动在整个试验频率范围内对试验样品的影响程度和效果。例如,在对××装备方位板进行扫频振动试验时,扫频曲线如图 3 - 20 所示,试验结果如表 3 - 10、图 3 - 21 所示。

表 3 - 10　扫频振动结果统计

样品名称	扫频振动					
	方向	带宽/Hz	加速度/g	响应点	固有频率/Hz	试验结果
××装备方位板	原件面向下	5 ~ 10	1 ~ 4	底板	46	10 个变压器脚振断
		10 ~ 500	4			
	原件面向上	5 ~ 10	1 ~ 4	底板	45	4 个焊点振松,1 个三极管脚和 2 个变压器脚振断
		10 ~ 500	4			

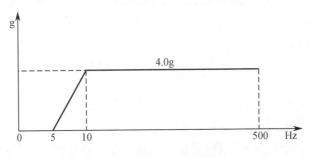
图 3 - 20　扫频振动激励曲线

三、梅彭实弹试验案例

1986 年 4 月 21 日至 5 月 7 日,在德国梅彭试验场,联邦德国和美国陆军联合举行了大规模的 BDAR 试验。此外,英国、丹麦、比利时和荷兰也派员参与了该项试验。

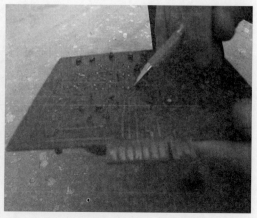

图 3 - 21 ××装备方位板扫频振动断点

（一）试验目标

1. 美军目标

美国陆军已实施 BDAR 大纲多年,其参加这次实弹试验的目标是检验有关 BDAR 大纲的一些论点。

（1）确认 BDAR 技术手册、工具和供应品的合理性。

（2）鉴别对新的 BDAR 技术、工具、供应品以及成套器材的要求。

（3）为美军取得 BDAR 实践经验。

（4）获取装备易损性数据。

（5）评价生存性的应急手段。

（6）鉴别有关战斗恢复力(抢修性)和维修性方面的设计要求。

（7）出版供训练用的录像。

（8）取得充实 BDAR 训练和条令的经验。

（9）鼓励美军与德军的相互适应性。

2. 德军目标

发现装备的技术缺陷,探索战损装备的 BDAR 技术。

（二）试验靶标

1. 美军试验靶标

美军从在德国的美因茨陆军基地的战备库中提取了 4 种著名的、有代表性的战斗车辆。

（1）M109A3 自行榴弹炮,弹药用木质假弹代替。

（2）M113A1 装甲运兵车,装有人体模型。

（3）M813A 5t 卡车,装有货物(钢板)、人体模型,试验前行驶 16.09km。

（4）M35A2 2.5t 卡车,装有货物、人体模型,试验前行驶 16.09km。

2. 德军试验靶标

（1）豹式主战坦克。

（2）鼬式步兵战斗车。

（3）M113 装甲运兵车。

（4）UNIMOG 1.5t 越野车。

（5）KHD 7t 越野车。

（6）1.5t 拖车。

（7）7.5kVA 发电机。

（8）0.75kVA 发电机。

（三）试验弹药

弹药由联邦德国陆军提供，主要包括以下两种。

（1）按美国 M107 155mm 弹丸规范设计的 DM21 155mm 榴弹。

（2）英国 L15A1 155mm 榴弹。使用此弹的原因是德陆军想研究外国炮弹的毁伤效应。

对于履带式车辆，榴弹在距装备 5～10m 处引爆；对轮式车辆，则榴弹在距装备 15～20m 处引爆；将手榴弹固定在 UNIMOG 卡车外面引爆，以获得棚车内安装的 Kevlar（一种合成纤维）覆盖层的数据；用锥孔装药和小型破片杀伤炸弹对轮式车辆和装甲运兵车做了试验。

（四）试验方案

试验区域处于宽敞的平地，试验弹丸置于引爆中心点，靶标车辆绕引爆中心排列成半圆阵列，靶标位置按距中心的距离和从基线测量的角度给定，如图 3－1 所示。

美军一共进行了 7 次试验。每次试验的靶标的放置情况列入表 3－11 内。该表显示了参试车辆的每一种试验情况：每种车辆受试的炮弹发数、弹丸的定向、车辆的定向、车辆的位置（以距引爆中心的距离和离基线的角度表示）。

表 3－11　美军试验情况

车辆	试验总数	弹丸定向/（°）	车辆定向	车辆位置/（°）	离弹丸距离/m
M35A2 2.5t	5	90	右侧	120	25
		90	右侧	130	20
		85（背向）	左侧	60	25
		85（指向）	左侧	100	20
		85（指向）	前方	80	20
M813A1 5t	5	90	右侧	90	25
		90	右侧	90	20
		85（背向）	左侧	15	25
		85（指向）	左侧	70	20
		85（指向）	前方	70	20
M109A3	3	83（背向）	右侧	115	15
		83（背向）	右侧	115	10
		85（指向）	左侧	20	10
M113A1	3	83（背向）	右侧	65	10
		83（背向）	右侧	65	7
		85（指向）	左侧	135	7

（五）部分试验结果

通过试验结果分析，获得了以下装备的易损部位。

（1）在 M113 和 M109 履带车辆上：负重轮盖帽、发动机部件（水泵管道、排气支管）、履带链节、油箱、液压管道、操纵连杆、观察孔挡板、通信电缆、车体穿孔等。

（2）在 M35 和 M813 轮式车辆上：轮带、散热器多处穿孔（散热器、管道）、制动系统（管道、软管）、蓄电池、发动机汽缸体、前差速器、液压转向装置软管、供油管道、滑油滤清器、风扇皮带、驱动轴、燃油滤清器、电气线路等。

为了便于分析，收集了每个受损件的下列数据：修理方法，使用的应急修理工艺和修理活动细节；总的修复时间；所用的原材料和（或）零部件；遭受射击后尚有的能力；易损性毁伤类别；BDAR 后恢复的能力；BDAR 后的车况；修复级别，所需维修人员的人数和技能；车辆的可靠性。

一个有意义的发现是，所有的严重损伤都可用 BDAR 技术修复。大多数的损伤是由分队级的人员修复的。在试验中，他们对装备的各种损伤采取了 BDAR 技术。按照使用频率大小，各种 BDAR 技术的排序如表 3 – 12 所列。

表 3 – 12　BDAR 技术

序号	BDAR 技术	修复的零部件
1	环氧树脂胶	燃油箱、燃油滤清器、负重轮盖帽、散热器、发动机体等
2	玻璃纤维与树脂胶	燃油箱
3	钎焊	散热器
4	铜焊	液压管道、排气支管
5	软管与管夹	供油管道、供气管道
6	管子与管夹	液压转向装置软管
7	塞子	燃油箱、散热器软管
8	焊接	驱动轴、操纵连杆、车体穿孔
9	电线绞接	通信电缆

试验后，美军还在 BDAR、易损性、生存性等方面进行了大量的研究工作，取得的主要结论有以下几个。

（1）美军在 20 世纪 80 年代制定的 BDAR 大纲是适用的、必要的，也是十分有效的。

（2）除了记录表格外，BDAR 手册中有关履带式和轮式车辆的部件几乎没有什么缺陷。同时，应建立用于 BDAR 数据收集的计算机数据库系统，表格应重新设计使之便于将数据录入计算机。

（3）美军的 BDAR 小组修复严重战场损伤的能力很强，同时验证了 BDAR 培训的价值。

（4）易损性数据与预计模型的关联很好。

第四章　装备战场损伤建模与仿真

通过装备战损试验,如果收集到了充分的试验数据,就可以对这些试验数据进行研究,探索武器装备损伤与威胁机理之间的关系,并建立相应的模型,预测我方装备在敌对武器打击作用下的装备战场损伤机理与规律,评估武器装备的生存性和抢修性,从而代替或部分代替装备战损试验,节约试验费用。本章将重点介绍装备战场损伤建模与仿真的基本原理、模型等内容,为开展装备战场损伤仿真研究提供理论与方法。

第一节　战场损伤仿真的基本原理

实际的系统或事件往往是受许多因素影响的,其运作方式很难用一个简单的数学公式来描述。建模与仿真(Modeling and Simulation,M&S)是"一个系统、实体、现象或过程的物理、数学或其他逻辑描述",是处理这类系统的一种有效工具,目前在诸多军事领域中取得了广泛的应用。

战场损伤仿真主要是采用建模仿真方法,建立我方装备、敌方威胁和虚拟战场的仿真模型,并通过相应的仿真算法,分析预测装备在敌对威胁下可能发生的损伤部位、模式、影响及其概率,以及损伤装备的修复率和资源需求,从而为装备生存性与抢修性设计、战场抢修准备、战备储备器材筹供等提供科学依据。

装备战场损伤仿真的基本原理如图4-1所示。

由图4-1可知,对武器装备进行战场损伤仿真的关键是如何构建各种仿真和统计分析模型,主要包括以下内容。

(1)装备(群)作战任务建模。以作战想定为依据,构建敌我对抗的战场环境,明确敌我战斗单元的作战行动、持续时间和作战状态,并对作战行动进行离散化。针对各种装备,进行作战任务剖面分析,描述作战过程中装备所经历的各种事件和环境。在此基础上,分析确定可能造成装备损伤的各种潜在威胁及其持续强度和时间。

(2)威胁建模。针对装备作战任务建模中分析确定的各种威胁,研究建立威胁描述模型,并以单威胁与单装对抗为基础,对装备组成零部件在破片、爆轰波、冲击振动、电磁等威胁机理毁伤作用下的损伤模式进行仿真。

(3)装备建模。对武器装备进行基本项目分析,确定基本功能项目和基本结构项目。在此基础上,建立武器装备的简化描述模型,对各零部件的形状、尺寸、材质、力学性能等属性进行描述,并确定零部件的易损性和损伤准则。

(4)装备战场损伤修复仿真模型。以装备战场损伤仿真结果作为战场抢修事件,通过建立的抢修过程、抢修时间等模型,对损伤装备进行损伤修复仿真,获取装备修复率和资源消耗情况。

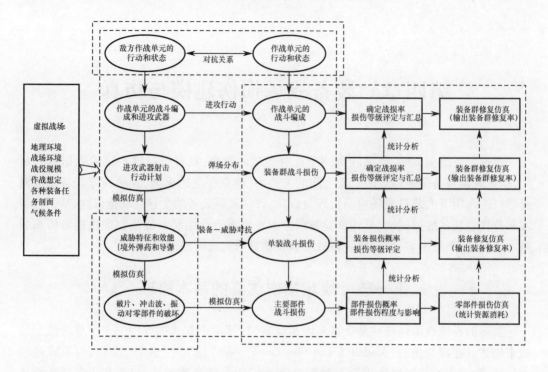

图 4-1 装备战场损伤仿真的基本原理

（5）装备战损仿真统计分析模型。主要包括零部件损伤模式及概率、装备战损率及损伤等级分布比例、损伤装备修复率、抢修工时、资源消耗等统计分析模型。

需要指出的是，由于装备的耗损性故障和自然故障属于可靠性仿真的范畴，其模型可直接用于装备战场损伤仿真，本章对这些内容将不再进行介绍。

第二节　单装单威胁战场损伤建模与仿真

在上述各种模型中，装备模型和威胁模型是进行单装单威胁战场损伤仿真的基础，本节将重点介绍这两种模型的构建原理和方法。在此基础上，介绍单装单威胁战场损伤仿真的基本程序和方法。

一、装备建模

目前，可用于装备建模的商业软件有很多，如 SolidWorks、3D Studio Max、ProE 等，运用这些成熟的商业软件可以建立逼真的装备模型。但是，武器装备组成、结构等往往都很复杂，需要大量的数据对其进行描述建模，所以装备建模工作量巨大。考虑到装备战场损伤仿真的需要，没有必要完全按照装备的真实形状、全部尺寸和材料来建模。在确保装备及其部件基本形状、基本尺寸和基本结构的基础上，可以对建模工作进行必要的简化，从而构建满足装备战场损伤仿真需求的结构简化模型。

为了达到简化建模的效果，提高建模质量，将装备建模过程分为基本项目分析、基本元素分析、几何元素体建模和结构元素体建模 4 个步骤。

（一）基本项目分析

在第二章的生存性和抢修性分析内容中，从组成项目是否承担装备完成任务所必备功能的角度，将装备组成部件区分为基本功能项目和非基本功能项目。其中，基本功能项目是指那些受到损伤将导致对作战任务、安全产生直接致命性影响的项目，其战损机理与规律是进行战场抢修研究和准备的基础和关键。因此，建立装备的基本功能项目模型是装备建模中的重点。那么，是否意味着只建立装备的基本功能项目模型，就能满足装备战场损伤仿真的需要呢？从装备的组成结构不难发现存在这样一些项目，它们不承担装备的基本功能，但是却对基本功能项目构成了遮挡关系，并对其具有一定的防护作用，称这种项目为基本结构项目。可想而知，如果没有这些基本结构项目，装备基本功能项目发生损伤的可能性将大大增加。所以，在装备建模中，建立那些基本结构项目的模型也是十分必要的。

综上所述，基本功能项目和基本结构项目将是装备建模的重点，将二者合起来，将其统称为基本项目。通过基本项目分析，就可以建立装备基本项目结构树，如图4－2所示，从而在一定程度上简化了装备建模的工作量。

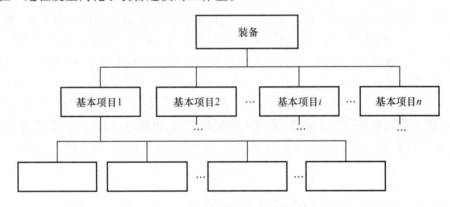

图4－2　装备基本项目结构树

从图4－2可以看出，基本项目结构树的建立是一个自上而下、由整体到局部的分解过程。如果基本项目层次分解得细而多，装备战场损伤仿真的"分辨率"就会越高，但是建模的工作量就会越大；相反，基本项目层次分解得粗而少，建模工作量会减少，但仿真"分辨率"就会降低，从而得不到装备战场抢修研究与装备所需的零部件损伤概率基础数据。那么，如何合理地确定最低层次的基本项目呢？可以参考生存性与抢修性分析中最低约定层次的确定方法，即"可参照约定的或预定的维修级别上的产品层次，如维修（抢修）时的最小可更换单元"。因此，为了尽量简化装备建模、降低建模工作量，还能使构建的装备模型满足战场损伤仿真的分辨率要求，一般情况下，将与部队修理分队对应的最小可更换单元作为装备建模的最低层次。

（二）基本元素分析

基本元素是指装备结构中占据一定空间、具有相同或类似的机械、物理、化学特性而结构比较紧密的局部结构体。它主要是描述零部件中那些物理性质、结构特点等方面联系比较紧密的局部（包括特殊形状的空间）。因此，根据一个基本项目的组成情况，可以将其分解为若干基本元素，并对它们的机械、物理、化学等特性进行描述，如图4－3所示。

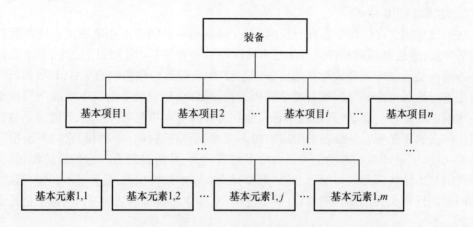

图 4 - 3　将基本项目分解为基本元素

　　通过基本项目分析和基本元素分析,建立了装备模型的分层结构图,在一定程度上简化了建模工作,并描述了装备组成项目的机械、物理、化学等特性。但是,从图 4 - 2 和图 4 - 3 中,可以看出还未建立各基本项目之间以及各基本元素之间的关联关系,图 4 - 4 给出了它们之间关联关系的示意,将图中的基本项目和基本元素统称为节点。由图可知,任意两个节点之间都可能相关,假设节点信息用一个网络图 G 来表示,则模型 $G = (V, E)$ 是一个无向图,其中,节点 $V = (v_1, v_2, \cdots, v_n)$ 表示基本项目(或基本元素),n 是基本项目(或基本元素)的数目;边 $E = (e_1, e_2, \cdots, e_n)$ 表示关联关系,m 是边的数目。如果两个基本项目(或基本元素)v_i 和 $v_j (i \neq j)$,通过边连接起来,表明基本项目(或基本元素)v_i 和 v_j 之间存在关联关系,那么 $(v_i, v_j) \in E$,在同一分支;否则 $(v_i, v_j) \notin E$,不在同一分支。

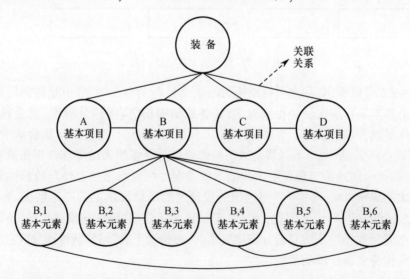

图 4 - 4　装备模型中各节点关联关系示意图

　　通过节点间的关联关系,表明了各节点之间的从属关系,同时,还可以添加连接属性信息。主要包括:节点间的连接关系,如表 4 - 1 所列;损伤阈值信息,如固有频率、损伤加速度阈值、电磁损伤阈值等,为进行装备战场损伤仿真奠定基础。

表 4 - 1 节点间连接关系

分类	连接关系
机械连接	螺栓连接,双头螺栓连接,螺钉连接,紧定螺钉,粘接,焊接(可拆卸),挡圈,合页与通条等
电器连接	插拔,非插拔,钎焊,绞接
液路连接	快速解脱与快锁,螺纹接头,铁丝和卡箍
机械防松形式	弹簧垫圈,翘齿垫圈,双螺母,扣紧螺母,收口螺母,异物防松,开口销,止动垫圈,楔块防松,双联止动垫圈

(三) 基本几何元素体建模

基本元素往往是由一定数量的规则的几何体(如正方体、圆柱、球、圆环等)所构成的。因此,为了装备建模的方便,将基本元素进一步分解为若干基本几何元素体。基本几何元素体是指描述装备结构并具有几何特征量的典型规则几何体,是装备描述建模的最小单元,是构成基本元素乃至整个装备的几何描述基础。它可以是一个实体,也可以是一个虚的空间。例如,当正方体中挖去一个球时,这个被挖去的球便是一个有着规则形状的空间。

几何元素体建模通常是采用一定的矢量和标量进行描述,图 4 - 5 给出了一个几何元素体模型的示意图,图中标黑体字母的线表示矢量,其余的线则表示标量。

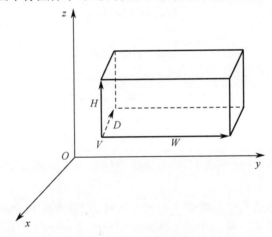

图 4 - 5 几何元素体模型

为了规范建模工作,图 4 - 5 所示的装备建模坐标系的原点一般选取装备的重心位置,服从"右手法则",以便于对装备进行统一的几何描述建模。当确定了基本几何元素体的尺寸和位置参数后,将这些矢量的分坐标值和标量值按照固定格式填入字段表,由这些矢量和标量的值便准确建立了这些几何体的形状、大小和位置。下面仅以图 4 - 5 中的立方体为例对字段表进行简要说明,如表 4 - 2 所列。

表 4 - 2 基本几何元素体字段表

字段1	字段2	字段3	字段4	字段5	字段6	字段7	字段8	字段9
1	BOX	1	V_x	V_y	V_z	H_x	H_y	H_z
2								

表 4 - 2 所列的字段表一共包括 9 个字段,其含义分别如下。

字段 1:几何元素号,对装备中的几何元素体进行的编号。

字段 2:几何元素类型,如图 4 - 5 中的长方体用 BOX 表示等。

字段 3:数据号,对于有的几何元素类型来说,用一行难以将所有的矢量和标量描述完全,这时用数据号来表明该行数据是该几何元素体的描述表中的哪一行。

字段 4~9:将相应图中的矢量、标量的值按照字段表中的指定内容填入字段表。对于不同的几何元素体,这 6 个字段的内容也会有所不同。

为了满足装备建模的需要,人们在对武器装备的组成结构、尺寸和形状进行研究的基础上,提出了 11 种常见类型的基本几何元素体,它们的名称、英文全称和缩写如表 4 - 3 所列。

表 4 - 3 常见基本几何体类型表

序号	名称	缩写含义	缩写
1	正长方体	Rectangular ParallelePiped	RPP
2	长方体	Box	BOX
3	直三棱柱	Right Angle Wedge	RAW
4	随意凸多面体	Arbitrary Convex Polyhedrons	ARB
5	椭圆旋转体	Ellipsoid of Revolution	ELL
6	球	Sphere	SPH
7	正圆柱	Right Circular Cylinder	RCC
8	椭圆柱	Right Elliptical Cylinder	REC
9	正圆台	Truncated Right Angle Cone	TRC
10	椭圆台	Truncated Elliptical Cone	TEC
11	圆环体	Torus	TOR

下面分别介绍表 4 - 3 所列的 11 种常见类型的基本几何元素体及其建模描述方法。

1. 正长方体

正长方体是指各条边与坐标轴都平行的长方体,它是所有 11 种基本几何元素体中唯一不需要矢量进行描述的一种。正长方体的图示如图 4 - 6 所示,图中给出了与坐标轴平行的正长方体 3 条边在坐标轴上的最大值和最小值。

表 4 - 4 给出了正长方体的字段表。

表 4 - 4 正长方体字段数据表

字段 1	字段 2	字段 3	字段 4	字段 5	字段 6	字段 7	字段 8	字段 9
1	RPP	1	X_{min}	X_{max}	Y_{min}	Y_{max}	Z_{min}	Z_{max}

2. 长方体

与正长方体不同的是,长方体的各条边与坐标轴不是平行的,在坐标系中其方向可能是任意的。长方体的图示如图 4 - 7 所示,通过给出长方体一个顶点的坐标而给出了该顶点向量 V。同时,以该顶点为基点的 3 条边所代表的矢量 H、W、D 的长度分别代表了该立方体的长、宽、高。

表 4 - 5 给出了长方体的字段表。

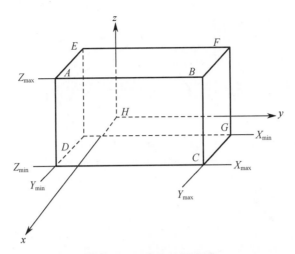

图 4-6　正长方体示意图

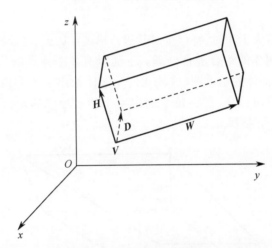

图 4-7　长方体示意图

表 4-5　长方体字段数据表

字段1	字段2	字段3	字段4	字段5	字段6	字段7	字段8	字段9
1	BOX	1	V_x	V_y	V_z	H_x	H_y	H_z
1		2	W_x	W_y	W_z	D_x	D_y	D_z

3. 直三棱柱

直三棱柱是一种五面体,其底面为三角形、侧面为长方形,底面和顶面相平行。直三棱柱的示意图如图 4-8 所示,通过给出一个直角顶点的坐标而给出了该直角顶点的矢量 **V**。同时,给出了 3 个向量,即 **H**、**D** 和 **W**,其中 **D** 代表了该直三棱柱的高。

表 4-6 给出了直三棱柱的字段表。

表 4-6　直三棱柱字段数据表

字段1	字段2	字段3	字段4	字段5	字段6	字段7	字段8	字段9
1	RAW	1	V_x	V_y	V_z	H_x	H_y	H_z
1		2	W_x	W_y	W_z	D_x	D_y	D_z

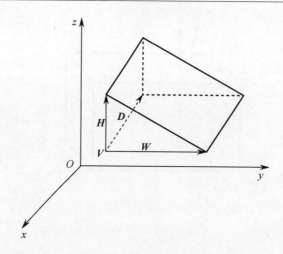

图 4 - 8　直三棱柱示意图

4. 随意凸多面体

当多面体的顶点数大于 8 时,将很难对其进行描述。因此,建议将随意凸多面体分解为若干比较简单的多面体的组合进行处理。下面以有 8 个顶点的凸多面体为例加以说明。图 4 - 9 是随意六面体的示意图,这种几何元素体给出了 8 个顶点和 6 个面,8 个顶点按顺序分别为 1、2、3、4、5、6、7、8;每个面由 4 个顶点加以确定,可分别分别为 1234、5678、1584、2376、1265 和 4378。

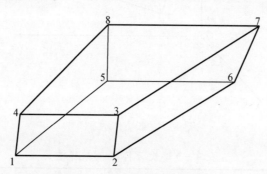

图 4 - 9　随意六面体的示意图

表 4 - 7 给出了它的字段表。

表 4 - 7　随意六面体字段数据表

字段 1	字段 2	字段 3	字段 4	字段 5	字段 6	字段 7	字段 8	字段 9
1	ARB8	1	1_x	1_y	1_z	2_x	2_y	2_z
1		2	3_x	3_y	3_z	4_x	4_y	4_z
1		3	5_x	5_y	5_z	6_x	6_y	6_z
1		4	7_x	7_y	7_z	8_x	8_y	8_z

5. 椭圆旋转体

椭圆旋转体的示意图如图 4 - 10 所示。

建立椭圆旋转体模型有两种表示方法。

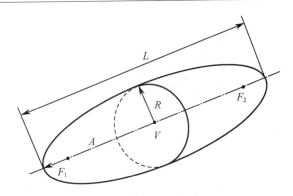

图 4 – 10　椭圆旋转体示意图

（1）给出两个焦点 F_1 和 F_2 的坐标以及代表主轴长度的标量 L，如表 4 – 8 所列；

（2）给出主轴中点 V 的坐标值，同时给出代表主轴一侧方向的矢量 A 和主轴中心处截得的圆的半径 R（标量），如表 4 – 9 所列。

表 4 – 8　椭圆旋转体字段数据表 I

字段1	字段2	字段3	字段4	字段5	字段6	字段7	字段8
1	ELL	F_{1x}	F_{1y}	F_{1z}	F_{2x}	F_{2y}	F_{2z}
2		L					

表 4 – 9　椭圆旋转体字段数据表 II

字段1	字段2	字段3	字段4	字段5	字段6	字段7	字段8
1	ELL1	V_x	V_y	V_z	A_x	A_y	A_z
2		R					

6. 球

球的示意图如图 4 – 11 所示，如果给出球心 V 的坐标值和半径标量 R，即可建立球体的模型。

表 4 – 10 给出了它的字段表。

表 4 – 10　球的字段数据表

字段1	字段2	字段3	字段4	字段5	字段6	字段7	字段8
1	SPH	V_x	V_y	V_z	R		

7. 正圆柱

正圆柱示意图如图 4 – 12 所示，如果给出一个底面的圆心 V、圆柱的高 H 和底半径 R（标量），即可建立正圆柱的模型。

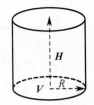

图 4 – 11　球体示意图　　　　图 4 – 12　正圆柱示意图

表 4 – 11 给出了它的字段表。

表 4 – 11　正圆柱字段数据表

字段 1	字段 2	字段 3	字段 4	字段 5	字段 6	字段 7	字段 8
1	RCC	V_x	V_y	V_z	H_x	H_y	H_z
1		R					

8. 椭圆柱

椭圆柱的示意图如图 4 – 13 所示,如果给出一个底面椭圆中心 V 的坐标值、椭圆柱的高 H(矢量)和分别代表底椭圆的长半径和短半径的矢量 A 和 B,即可建立椭圆柱的模型。

表 4 – 12 给出了它的字段表。

表 4 – 12　椭圆柱字段数据表

字段 1	字段 2	字段 3	字段 4	字段 5	字段 6	字段 7	字段 8
1	REC	V_x	V_y	V_z	H_x	H_y	H_z
1		A_x	A_y	A_z	B_x	B_y	B_z

9. 正圆台

正圆台示意图如图 4 – 14 所示,如果给出大底的中心矢量 V、高矢量 H、代表大底和小底半径的标量 R_1 和 R_2,即可建立正圆台的模型。

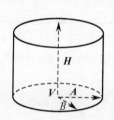

图 4 – 13　椭圆柱示意图

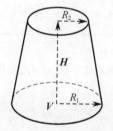

图 4 – 14　正圆台示意图

表 4 – 13 给出了它的字段表。

表 4 – 13　正圆台字段数据表

字段 1	字段 2	字段 3	字段 4	字段 5	字段 6	字段 7	字段 8
1	TRC	V_x	V_y	V_z	H_x	H_y	H_z
1		R_1	R_2				

10. 椭圆台

椭圆台的示意图如图 4 – 15 所示,如果给出大椭圆的中心矢量 V、高矢量 H、分别代表大底长半轴和短半轴的矢量 A 和 B,以及代表大椭圆和小椭圆的比值 P,即可建立椭圆台的模型。

表 4 – 14 给出了它的字段表。

表4－14　椭圆台字段数据表

字段1	字段2	字段3	字段4	字段5	字段6	字段7	字段8
1	TEC	V_x	V_y	V_z	H_x	H_y	H_z
1		A_x	A_y	A_z	B_x	B_y	B_z
1		P					

11. 圆环体

圆环体的示意图如图4－16所示，如果给出圆环的中心矢量 V、一个与圆环剖面相垂直的矢量 N、两个标量 R_1 和 R_2（R_1 代表 V 到圆环剖面中点的距离，R_2 代表圆环剖面的半径），即可建立圆环体的模型。

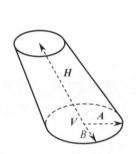

图4－15　椭圆台示意图

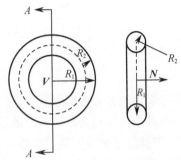

图4－16　圆环体示意图

表4－15给出了它的字段表。

表4－15　圆环体字段数据表

字段1	字段2	字段3	字段4	字段5	字段6	字段7	字段8
1	TOR	V_x	V_y	V_z	N_x	N_y	N_z
1		R_1	R_2				

（四）结构元素体建模

1. 结构元素体的基本概念

一个零部件往往是由若干基本几何元素体构成的，为了将分散建立的基本几何元素体拼合成一个有机整体，即形成一个完整的零部件，提出了结构元素体的概念。结构元素体是指为描述装备零部件某一有紧密联系的局部而建立的由若干基本几何元素体组合而成的一种几何模型。它主要是描述零部件中那些从物理性质、结构特点等方面联系比较紧密的局部（包括特殊形状的空间）。图4－17给出了一个典型的结构元素体模型示例，从最底层的基本几何元素体逐层拼合成一个完整的零部件。

由图4－17可以看出，基本几何元素体之间的组合方式主要有交、差、并3种，与集合论中的交、差、并十分相似，具体含义如下。

（1）交——两个基本几何元素体相交后相交部分的空间，用符号"∩*"表示。

（2）差——从一个基本几何元素体的空间减去两个基本几何元素体相交所占的空间后所剩的空间，用符号"－*"表示。

（3）并——两个基本几何元素体所占空间的总和减去它们之交所占的空间后所剩的空间，用符号"∪*"表示。

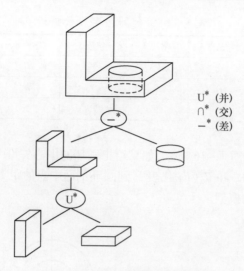

图4-17 结构元素体模型示例

通过上述3种组合方式可以看出,基本几何元素体可以是一个实体,也可以是一个虚构的空间。由基本几何元素体及其之间的组合而形成的结构元素体,可以构成各种复杂的几何形状,能够较好地模拟装备的零部件。

2. 结构元素体的分类

为研究的方便,将结构元素体分成以下两大类。

(1)表示零部件的结构元素体。用于描述装备中具体存在的实体,在它的组合形式中至少有一个基本几何元素体组合符号不为"-*"。

(2)空结构元素体。用于描述不包含任何实体的结构元素体,共包括两种情况。一种是为了结构元素号和几何元素号的一致性,将一些表示空间的基本几何元素体赋予一个结构元素体,作为它的编号,从而保证下一个结构元素体的编号及其组合形式中第一个几何元素体的编号保持一致,这时该结构元素体便为一个空结构元素体;另一种情况是为了装备战场损伤研究的方便,将装备某一特殊空间作为一个结构元素体加以描述,然后在结构元素编号分布表中加以说明,如乘员室,通过对它的描述可以分析乘员的损伤情况,这时建立的结构元素体也为空结构元素体。

3. 结构元素体的建模方法

与基本几何元素体建模一样,结构元素体建模也是采用具有固定格式的数据表,在几何元素数据表的基础上将装备零部件描述成许多的结构元素体,从而确保能够统一、准确地描述装备几何建模数据,表4-16给出了结构元素体数据表的形式。

表4-16 结构元素数据表

结构元素号	几何元素号	数据号	组合形式
1	1	1	1-2+3-5

表4-16中,各字段的含义分别如下。

结构元素号:在装备模型中,统一为结构元素体编制的号码。

几何元素号:在组合形式中第一个几何元素体的几何元素号。

数据号:当组合形式在数据表中占有两行以上时,本行所在的行号。

组合形式:结构元素体中各基本几何元素体之间的组合关系,其中,用"+"表示∩*;用"–"表示–*,用"OR"表示∪*。

下面以图4–18所示示例对结构元素体做进一步说明。图中阴影部分表示3个几何元素体经过组合后形成的结构元素体,其中,图4–18(a)表示了由3个基本几何元素体组合而成的结构元素体,图上标出了各基本几何元素体的编号;图4–18(b)表示3个基本几何元素体相交的组合方式(1+2+3)形成的结构元素体;图4–18(c)表示的是两个长方体之差(3–1)后形成的结构元素体;图4–18(d)是基本几何元素体1和2相交之后,再减去基本几何元素体3后(1+2–3)所形成的结构元素体;图4–18(e)是3个基本几何元素体相并后(1 OR 2 OR 3)所形成的结构元素体;图4–18(f)是将"1+2–3"形成的图4–18(d)和"3–1"形成的图4–18(c)相并后所形成的结构元素体。

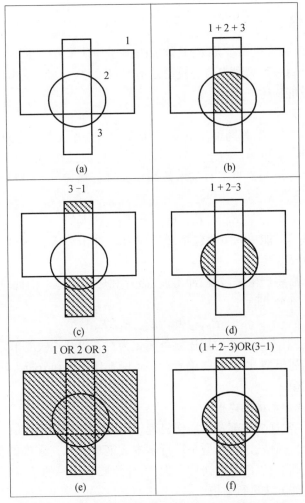

图4–18　3个基本几何元素体的交、并、差关系示意图

为确保结构元素体建模乃至装备建模的准确性,编制结构元素数据表的过程中应遵守以下规则。

(1)用来表示零部件的两个结构元素体不能重叠。在装备建模过程中,两个基本几何元素体是可以重叠的,因为它只是为构建结构元素体而建立的一个几何模型。但用来表示零部件的结构元素体是具有一定形状、大小及物理性质的实物,代表的是一个实体,在现实世界中不存在两个独立的实体共享同一空间的情况。因而,如果两个用来表示零部件的结构元素体存在重叠,将导致装备建模的错误。

(2)空结构元素体可以与任何表示零部件的结构元素体重合。由于空结构元素体只代表一个虚构的空间,它不会与任何结构元素体在空间上构成矛盾,所以允许它们之间有重叠的情况。

(3)在结构元素数据表中,具有相同结构元素号的空结构元素体可以在空间上存在重叠。

(4)在结构元素数据表中,拥有不同结构元素号的空结构元素体之间不允许有重叠的空间。

二、威胁建模

弹药种类繁多,损伤机理各异,对其效能的描述和计算方法也不一样,在装备战场损伤仿真研究中建立每一种型号弹药的模型是不切实际的。为此,提出效能分解的方法,以简化威胁建模和效能描述。

(一)效能分解

效能分解的基本原理:弹药种类虽多,但其基本效能单元却是有限的,如爆轰波、冲击波、破片、燃烧、穿甲、破甲等。对于任何可能对装备造成损伤的战斗部而言,都可以将其分解为若干基本效能单元。为了对基本效能单元进行描述,引入符号 E_B 表示基本效能单元的集合,即

$$E_B = \{E_{B1}, E_{B2}, \cdots, E_{Bi}, \cdots, E_{Bn}\} \qquad (4-1)$$

常规弹药的基本效能单元主要包括爆轰波 E_{Bb}、冲击波 E_{Bw}、破片 E_{Bf}、燃烧 E_{Bi}、穿甲作用 E_{Bp}、破甲作用 E_{Bd} 等。

普通炮弹爆炸后将产生爆轰波、冲击波、破片和燃烧效应。因此,可将普通炮弹的效能分解为以上4个部分,即

$$E_B = \{E_{Bb}, E_{Bw}, E_{Bf}, E_{Bi}\} \qquad (4-2)$$

通过这种方式,对弹药效能的描述就可转化为对有限基本效能单元的描述,只要建立基本效能单元的描述模型,以及效能单元对装备的损伤计算和分析方法,就可以对各类型号弹药进行描述建模。

(二)基本效能单元描述建模

在前面,介绍了常规战斗部及其损伤机理、威胁数据分析等相关内容,建立了大量的威胁模型和统计分析模型,这些模型是进行基本效能单元描述建模的重要基础。下面主要在这些模型的基础上,以破片损伤仿真为例,介绍威胁建模的基本原理与方法,其他效能单元可以采用类似方法进行建模。

1. 破片场描述

在普通弹丸爆炸所形成的破片场中,其破片总数可用一连续型随机变量 N_0 表示,而每一破片的质量、方向、速度等也都可以分别用一个随机变量描述。因此,只要获得破片总数,以及每个破片的质量、方向和速度等的分布函数,并估计出分布函数中的参数,在此基础上建立随机抽样方法,就可以获得每个破片的基本特征,最终得到一个由若干已知特

征的破片所形成的破片场。

为简化分析与计算,首先做以下假设。

(1) 破片的分布规律主要取决于飞散角,并沿经角呈均匀分布,见第二章图2-2所示。

(2) 在同一飞散方向上的破片初速相同。

(3) 破片的数量、质量、飞散角等参数相互独立,且均服从正态分布。

(4) 破片在有效杀伤距离内沿直线运动。

破片场中的任意破片均可用向量 f_i 表示,则整个破片场可表示为

$$A_f = \{f_i\} \quad i = 1, 2, 3, \cdots, n_f \tag{4-3}$$

式中:n_f 为破片场中破片的数量。

破片场中破片总数的分布函数如式(4-4),由式(2-9)计算获得,即

$$F_{N_0}(n_0) = P(N_0 \leq n_0) \tag{4-4}$$

根据假设,破片的空间分布主要取决于飞散角,破片的飞散角用连续型随机变量 φ 表示,其分布函数为正态分布,其中 φ 的均值由式(2-7)计算获得;假设经角用 Θ 表示,破片沿经角呈均匀分布。破片空间分布函数可以表示为

$$\begin{cases} F_{\varphi}(\phi) = P(\varphi \leq \phi) & (0 < \phi < \pi) \\ F_{\Theta}(\theta) = P(\Theta \leq \theta) = \dfrac{\theta}{2\pi} & (0 < \theta < 2\pi) \end{cases} \tag{4-5}$$

单个破片的质量和初速也取决于飞散角,均服从正态分布。假设破片质量用 M_f 表示,破片初速用 V_0 表示,则破片质量和初速的分布函数如式(4-6)。其中,M_f 的均值由 Magis 公式(式(2-3))计算获得;V_0 的均值由 Gurney 公式(式(2-6))计算获得,即

$$\begin{cases} F_{M_f}(m_f) = P(M_f \leq m_f) \\ F_{V_0}(v_0) = P(V_0 \leq v_0) \end{cases} \tag{4-6}$$

破片的形状是非常复杂的,有粒状、短条状、长条状等。即使是通过专门的试验研究,也很难确定破片的形状及尺寸。为此,为描述破片形状及尺寸,可以用平均迎风面积表示。破片的平均迎风面积可用连续型随机变量 $\bar{A}$ 表示。与其他几个参数不同,它不是一个独立的随机变量,与质量密切相关,其分布函数为一个条件概率,即

$$F_{\bar{A}}(\bar{a} \mid m) = P(\bar{A} \leq \bar{a} \mid M_f \leq m) = \frac{P(M_f \leq m, \bar{A} \leq \bar{a})}{P(M_f \leq m)} \tag{4-7}$$

2. 破片场仿真

破片场中的破片散布具有随机性,如何根据已知破片分布模型将破片散布的随机性描述出来,是破片场仿真中的关键。为此,可采用蒙特卡罗(Monte-Carlo)仿真的方法。

蒙特卡罗法又称统计模拟法、随机抽样技术,是一种以概率论和数理统计为基础,使用随机数来求解很多计算问题的方法。其基本思想是:当试验次数足够多的时候,某一事件出现的频率近似于该事件发生的概率。也就是说,蒙特卡罗法是在计算机上实现的统计抽样方法,用仿真模型代替实际系统而进行的大量的试验,目的是力图用大量的抽样试

验的统计结果来逼近总体的统计特征。由于普通弹丸爆炸所形成的破片是随机的,因此破片的数量、飞散角、经角、质量、初速等可以用随机变量来描述,只要能够产生符合破片空间分布规律的随机变量就可以用蒙特卡罗仿真来对破片场进行仿真计算。

由于破片的飞散角、质量、初速等参数均服从正态分布,下面以某一飞散角的破片质量为例介绍破片场蒙特卡罗仿真的基本原理,其他随机变量可参考下面的过程和方法建立仿真模型。

1)基本过程

用蒙特卡罗方法进行破片场仿真的程序大致可以用图 4-19 表示,主要分为以下几个步骤:①建立统计试验模型,确定破片在给定飞散角的情况下破片质量的概率分布,并进行参数估计;②已知破片质量服从正态分布,用随机抽样方法产生破片质量的随机样本;③根据产生的破片质量随机样本,同时产生破片速度等的随机样本,按所建立的破片损伤仿真程序进行破片损伤仿真,进行多次重复计算;④对仿真数据进行统计,并估计所得结果的精确度,作出停止仿真或继续进行仿真的决定。

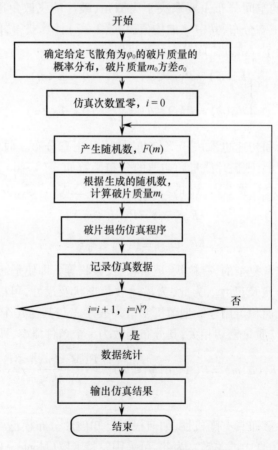

图 4-19　破片质量仿真的基本程序

2)随机数的产生

为获得随机变量的随机性质,仿真过程需要产生大量符合特定分布的随机数,因此随机数的产生成为进行仿真运算的重要环节。随机数的生成最早采用手工实现,如抽签、投骰子等。随着计算机技术的发展,人们开始采用计算机来产生随机数,产生方法主要有以下3种:①表格法,将手工产生的随机数以表格的形式存入计算机,供仿真时调用;②物理法,将物理随机数发生器安装在计算机上,通过利用电路的漂移、噪声等性质产生随机数;③数学方法,按照一定的数学公式来生成随机数列。下面将以正态分布为例重点介绍利用数学方法产生随机数。

产生伪随机数的最简单的方法为反函数法,又称逆变法。其基本原理为:利用分布函数 $F(x)$ 的表达式求出 X 关于 $F(x)$ 的表达式,再利用 $0 \leqslant F(x) \leqslant 1$ 的性质,令在 $[0,1]$ 上均匀分布的独立随机变量作为 $F(x)$ 的取值规律,则可以证明此时的 X 服从所求分布。例如,沿某一飞散角 φ_0 的破片质量 m 服从正态分布,即

$$F(m) = 1 - \Phi\left(\frac{m - \overline{m}}{\sigma}\right) \tag{4-8}$$

因为式 $(4-8)$ 中 $F(m)$ 的取值范围为 $[0,1]$,在现有的各种计算机高级语言中都有相应的函数或过程可以调用,如 VB 中可以使用 Rnd、Randomize,工程计算语言 Matlab 中可以使用 Rand。通过随机生成 $F(m)$ 的值,反向求解破片质量 m。在使用中可以根据所用语言查找相关命令。在多数情况下计算机高级语言自带的随机数发生器产生的随机数是具有较好的统计性质的,特别情况下可能不符合实际需要。此时需要自己动手编写产生随机数的程序,可以利用乘法取中法、线性同余法、混合线性同余法等。需要指出的是产生的随机数要经过均匀性、独立性等统计检验后方可使用;否则产生的随机数未必满足要求。

三、单装单威胁战场损伤仿真

在统一规范的坐标系中,将构建的装备模型和威胁模型综合在一起,就形成了单装单威胁损伤仿真模型,可以用于评估武器装备的生存性和易损性。同样,下面主要以破片毁伤作用为例,介绍单装单威胁战场损伤仿真的基本原理与方法。

一种武器装备往往由多种特性材料所组成,然而像穿透、侵彻等损伤仿真模型一般情况下都是在进行模拟靶试验的基础上建立的。对于采用模拟靶材料以外的基本元素,在损伤仿真中需要将基本元素采用等效靶近似,从而将任意形状和材料的基本元素等效为具有一定厚度和材料的等效靶,以便进行损伤仿真。

破片对装备的损伤仿真是通过对基本几何元素体的损伤仿真实现的,仿真基本程序如图4-20所示。输入的弹药参数主要是指第二章中破片场计算模型中所需的各种参数,如单元体划分、弹壳厚度、炸药质量等。然后,根据这些弹药参数生成破片场,并且计算获得每个破片的飞散角、经角、质量、初速、尺寸、形状等参数,并根据破片速度飞失规律计算公式,计算破片撞击基本几何元素体时的速度。在此基础上,综合考虑破片和基本几何元素体的特性,进行撞击损伤分析,根据跳飞、穿透、侵彻等损伤判别准则和方法,给出损伤仿真结果,如穿孔的尺寸、形状、侵彻深度等。最后,当执行完所有破片的损伤仿真以后,进行仿真结果输出。

在上述仿真过程中,关于跳飞、穿透、侵彻等损伤过程的模拟是破片损伤仿真中的关键技术,涉及动力学仿真等方面的知识,应当对破片损伤机理开展专门研究,确定其基本损伤过程,并建立各损伤过程的分析模型与模拟方法。

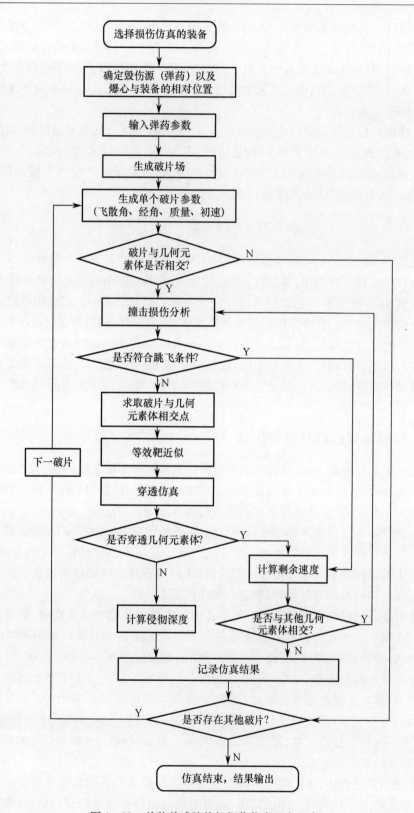

图 4 – 20　单装单威胁战场损伤仿真基本程序

第三节 装备群战场损伤建模与仿真

在单装单威胁战场损伤仿真的基础上,以作战想定为依据,构建装备群战场损伤仿真模型,可以用于面向作战任务的装备群战损规律预测,获取特定作战想定下装备群战损率、损伤等级分布比例等数据,从而为战时装备保障准备提供决策依据。

装备群战场损伤仿真的框架结构如图 4-21 所示。

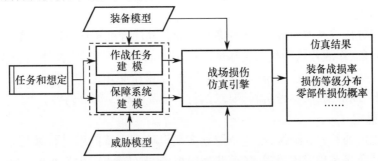

图 4-21 装备群战场损伤仿真框架结构

由图 4-21 可知,为了实现面向作战任务的装备战场损伤仿真,在构建各种装备模型和威胁模型的基础上,还需要建立作战任务模型、保障系统模型和战场损伤仿真引擎。

一、作战任务建模

作战任务建模是面向作战任务的装备战场损伤仿真的基本依据,其内容主要包括两个方面:一是给出装备战场损伤仿真研究的特定作战背景、作战实体、作战行动、作战过程等军事领域的设定;二是对装备战场损伤仿真系统的运行条件、仿真过程等仿真领域的设定。装备战场损伤仿真中的作战任务建模,与作战仿真中仿真想定开发的基本原理大致相同。因此,参考作战仿真中仿真想定开发的过程,建立作战任务建模的基本程序如图 4-22 所示。

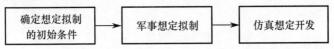

图 4-22 作战任务建模的基本程序

需要指出的是,因为装备战场损伤仿真的研究对象主要是己方装备,所以在作战任务建模中可以只建立己方装备在"被动挨打"情况下的简化作战想定模型,而不必建立敌我对抗条件下的作战想定。

（一）确定想定拟制的初始条件

想定拟制的初始条件,是指拟定军事想定前需要明确的如作战兵力、作战地形、作战装备等初始条件,从而为拟制军事想定奠定基础。

（二）军事想定拟制

军事想定是为进行作战、军事对抗演习或军事训练而按有关事件的发展和时间顺序创作和编写的文字叙述数据,类似电影、话剧中的剧本,一般包括企图立案、基本想定和补充想定 3 个部分。

1. 企图立案

对作战想定的总体轮廓的设计,是对作战背景环境、作战形成和发展以及敌我双方整个交战过程中的主要作战阶段和基本战法的总体结构性的设想,是编写基本想定和补充想定的基本依据。其叙述要点是兵力编成、作战时间、作战地区的地理环境、地形结构、作战各方的基本战法、主要编制装备、作战各方的作战理论原则和作战各方的企图立案图等。

2. 基本想定

对敌对双方作战基本情况、作战预案和作战行动的详细描述,根据企图立案中所确定的可能作战对象、作战背景和我军实际情况设想战前初始态势,为指挥员组织作战、谋划决策和定下作战决心提供作业条件和基本依据,是整个想定的主要内容。基本想定一般包括基本情况、局部情况、参考资料、要求执行事项和附件 5 部分内容。

3. 补充想定

对基本想定的补充和继续,围绕企图立案所设计的训练问题进行编写。补充想定的主要内容包括敌我态势形成过程、各部队战况报告、友邻通报、上级通报和指示、作战时间和要求执行事项。补充想定一般以文字形式提供,也可以在地图上标图。

(三)仿真想定开发

仿真想定开发是在拟制的军事想定的基础上,对军事想定进行二次开发,为装备战场损伤仿真提供所需的相关初始数据和作战行动过程的脚本。对仿真想定的描述可以采用 XML Schema,如图 4 - 23 所示。

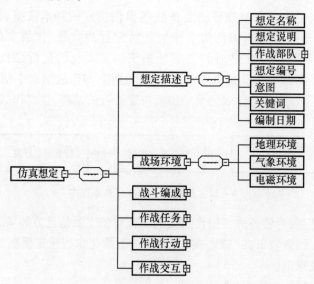

图 4 - 23　仿真想定的 XML Schema 结构图

1. 仿真想定描述

仿真想定描述是对仿真想定的概要性描述,主要包括仿真想定的名称、说明、编号、作战部队、意图、关键词、编制日期等基本信息。其中,作战部队与战斗编成相关联,根据装备战场损伤仿真需要,可以只建立己方的作战部队,也可以建立红蓝双方乃至更多方的作战部队,从而构建多方对抗的仿真环境。

2. 战场环境

战场环境主要包括地理环境、气象环境、电磁环境等环境因素。其中,地理环境主要建立陆地、海浪、自然地物(如树木、独立石等)、人工地物(如房屋、桥梁等)和战场地物(如三角锥、铁丝网、轨条柴等);气象环境指能够影响作战的太阳、雾、雨、雪等天后环境;电磁环境是电磁干扰、电磁脉冲、电磁辐射对装备的危害,以及雷电和沉积静电等自然现象的综合。

3. 战斗编组

战斗编组是指为遂行作战任务,对战斗编成内容的力量进行临时组合,是对作战部队的细化描述建模。在装备战场损伤仿真中,战斗编组是具有一定独立作战能力的单元,包括指挥机构、战斗群(队、组)、武器装备配备等。其中,指挥机构是对所属战斗力量实施指挥,同时具有一定的机动、通信等任务功能;战斗群、队和组是执行具体作战行动的实体,配备相应的武器装备和系统,是战损仿真研究的重点。对战斗编组的描述建模可以采用图4-24所示的XML Schema结构。

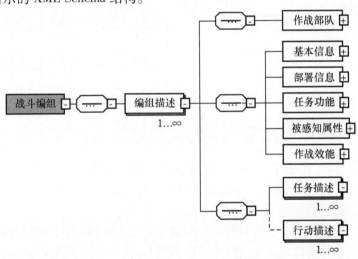

图4-24　战斗编组的XML Schema结构

由图4-24可知,战斗编组与作战部队、作战任务、作战行动等相关联,对战斗编组的描述建模主要包括基本信息、部署信息、任务功能、被感知属性和作战效能,具体说明如下。

(1)基本信息。用于描述区分各类战斗编组的属性信息,主要包括战斗编组名称、番号、索引编号、上级指挥机构、下级战斗编组、军标编码等。

(2)部署信息。用于描述战斗编组在战场环境的部署情况,以及各武器装备在地面、空中、水面、水下等的详细位置信息。

(3)任务功能。用于描述战斗编组在各种任务剖面中的功能作用,如战斗行军、对敌火力打击、通信指挥等。

(4)被感知属性。用于描述战斗编组可被敌方感知的特征和水平,如力学特性、光学特征、红外辐射、电磁辐射、外部噪声等。

（5）作战效能。用于描述战斗编组所具备的预期完成作战任务的能力，如部队的战斗力、机动能力、抗干扰能力等；还包括战斗部的终点效应，可用建立的各种威胁模型来表征。

4. 作战任务

作战任务是作战部队在某一特定时间段内所经历的全部作战行动序列及其动态过程。例如，火力打击、机动行军等陆上作战任务，渡海登岛、航母作战等海上作战任务，轰炸、截击、运输、预警等空中作战任务。根据作战任务的复杂性和持续时间，可以将作战任务进一步分解为若干作战行动过程。对作战任务的描述建模可以采用图 4 - 25 所示的 XML Schema 结构。

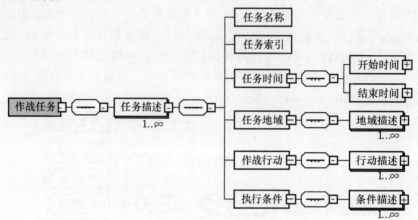

图 4 - 25　作战任务的 XML Schema 结构

由图 4 - 25 可知，作战任务描述主要包括作战任务的名称、索引、发生时间、发生地点、作战行动和执行条件等内容。下面重点对作战行动过程和执行条件进行说明。

1）作战行动

一次作战任务往往可以分解为若干个作战行动，这些分解的作战行动是由多个作战单元和多个作战事件所构成的复杂行为过程，它们是按照发生的先后顺序和一定的控制机制进行有序组合而成的作战行动过程。对于作战行动的描述如图 4 - 26 所示。

2）执行条件

作战任务中的作战行动执行顺序由一系列执行条件来控制，主要有 3 种控制方式。

（1）如果—就（if - then）。如果条件满足，就立即执行作战行动。

（2）当（while）。当条件成立时，反复执行某个作战行动。

（3）直到（until）。表示作战行动将被反复执行，直到条件为真时才结束。

5. 作战行动

作战行动是战斗群（队、组）为实现一定的作战目标而进行的一系列作战事件，如渡海登岛作战任务可以分解为抗敌逆袭、抢滩登陆等作战行动。对作战行动的描述建模可以采用图 4 - 26 所示的 XML Schema 结构。

由图 4 - 26 可知，作战行动描述主要包括作战行动的名称、索引、说明、目标、执行条件、作战事件及其控制关系等内容。同时，作战行动必须有执行任务的主体，即作战行动要与战斗编组相关联。行动的执行需要满足一定的入口条件，在执行过程中可以接收或

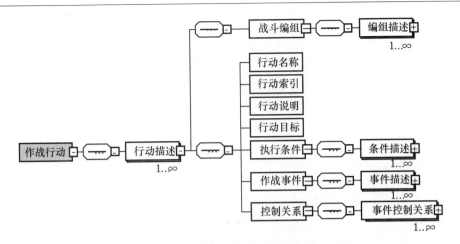

图 4-26　作战行动的 XML Schema 结构

使用一个或多个输入,可以产生或发出一个或多个输出,其结果会影响某些实体的属性。作战行动的细节由作战事件组进行描述,事件组是由若干事件按照一定的顺序及约束关系组成的集合,各事件之间的约束或者控制关系主要有以下 4 种。

(1)选择关系。事件组中满足执行条件的事件将被执行,其他事件不被执行。

(2)顺序关系。各个事件依次执行,第一个事件执行结束后,第二个事件才执行,依此类推。

(3)并发关系。各个事件同时被执行,且各个事件之间无耦合。

(4)循环关系。事件组中的过程将反复被执行若干次。

6. 作战交互

作战交互是执行作战行动的作战单元之间相互作用的效果。主动产生交互并对其他作战单元施加影响的作战单元称为主动实体,接受交互并受交互影响的作战单元称为被动实体。交互的过程分为 3 个阶段:首先,主动实体发出交互;其次,被动实体接受交互;最后,根据交互参数计算作战单元之间的相互作用和影响。对作战交互的描述建模可以采用图 4-27 所示的 XML Schema 结构。

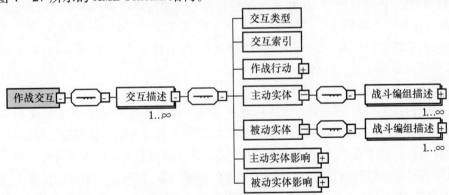

图 4-27　作战交互的 XML Schema 结构

由图 4-27 可知,作战交互描述主要包括作战交互的类型、索引、主动实体、被动实体、主动实体影响、被动实体影响等内容,同时与作战行动相关联。常见的作战交互类型主要有9种,如表4-15所列。

表4-17 常见的作战交互类型

序号	交互名称	说 明
1	指派	一个实体向另一个实体分配要执行的任务或行动
2	攻击	一个实体向另一个实体发射战斗部或其他威胁的行动
3	碰撞	两个或两个以上实体试图同时占据同一空间位置时发生的交互
4	转隶	一个上级实体指派另一个实体指挥控制一个下属实体的交互
5	着陆	使飞行器以受控的方式从空中返回地面的交互
6	发射	将实体由静止状态转换为动态飞行状态
7	再补给	提供更多的可消耗物资
8	移交	将物资或设施的控制权从一个实体转移到另一个实体
9	传输	将信息或假情报由一个实体发送到另一个实体

二、维修保障仿真建模

在装备战场损伤仿真的基础上,进一步建立战时装备维修保障系统模型,对维修保障系统的功能、结构、运行等进行仿真,可以获得战时装备修复率、资源消耗、抢修工时等数据,从而支持战时装备保障准备和维修保障系统效能评估。考虑到战时装备维修保障系统的复杂性,使用多视图方法对装备维修保障系统进行描述建模。视图就是从某种视角看待同一个事物。从不同的视角对保障系统进行建模,形成不同的视图,各自集中表现保障系统的某个特定方面。每个视图具有各自不同的核心概念构件,围绕各自的核心概念,对保障系统信息、属性进行描述。将这些视图结合起来,可以产生一个综合、全面的保障系统分析模型。为此,针对战时装备维修保障仿真需求,将战时装备维修保障系统模型分为组织机构、抢修任务、抢修过程、维修资源和基础数据5类视图模型,图4-28建立了各类模型之间的关系。首先,从描述保障系统在接受一定抢修任务后所表现的各种响应动作出发,形成抢修过程视图;任务的执行需组织机构的参与,形成组织机构视图;每个保障力量(修理分队、供应分队)往往有多个抢修任务——对应多门损伤装备,形成抢修任务视图;执行抢修任务需要一定的设备、工具、器材等保障资源,形成资源视图;要实现装备维修保障系统的运行仿真,还需要有对具体损伤部件的修复方法、修复时间、修复所需资源等数据信息形成了基础数据视图。

1. 组织机构视图

组织机构视图模型主要用于描述战时装备维修保障系统中的组织机构及其关联关系。其中,维修保障系统中的组织机构主要是指执行抢修任务的装备保障力量编组,存在的关系有组织间的隶属关系、支援关系、协作关系等。战时装备维修保障过程分解是围绕组织机构展开的,维修保障资源又隶属于相应的保障力量,没有指挥机构的批准不可随意调度,而具体的抢修任务总是与一定的抢修力量相关联。因此,资源视图、过程视图、任务视图都是围绕组织机构视图展开的。典型的组织机构视图如图4-28中的"组织机构"图。组织机构模型中各角色(保障力量)的属性主要包括以下内容。

(1)各保障力量的职责。根据战时装备保障预案,赋予各保障力量担负的职责和任

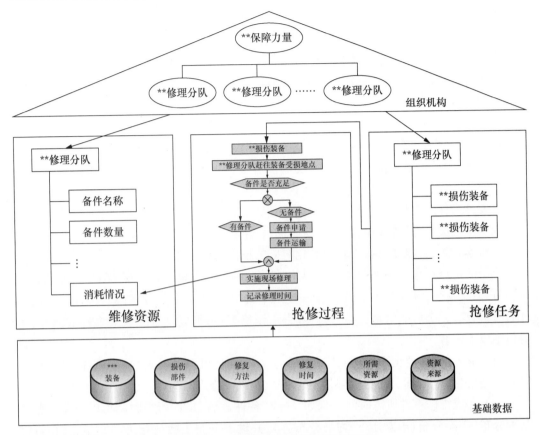

图 4-28　维修保障仿真模型及其关系

务分工。

（2）连续执行任务持续时间。人是保障力量的主体，人的活动会受到精力、环境、心理等各方面的制约，不能无限制地持续进行维修保障活动。因此，在装备修复仿真中，必须考虑到这种因素，需要设置保障力量每天的平均工作时间。

（3）关联属性。主要包括：装备关联属性，即保障力量所修复的装备；资源关联属性，即保障力量所配备的保障资源；过程关联属性，即保障力量与抢修过程的关联；任务关联属性，即与保障力量相关联的任务模型和约束条件。

2. 抢修任务视图

抢修任务视图模型主要用于描述各保障力量所承担的抢修任务，以便对各保障力量（修理分队）的装备修复率、资源消耗等进行统计，为优化保障要素奠定基础。任务可分为若干个子任务，子任务又可分为若干个作业步骤，各个子任务的内容及其相互关联关系（损伤装备、损伤部件的修复顺序）都在任务视图中进行描述。典型的抢修任务视图如图 4-28 中的"抢修任务"图。抢修任务的属性主要包括以下内容。

（1）一般属性。主要指抢修任务的标识（损伤装备 ID）、损伤装备名称、损伤等级、损伤部件及损伤模式等。

（2）损伤修复先后顺序。损伤装备的修复顺序根据损伤仿真中损伤产生的先后顺序确定，如果多门装备同时发生损伤或者多门装备同时等待修理，先修复损伤较轻的再修复损伤较重的。

（3）与组织机构的关联属性。战时装备修理力量主要分为伴随修理力量、支援修理力量和后送修理力量，为了明确抢修任务，根据实际情况由伴随修理力量修轻损装备，支援修理力量修中损装备，重损装备则由后送修理力量进行后送修理。

3. 抢修过程视图

抢修过程视图模型主要用于描述抢修任务执行过程中所经历的各种维修保障活动及其先后关系。它将组织机构视图、任务视图、维修资源视图、基础数据视图之间的相互关系表达出来，表示出了装备维修保障系统的多层次、多关联的特点，是战时装备修复率仿真的核心。其他各类视图都与抢修过程视图相关联。需要注意的是，如前所述，战时装备修理主要分为伴随修理、支援修理和后送修理3种情况，而与之相对应的抢修过程视图、过程视图中各类事件所需时间也会有所不同，为了将其进行区分，可以先建立抢修过程的一个主流程，然后再建立与各抢修力量相对应的抢修过程视图。

典型的抢修过程视图如图4-28中的"抢修过程"。在抢修过程模型中，六边形表示判断符号；⊗符号为或门，表示流程被分成两个或多个并行分支；⊘符号为与门，表示事件后有且只有一个可能的路径；矩形符号表示维修事件，可以设置完成该事件的属性，主要包括以下内容。

（1）输入信息。"记录修理时间"事件的输入信息，可以设置成"赶往装备受损地点"时间、"备件申请"时间、"备件运输"时间和"实施现场修理时间"作为输入，然后求和。

（2）完成维修事件所需时间。例如，完成"备件运输"事件所需时间可以设置成服从某种分布（正态分布、指数分布、均匀分布等），并输入分布函数的相关参数值，在仿真过程中就可以根据分布函数随机产生"备件运输"的时间。

（3）输出信息。经过该事件计算、判定完成后的输出信息，如"备件运输"的输出可以设置成完成该事件所需时间。

4. 维修资源视图

维修资源视图模型主要用于描述维修保障系统中各种资源以及资源的分配情况、消耗情况等信息。维修保障系统中的资源主要包括备件、设备、工具等，这些资源特别是作为消耗品的备件，其数量、配置情况是制约战时装备修复率高低的重要因素。因此，在维修保障仿真的过程中必须对资源的消耗情况进行实时统计。根据维修资源使用的特点，可以将维修资源的属性（状态）分为以下4种。

（1）闲置状态。指资源处于尚未使用的状态，没有任何使用需求，如备品备件无使用需求等。

（2）使用状态。指已对维修资源提出请求，资源正在处于使用的状态，如备品备件正在被用于修理损伤装备。

（3）排队状态。指维修资源虽然没有被使用，但已被提出使用需求，在抢修活动中已被占用。这些维修资源的占用是唯一的，此时维修资源状态不能被释放，对维修资源的请求需排队等待，直到资源使用完毕。

（4）释放状态。对于设备、工具等非消耗品，使用完毕后，重新恢复到原先的"闲置状态"；而对于备件等消耗品而言，抢修活动完成后，资源的释放状态是指彻底消耗。

5. 基础数据视图

基础数据视图主要用于描述执行维修保障仿真所需的部件损伤修复方法、所需资源与来源、修复时间等基础数据,是进行修复率仿真的基础。这些基础数据主要是通过对装备进行战场损伤与修复分析得到的。基础数据视图具体表现为一组相互关联的表格,即型号装备会发生什么样的损伤,各类损伤有什么样的修复方法,这些方法在什么情况下采用,具体修理方法需要什么样的维修保障资源,各种修复方法所用时间等。以便在维修保障仿真的过程中,对修复时间进行统计计算。

三、战场损伤仿真引擎

战场损伤仿真引擎是进行面向作战任务的装备群战场损伤仿真的"驱动程序"。在仿真引擎的驱动下,装备群战场损伤仿真系统根据事先建立好的装备模型、威胁模型、作战任务模型和维修保障系统模型,对特定作战想定下的装备群战场损伤规律进行仿真预测。因此,装备战场损伤仿真引擎设计是战场损伤仿真系统开发中的重中之重,决定了仿真系统的运行效率及精度,其中,仿真时钟推进机制、装备群战场损伤仿真程序和射弹散布仿真模型是战场损伤仿真引擎的3个关键内容。

(一) 仿真时钟推进机制

仿真时钟表示了仿真系统中仿真时间的变化,是控制仿真进程的时间机构。随着仿真时钟的推进,仿真模型按照模型规定的逻辑关系安排和处理相应的事件,直至仿真结束。仿真时钟的推进主要有面向时间间隔和面向事件两种方式,根据面向作战任务的装备群战场损伤仿真系统的特点和实际情况,采用了面向事件的仿真时钟推进机制。在这种时钟推进方式下,以构建的作战任务模型为基础,按照作战任务、作战行动和作战事件的逻辑关系,仿真时钟按照每一作战事件预计要发生的时刻,以不同的时间间隔向前推进,即仿真时钟每次都跳跃性地推进到下一作战事件发生的时刻,根据建立好的装备模型和威胁模型,对每一作战事件下的装备群战损规律进行仿真,同时对战损装备进行修复仿真。在上述过程中,装备发生战损、战损装备修复均为随机离散事件,在每次仿真运行的过程中,应采集装备战损、损伤修复、资源消耗等数据,并对装备战损率、零部件损伤概率、备件消耗、维修工时、设备工具使用情况等进行统计分析。例如,一部装备发生战损,可用装备数量减1,待修装备数量加1;战损装备修好后,引起待修装备队长减1,同时维修人员的维修工时数增加,并对设备工具使用情况进行统计;需换件修理时就会引起备件库存量或者携运行量减1等。

通过上述分析可知,随机发生的装备战损事件和损伤修复事件是使系统状态发生变化的原因,而装备战场损伤仿真就是通过对战损事件和修复事件按发生时刻的先后进行排序,并根据不同事件发生时对作战态势变化的影响来模拟实际作战系统运行的,从而获取装备战损规律数据和损伤修复数据。因此,仿真时钟推进的依据也就是装备战损事件和损伤修复事件,在此基础上设计装备战场损伤仿真时钟的推进过程如下。

1. 仿真初始化

在每一次仿真开始时,将战场损伤仿真时钟置0,即 $T=0$;第 i 部装备的累计工作时间 $T_i=0$。

2. 产生装备战损（故障）未来事件

从作战事件列表中读取下一时刻 t_i 的作战事件，并将仿真时钟推进到 t_i 时刻，即 $T = t_i$。在此基础上，对在该作战事件下的装备战损规律进行仿真，获取第 i 部装备发生战损的时间 T_i^{BD}。如果还考虑装备的故障修复问题，还需要生成第 i 部装备发生故障的时间 T_i^{BF}。因此，为了区分不同情况，对装备战损（故障）事件分以下 3 种情况进行生成。

（1）根据装备组成单元的寿命分布，对所有组成单元的下一次故障时间 T_{ij}^{BF}（表示第 i 部装备的第 j 个单元）进行随机抽样。则对于同一部装备 i 而言，其发生故障的时间 $T_i^{BF} = \min(T_{ij}^{BF})$。同时，根据实际情况，装备在同一时刻有两个以上部件同时发生故障的可能性是非常小的。因此，将故障发生时间 T_{ij}^{BF} 最小的单元作为装备的故障事件。

（2）根据作战任务建模中敌方武器弹药、攻击方式等情况，随机生成射弹散布，通过建立的装备模型和威胁模型仿真预测装备的战损规律。需要指出的是，在敌方武器装备的攻击作用下，往往是多部装备、同一装备的多个部件同时发生战损，这一点显然与装备发生故障是有明显不同的。因此，将第 i 部装备受到攻击并发生战损的时间作为 T_i^{BD} 的值，该装备损伤单元的发生时间 $T_{ij}^{BD} = T_i^{BD}$。

（3）对于发生故障的装备有可能会再次遭受敌方武器的打击，在这种情况下，按照第（2）种情况进行处理，即对故障装备在特定毁伤作用下的战损规律再次进行战损仿真。然后，对故障部件和战损部件考虑损伤累计作为装备的损伤事件。

3. 确定装备发生战损（故障）的事件及时间

在产生装备战损（故障）未来事件的基础上，还需要进行再次判断，以确定究竟哪一事件先发生，并将先发生的事件作为装备的损伤事件和发生时间，即 $T_i^{FD} = \min(T_{ij}^{BF}, T_i^{BD})$，则第 i 部装备的累计工作时间 $T_i = T_i + (T_i^{FD} - T_i^{R})$（$T_i^{R}$ 为上一次装备战损或故障修复后重返使用的时间）。对于 T_i^{BD} 先到达的装备而言，装备发生战损后在没有被修复之前就不会再发生故障；而对于 T_i^{BF} 先到达的装备而言，装备在没有被修复之前在敌方武器的攻击作用下有可能会再次发生战损。

4. 生成装备修复时间

在确定装备战损（故障）事件的基础上，根据建立的维修保障仿真模型，从数据库中读取对损伤事件的处理方法，进行维修保障仿真，根据维修时间分布函数随机生成装备修复时间，并记录重返使用时间 T_i^{R}。

（二）装备群战场损伤仿真流程

假设有一空间坐标系，装备群配置在其中的某一区域内。当炮弹或其他类型的弹丸在某坐标点 (x_b, y_b, z_b) 爆炸后，将形成一个破片场，具有一定强度的冲击波等威胁机理，从而造成在爆心周围一定范围内的武器装备发生损伤。为了使损伤仿真和损伤分析具有很好的连贯性，在此引入"空间"的概念来解释装备的损伤。

装备配置形式及其所面临的威胁是损伤研究的起点，为此，首先引入一个"空间1"来反映这种初始状态。在该空间中的装备位置一经确定，对于具有特定威胁机理和毁伤效能的战斗部而言，如果再给定炸点位置的情况下，各种威胁与装备的作用方式就随之确定了，所以空间1中的每一个点都表示的是一种可能的威胁与装备的相互作用方式。在不同威胁的作用下，装备的损伤有可能会千差万别，因此，为了表示装备的损伤情况引入

"空间2"。空间2中的每一个点都对应一个向量的矢端,它表示装备一种可能的损伤状态。如前所述,基本功能项目的战损机理与规律是进行战场抢修研究和准备的基础和关键。假设装备有 N 个基本功能项目,以 $S_i = (S_{i1}, S_{i2}, \cdots, S_{iN})$ 表示单个装备 i 的状态,$S_{ij} \in [0,1](j=1,2,\cdots,N)$。$S_{ij} = 0$ 表示第 i 个装备的第 j 个基本功能项目完全损坏,此时对该装备的任务功能将产生重要的影响;当 $S_{ij} = 1$ 时,表示第 i 个装备的第 j 个基本功能项目没有受到任何损伤,或者是受到轻微损伤但对装备的任务功能未产生任何影响。假设装备群中有 K 个同型装备,以 $T = (S_1, S_2, \cdots, S_K)$ 表示该型号装备群体的损伤状况,其中,$S_j \in [0,1](j=1,2,\cdots,K)$,表示第 j 个装备的状态。同理,当 $S_j = 1$ 时,表示装备群中所有装备均未受到损伤,或者其整体战斗力没有任何形式的下降;当 $S_j = 0$ 时,表示其整体战斗力降为0,整个装备群已不能完成任何预定的作战任务。

可见,装备群战场损伤仿真实际是从空间1到空间2映射的过程,这种对应关系具有以下特点:空间1中的每一点只对应于空间2中的某一个点,但空间2中的一点可以同时对应空间1中的多个点,如图4-29所示。

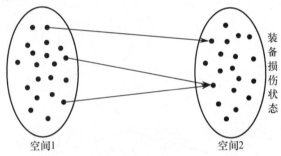

图4-29　空间1与空间2的关系示意图

在装备群战场损伤仿真的过程中,影响空间1与空间2的关系映射的因素有很多,如装备的配置、生存性和易损性以及战斗部威力等。为此,在建立的单装备单威胁战场损伤仿真基本程序的基础上,构建了在执行一次仿真的情况下装备群战场损伤仿真基本程序,如图4-30所示。

（三）射弹散布模型

用同一门火炮,相同的弹药,装定同一射击诸元,由相同的炮手用尽可能相同的手法进行操作,连续发射多发炮弹,这些射弹并不落在同一点上,而是分布在一定范围内,这种现象叫射弹散布。

行着发射击时,射弹散布是指水平面或垂直面上的散布;行空炸射击时,是指空间的立体散布,参见图4-31。

需要指出的是,散布中心是发射无限发射弹时炸点的平均位置,因此,它是一个理论值。实践中,多以平均炸点来代替散布中心。对每一发射弹来说,炸点对散布中心(或平均炸点)的偏差称为散布误差。散布误差是一个矢量,可以分解为距离(高低)散布和方向散布误差。

散布误差是一种服从正态分布的随机误差。将散布中心作为坐标原点,x 轴作为距离散布轴,纵坐标为散布率,则散布误差的分布形式如图4-32所示。在实际中,如果通过演练演习或试验数据,统计分析得到了散布误差的分布函数及其参数,就可以

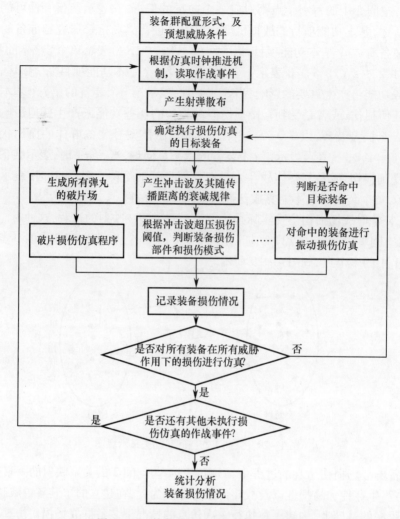

图 4 – 30 装备群战场损伤仿真基本程序

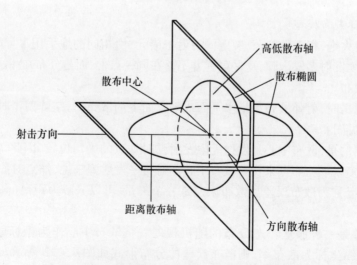

图 4 – 31 射弹散布在水平面和垂直面上的投影

利用蒙特卡罗仿真方法随机生成射弹散布了,其基本原理和破片场仿真方法相同,此处不再详述。

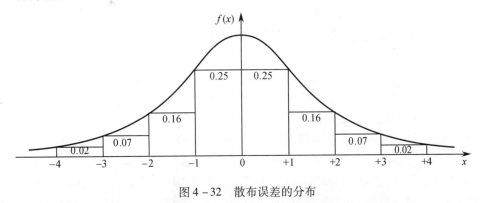

图 4 - 32　散布误差的分布

第四节　装备战场损伤建模与仿真系统

一、系统组成结构

装备战场损伤建模与仿真系统的组成结构如图 4 - 33 所示,主要由威胁建模子系统、作战任务建模子系统、装备建模子系统和装备群战场损伤仿真子系统等组成。

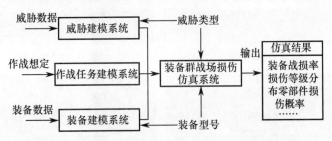

图 4 - 33　装备战场损伤建模与仿真系统组成结构

（1）威胁建模子系统。全面管理各种威胁信息。根据弹药型号、终点弹道数据及环境条件,建立弹药的破片、振动、冲击波、高温、电磁等基本效能单元描述模型,实现弹药效能的等效分析、动态响应描述、损伤特征辨识等功能。

（2）装备建模子系统。全面管理各种装备数据。根据装备的设计图纸、数字化数据、实测数据等信息,建立装备的结构组成、几何特性、物理特性、工作状态等描述模型,实现装备的坐标系转换、射线分析、等效厚度计算等功能。

（3）作战任务建模子系统。全面管理各种作战任务模型。根据作战想定以及战场环境的地理、气象、天候等因素,建立装备的作战任务剖面描述模型,实现作战事件离散化、战场态势分析、战场环境可视化等功能。

（4）装备群战场损伤仿真子系统。根据给定的装备、环境及特定威胁条件,模拟敌对威胁对装备的损伤作用过程,汇总损伤模拟结果,输出装备及组成单元的损伤模式、损伤概率、功能状态等数据。

二、威胁建模子系统

威胁建模子系统可以构建穿甲弹、破甲弹、碎甲弹、榴弹、航弹等多种类型弹药的计算机仿真模型,主要功能包括威胁数据管理和破片场仿真。

1. 威胁数据管理

威胁数据是进行弹药效能仿真的输入数据,根据装备战场损伤仿真的需要,主要管理5类威胁信息(图4-34):一是威胁基本信息,主要包括弹药类别、弹药编码、弹药名称、弹药型号、生产厂家、投产日期和弹头编码等;二是战斗部信息,主要包括弹头编码、弹头类别、型号、口径、长径比、炸药编号、装药密度、爆点距弹尾距离、弹丸相对质量、装填物相对质量、弹体壳材料编号、破片最小质量、破片最大质量、破片中心飞散角均方差、破片平均质量均方差等;三是战斗部单元信息,主要包括弹头编号、单元直径、单元长度、平均壁厚、弹壳质量、装药质量、单元位置等;四是战斗部壳材料信息,主要包括材料编号、材料名称、弹性模量、强度极限、屈服极限、材料密度、Magis常数、试验系数等;五是炸药基本信

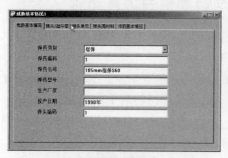

(a) 威胁基本信息

(c) 战斗部单元信息

(d) 战斗部壳体材料信息

(e) 炸药基本信息

图4-34 威胁数据管理界面

息,主要包括炸药名称、炸药型号、爆速、密度、Gunny 常数、Magis 常数、爆热等。

2. 破片场仿真

破片是最基本的效能单元,弹丸爆炸、穿甲弹、破甲弹穿透靶板、碎甲弹等均可产生具有各种速度、方向、质量的破片。在该子系统中,提供了基于统计数据和基于理论分析的两种破片场仿真方法。上面提到的基本效能弹药描述建模方法,主要是基于理论分析的破片场分布仿真算法,基于该方法进行破片场仿真的结果如图 4-35 所示。

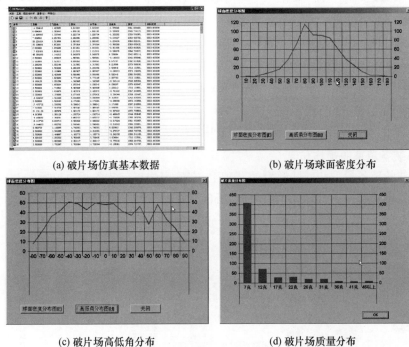

(a) 破片场仿真基本数据   (b) 破片场球面密度分布

(c) 破片场高低角分布   (d) 破片场质量分布

图 4-35 破片场仿真结果

三、装备建模子系统

装备建模的目的是根据损伤模拟的需求,录入装备的各类定量和定性数据,从而描述装备的结构、组成及其几何特性、物理特性、装备的功能和工作状态等内容,建立可视化的三维装备计算机模型。该子系统的功能主要包括装备数据管理和单装备单威胁损伤仿真。

1. 装备数据管理

装备数据是构建装备立体模型的重要基础,主要包括 3 类数据:一是装备一般描述数据,主要描述装备的标识信息、工作分解结构、零/备件目录、基本更换/修复单元等数据,其主要来源是装备设计资料及使用维修资料;二是装备功能描述数据,用于描述和记录装备的基本功能,并建立装备功能状态与组成单元的关联关系;三是装备几何描述数据,主要包括装备结构、几何特性、机械物理特性等数据,用于支持装备可视化建模。

通过装备建模子系统,按照装备建模的相关要求录入上述数据以后,就可以自动生成装备的三维立体模型。采用 OpenGL 技术建立的装备三维立体结构模型示例,如图 4-36所示。

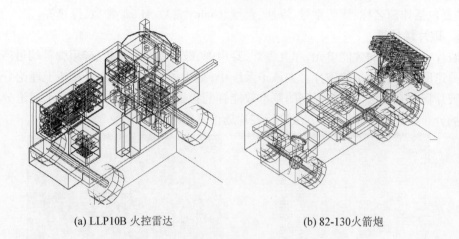

(a) LLP10B 火控雷达   (b) 82-130火箭炮

图4-36　典型装备的三维立体结构模型

2. 单装备单威胁损伤仿真

在构建的装备模型和威胁模型的基础上,在确定炸点与装备相对位置的基础上,可以开展单装备单威胁损伤仿真,从而评估装备的生存性和易损性,如图4-37所示。

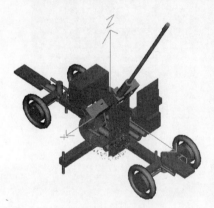 

(a) 单装备单威胁仿真界面   (b) 单装备单威胁仿真结果

图4-37　单装备单威胁损伤仿真

四、作战任务建模子系统

作战任务建模子系统,可以根据给定的作战想定,根据作战事件的离散化描述方法,建立敌我双方对抗的战场环境、武器装备配置和作战任务时许描述模型,从而为实施面向作战任务的装备群战损规律仿真奠定基础。该子系统的功能主要包括装备战场环境建模和作战事件管理。

1. 装备战场环境建模

基于地理信息系统开发了装备战场环境建模功能模块,能够根据作战想定中的武器装备配置,进行战术标图,并实现了与装备战场损伤仿真系统的对接,从而形成敌我双方武器装备的战场对抗态势,如图4-38所示。

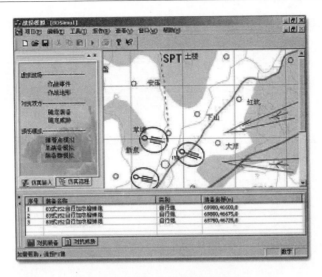

图 4 – 38　装备战场环境建模界面

2. 作战事件管理

作战事件管理主要包括敌方作战事件和我方作战事件的建模与管理,主要是根据事先制订的作战想定,通过作战事件离散化将作战任务分解为能够实施仿真的若干个作战事件,并按照各作战事件的关联关系,建立作战事件的时序图,为实施仿真奠定基础,如图 4 – 39 所示。

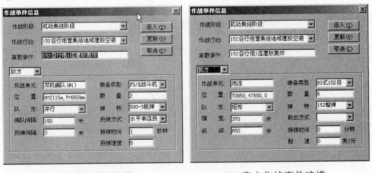

(a) 敌方作战事件建模　　　　　　　(b) 我方作战事件建模

图 4 – 39　作战事件管理界面

五、装备群战场损伤仿真子系统

在构建威胁模型、装备模型和作战任务模型之后,以单装单威胁仿真为基础,可以实施面向作战任务的装备群战场损伤规律仿真。系统提供了抽样统计方法,按照一定散布规律进行射弹模拟,为每枚弹赋予不同落着点坐标,计算某次模拟过程中,各型号装备受损的单元名称、损伤模式、损伤概率以及整个作战任务过程中装备的战损率、损伤等级分布比例和修复率等数据,基本仿真过程如图 4 – 40 所示。

(a) 弹着点二维分布图

(b) 仿真结果输出

图 4 - 40　装备群战场损伤仿真界面

第五章　装备战场损伤评估方法与技术

　　快速、准确的损伤评估是成功实施战场损伤修复的前提与基础。20世纪70年代后期一些西方发达国家就开展了战场损伤评估与修复的研究与应用工作,我国从20世纪90年代初也开始了系统的战场抢修研究。如今,武器装备日益复杂的功能和结构,新材料、新技术的大量使用,以武器系统为作战单元形成系统配备使用的特点,加之未来战争对时效性的高要求,大大增加了战场抢修的难度,尤其对战场损伤评估提出了新的、更高的要求。因此,战场损伤评估已成为制约装备战场抢修的瓶颈问题,也是多年来我军装备战场抢修领域里的热点和难点问题。本章主要阐述战场损伤评估的基本概念、程序和方法等内容,为实施装备战场损伤评估提供一定的方法与技术支持。

第一节　概　　述

一、战场损伤评估的基本概念

　　战场损伤评估(Battlefield Damage Assessment,BDA),简称战损评估,是指在战场上或紧急情况下,由维修人员和使用人员对损伤装备进行的损伤检查、检测、定位和评定,并确定装备的损伤程度及其处理措施(包括常规修复、推迟修理、应急修复、战场抢救等)的决策过程,为确保快速、有序地实施损伤修复奠定基础。

　　其实质是对损伤装备进行战场抢修技术决策的过程,是战场损伤修复的前提和基础。战斗中,当装备遭到战损时,应由维修人员与使用人员配合对受损装备进行损伤评估,以确定是否和如何修复损伤装备。如果战损评估不及时、不准确,不仅会造成资源的严重浪费,而且会丧失装备重返战斗的机会,进而贻误战机。

二、战场损伤评估的内容

　　战场损伤评估一般应回答以下7个方面的问题。
　　(1)损伤部位、程度及对装备完成当前任务的影响。
　　(2)损伤是否需要现场或后送修复。
　　(3)损伤修复的先后顺序。
　　(4)在何处进行修复,即装备的修理场所。
　　(5)如何进行修复,即装备的修理方法和步骤。
　　(6)所需保障资源,包括人力、时间、备件、设备工具等。
　　(7)修复后装备的作战能力和使用限制。

三、战场损伤评估报告

　　战场损伤评估的直接输出为装备战场损伤评估报告,是实施装备损伤修复的基本依据。根据不同人员对损伤评估报告的需求不同,将损伤评估报告分为3个部分。

1. 装备整体损伤情况评估报告

该报告表上报装备机关,用于保障部门掌握装备的整体损伤情况,一般应回答以下4个方面的问题:一是装备的整体损伤情况,如装备损伤等级、修复时间、处理意见、功能丧失情况等,其中"处理意见"包括现地修理、支援修理、后送修理等;二是装备修复情况和回收方式,包括装备的基本功能状态能否被恢复、修复后的状态以及损伤装备的回收方式;三是装备损伤部件清单,包括损伤部件的名称、件号和数量;四是修复损伤装备所需的抢修资源,主要包括人员、备件、消耗品、设备工具等,用于损伤修复前的各项准备工作。装备整体损伤情况评估报告表的参考样式如表5-1所列。

表5-1　装备整体损伤情况评估报告表(样式)

装备名称		装备编号		隶属单位	
损伤等级		处理意见		修复时间	
装备功能丧失情况					
基本功能状态	能修复吗?	修复后系统状态	能完成吗?	回收方式	能回收吗?
(行驶)		能执行全部任务		(自行)	
(射击)		能完成当前任务		(牵引)	
(通信)		能应急战斗		(运载)	
		能自救			

损 伤 部 件 清 单			
序号	损伤部件	件　号	数量

抢 修 资 源 需 求				
序号	资源类型	资源名称	件号/代码	数量

2. 装备战场损伤修复决断报告

该报告提供给装备战场抢修人员,作为其对损伤装备实施修复的基本依据。一般应回答以下 3 个方面的问题:一是损伤装备的修复时限要求;二是装备的损伤情况和修复方案,包括装备的损伤现象、损伤影响和损伤原因,以及损伤部件的修复方法、修复步骤、修复顺序、所需时间等内容;三是修复损伤装备所需的抢修资源,与"装备整体损伤情况评估报告"中的内容相同。装备战场损伤修复决断报告表的参考样式如表 5 - 2 所列。

表 5 - 2　装备战场损伤修复决断报告表(样式)

装备名称		装备编号		隶属单位		修复时限/h		
序号	损伤部件	损伤现象	损伤影响	损伤原因	修复方法和步骤	修复顺序	时间/h	人员数
抢修资源需求								
序号	资源类型		资源名称		件号/代码		数量	

3. 装备使用操作注意事项报告

该报告提供给装备使用操作人员,为其提供使用操作装备的注意事项。一般应回答以下两个方面的问题:一是损伤装备修复后的状态,主要描述装备功能的恢复情况;二是针对损伤部件的应急使用措施,主要包括对损伤部件是否经过了修理、修复后部件功能和性能的恢复情况、对于损伤部件在操作使用过程中的注意事项等。装备使用操作注意事项报告表的参考样式如表 5 - 3 所列。

表 5 - 3　装备使用操作注意事项报告表(样式)

装备名称		装备编号		隶属单位				
修复后系统状态								
序号	损伤部件	损伤现象	损伤影响	损伤原因	是否经过修复	功能恢复情况	继续使用方法	使用注意事项

当完成对损伤装备的评估以后,应认真填写上述 3 类战场损伤评估报告表;在每次战斗结束后,都应认真整理战场损伤评估报告,并上报有关部门。

四、战场损伤评估的注意事项

对受损装备实施战损评估之前，一定要确保受损武器装备及其周围环境的绝对安全，以确保战损评估工作的安全、顺利进行。

（1）仔细检查损伤装备及其周围区域是否遭受生化武器沾染，并根据沾染严重程度采取必要的防护和排除措施。如果沾染程度过重，应向上级申请派防化部队进行支援。

（2）仔细检查损伤装备及其周围区域是否发生贫化铀沾染及其沾染程度，防止贫化铀颗粒物被人吸入、吞食或经皮肤吸收，从而对人的健康造成严重危害。

（3）仔细排查损伤装备是否装有实弹、是否有未爆弹等情况，不要碰触任何处于不稳定或待发射状态的武器。如果发现未爆弹，请联系排爆人员进行处理。

对损伤装备进行全面的安全检查，并确认绝对安全以后，再对损伤装备做进一步的战损评估，以免造成灾难性的事故发生。

第二节 战场损伤评估的程序和方法

一、战场损伤评估的基本程序

战场损伤评估的一般程序如图 5-1 所示。

1. 判明装备损伤部位

要想对损伤装备实施科学有效的抢修决策，首先必须全面、准确地判明装备的损伤部位。所以，这一步相当于平时维修中的装备故障检测和诊断，但是由于装备战场损伤的复杂性，相对于平时而言进行损伤检查和定位将更加困难。为此，对于遭受损伤的武器装备，应该按照由表及里、由外到内、由物理损伤到功能损伤的过程进行损伤检查和定位，先查看装备的外在损伤现象，如有必要再借助先进的技术手段和必要的分解结合工具，对装备内部损伤部位进行深入检查和判断，进而确定装备系统的功能丧失情况，为损伤修复决策奠定基础。

2. 继续使用逻辑决断分析

在战场上或紧急情况下，当装备发生损伤以后，并不一定都需要对其实施抢修。如果装备损伤对其完成当前任务和使用安全并无太大影响，继续发挥受损装备的作战能力应是优先选择。所以，当判明装备的损伤部位以后，应当根据装备的功能丧失情况，进行应急性使用逻辑决断分析。如果能够对损伤装备进行应急使用，要明确应急使用的注意事项和要求。

3. 战场损伤修复分析决断

如果对受损装备不能进行应急使用，应该综合考虑装备的整体损伤情况，评估装备的损伤等级，科学确定装备战场损伤修复方法和修复后的使用限制，准确预计修复时间和所需资源。在此基础上，确定是进行现场修复，或是支援修理，还是后送修理。如果不需要修复或没有修复价值，直接退出战斗使用，或作为拆拼修理所需的备件源。

4. 战场抢救方案制订

对于需要修复的战损装备而言，有时需要后送到靠近损伤现场的地域或后方修理基

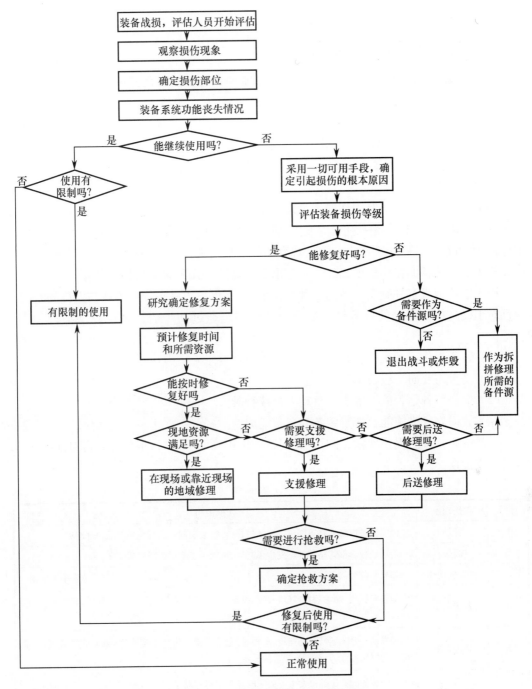

图 5 - 1　战场损伤评估的一般程序

地进行修理。在这种情况下,在确定损伤装备修复方案的基础上,需要进一步制订损伤装备的抢救方案,明确对损伤装备的抢救方法和所需工程车辆。

　　由上述分析可以看出,战场损伤评估是一个复杂的决策过程,要想对损伤装备实施快速准确的评估,必须由经过专门训练的、有经验的损伤评估人员来完成。因此,在战时装备保障力量编组中,根据实际需要专门设置战场损伤评估分队可能是提高损伤评估效率的有效途径。

二、装备战场损伤分析与确定方法

当装备发生战损以后,应当首先快速、准确地判明装备的损伤部位,并对装备损伤情况进行全面分析,为实施抢修决策奠定坚实基础。然而,对于技术水平一般的装备使用和抢修人员而言,做好这项工作是非常困难的。为此,以装备故障检测与诊断、可靠性工程等为基础,提供几种实用的战场损伤分析与确定方法。

(一)装备战场损伤常用检查检测方法

1. 外观检查

如果装备发生了系统级损伤或者是发动机损坏,那么处于工作状态的装备可能很快停止运行。因此,武器装备一旦发生战损,应当由装备使用人员在第一时间对受损装备实施评估,力争在装备停止工作之前深入观察装备的损伤现象和外观损伤情况,了解损伤部位并初步推断装备的损伤程度,表5-4给出了武器装备几种典型的损伤现象。

深入细致地观察并确定装备的各种损伤现象,不仅可以减少损伤检测与定位的时间,而且对于提高损伤修复的有效性具有重要的作用。通过初步的外观检查,要回答以下问题。

(1)装备损伤现场是否满足战损评估的安全性要求?

(2)是否需要向上级请示?

(3)损伤装备是否能够依靠自身动力继续行驶?

(4)战损修复措施能否恢复装备的自救能力?

当观察完装备的损伤现象,并对上述问题做出正确回答以后,根据需要再对系统功能做进一步检查。

表5-4 典型装备损伤现象

序号	损伤现象	实例说明
1	冒烟	说明装备内部线路等部位发生了损伤,可能会引起线路发生短路或内部起火
2	起火	说明装备内部线路等部位发生了起火,可能会发生引燃或引爆
3	丧失机动性	如果装备突然不能行走或转向失灵,说明车轮、履带、车轴、传动系等部位发生了损伤
4	系统损伤	如转向机构、制动装置、气压装置、冷却系统、通信系统、武器部分、炮塔、装填机构、传动系统等发生损伤
5	异常声响	如发动机、传动装置、变速箱、车轴、行走系等部位发生了损伤,如果继续使用,会加重部件的损伤程度,乃至更为严重的装备二次损伤
6	故障报警	说明装备的某个部位发生了故障或处于不可用状态,如果不立即排除而继续使用,可能会危及人员的安全和装备的正常使用
7	液体泄漏	说明水箱、油箱、油路、液压管路、散热器、制动系统等部位发生了损伤,具有刺激性气味的液体有损人的身体健康,易燃液体的泄漏和挥发有可能会造成爆炸
8	异常气味	说明某种物质发生燃烧或泄漏。如果发生的是泄漏,根据燃油、冷却液、液压油等不同液体的特殊气味,就会判断出哪里发生了泄漏;如果发生的是燃烧,橡胶、油漆、液体、塑料、绝缘体、织物等易燃物品,也会散发出异味

2. 装备自检

为了使测试简便迅速,一条重要途径是在装备内部专门设置测试硬件和软件,或利用部分任务功能部件来检测和隔离故障,使得装备自身能够确定其是否在正常工作,确定什么部分发生了故障。这就是机内测试(Built – In Test,BIT),而完成 BIT 功能的可以识别的部分叫机内测试设备(Built – In Test Equipment,BITE)。所以,如果装备安装有 BITE,就可以对受损装备进行全面的自我诊断,以确定哪些系统还能够正常工作,哪些部件受到了损伤。需要注意的是,装备自检操作不当可能导致人员伤害或者装备受损,只有有资质的人员才能够进行相关操作。

3. 使用检查

通过对武器装备进行自检,虽然可以确定哪些部件还能够正常使用,但是并不代表系统功能是完好的。例如,通过对装甲车辆进行检测,虽然可以确定炮塔能够正常运转,但是由于炮塔内部或外部损伤导致旋转受阻,而不能进行 360° 旋转;通信系统可以使用,但是频段受限;转向系统能够工作,但是装备不能急转弯等。为此,通过外观检查和装备自检,不能或不足以确定装备损伤状态和程度时,需要对能够正常使用的系统做进一步的使用或功能检查,判断装备是否具备完成当前任务所必需的功能。需要指出的是,这种检查是针对损伤项目进行的定性、简便的使用操作。

4. 性能测试

对于某些复杂高新技术装备而言,需要借助一定的检测设备和工具,对其性能参数进行测试,以判断其是否具有完成作战任务所必要的能力。例如,由于弹片的打击作用,造成火炮身管压坑,并发生膛内凸起,需要进一步检测是否影响到弹丸顺利通过,为此,可以采用直度径规对火炮身管内径进行测量。

(二) 损伤树分析

在战场上对受损装备实施战损评估时,由于情况紧急、时间紧迫、环境恶劣,单纯依靠评估人员有限的经验判明装备损伤部位和程度有时是十分困难的。为此,借鉴可靠性理论中的故障树分析方法,建立了损伤树分析方法,用于辅助战损评估人员实施损伤评估。

1. 基本概念

损伤树分析(Damage Tree Analysis,DTA)是指对造成装备发生战场损伤的各种因素进行分析,画出逻辑框图,从而确定装备的各种损伤事件及其逻辑关系。

损伤树分析把系统级的某一损伤事件作为分析出发点,根据损伤现象分析判断导致这一损伤事件发生的所有直接原因,然后再针对下一级的每一损伤事件的所有直接原因进行分析,这样一直分析下去,直到那些损伤机理为已知、无需再深究的,并能够直接进行修复的原因为止。

损伤树与故障树的结构基本相同,损伤树分析借用了故障树分析的建树方法,两者建树的过程和原理基本相同,都是自上而下、由果到因的分析方法。两者的主要区别如下。

1) 分析目的不同

损伤树分析的目的是找到造成装备损伤的各种损伤事件及相互联系,以分析造成系统损伤的根本原因,为判明装备损伤部位提供支持;而故障树分析的目的是通过对系统不希望发生的故障事件分析,找出系统的薄弱环节,以分析采取相应的纠正措施,用来提高系统的可靠性和安全性。

2）分析内容不同

损伤树分析的内容是造成装备发生战场损伤的全部事件,包括战斗损伤和非战斗损伤;而故障树分析的内容主要是造成装备不希望发生的故障的全部因素。

总之,损伤树分析与故障树分析的方法基本一致,但损伤树分析的范围更广,不仅对平时的故障进行分析,而且还对装备的非战斗损伤进行分析。

2. 损伤树的建立

损伤树主要由事件、逻辑门和连接线组成,如图5-2所示。

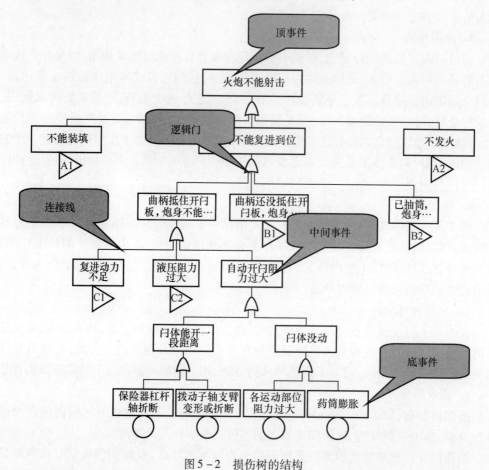

图5-2 损伤树的结构

1）事件

用来描述造成装备在战场上发生损伤的各种因素,按其在损伤树中的位置层次划分为3类。

（1）顶事件。顶事件是故障树分析的起始事件,一般情况下将装备发生战场损伤对其造成的最终影响作为顶事件,可以由 FMEA 和 DMEA 得出。

（2）底事件。其也称基本事件,是指造成装备发生损伤的根本原因,即可以进行修理的层次。从理论上讲,底事件应是 FMEA 结果中最底层基本功能项目的故障原因,以及 DMEA 结果中的损坏模式。

（3）中间事件。中间事件是指位于顶事件与底事件之间的中间层次事件。

事件的绘制方法如图5-3所示。事件用矩形框表示,矩形框内标注事件名称,事件名称应简洁;画底事件时在矩形框下加一圆圈,表示此路分支分析结束。

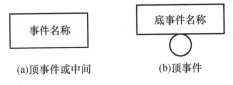

(a)顶事件或中间　　　(b)顶事件

图5-3　事件的绘制方法

当损伤树在一个页面绘制不下时,可以将损伤树分成多个页面进行绘制,这种情况下就涉及损伤树的转接。其方法是:在转出事件下面加注三角符号,并在三角符号内标注编号;在另一页纸上接着绘制损伤树时,将上页纸上转出的事件作为转入事件,并在事件前用三角符号及相同编号标注。例如,图5-2所示的"不发火"损伤事件,绘制其损伤树的转接如图5-4所示。

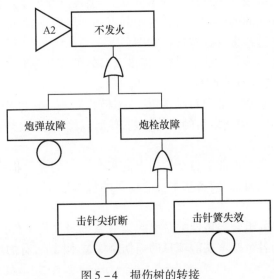

图5-4　损伤树的转接

2)逻辑门

用来描述各事件之间的逻辑关系,常用的逻辑门包括与门、或门、表决门等,其作用与故障树中逻辑门的作用和画法相似。

(1)与门。表示所有下层事件同时发生,上层事件才会发生,用拱门形表示,如图5-5(a)所示。

(2)或门。表示下层事件只要有一个事件发生,上层事件就会发生,用新月形表示,如图5-5(b)所示。

(3)表决门。表示超过某一数量的下层事件发生,上层事件才会发生。在或门的基础上加数字 m,如图5-5(c)所示,表示超过 m 个下层事件发生,其上层事件才发生。

除了上述3种常见的逻辑门以外,还有禁门、异或门等其他门,与故障树中的含义和绘制方法大致相同。

3)连接线

连接事件与逻辑门,形成逻辑框图。

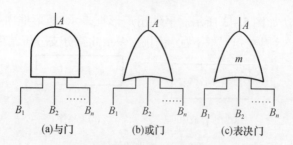

图 5 – 5   逻辑门的绘制方法

3. 损伤树分析的基本原则

一棵完整的损伤树可以把造成装备系统某种损伤的所有损伤事件及其之间的逻辑关系表示出来,由此可以分析造成系统损伤的各种途径,为分析判断装备损伤部位和程度提供支持。结合武器装备的特点,进行损伤树分析应遵循的基本原则主要如下。

(1)通常把系统级损伤事件作为顶事件,把不能再分解的基本损伤原因作为底事件,介于顶事件和底事件之间的一切事件作为中间事件。然后,用相应的符号代表这些事件,再用恰当的逻辑门把这些事件连接成树状图。

(2)建立损伤树应该自上而下进行,逐步以具体的直接事件代替比较抽象的间接事件,建树时不能将门与门直接相连。

(3)在构建装备基本功能项目结构树、故障模式影响分析和损坏模式影响分析的基础上,确定装备发生战场损伤以后的最终影响,然后以每个最终影响为损伤树的顶事件建立相应的装备损伤树。

(4)如果把装备基本功能项目结构树上的每个项目的每个损伤事件作为顶事件,可以建立一棵或几棵损伤树,即装备基本功能项目的每个层次上的每个项目都对应有自己的一棵或几棵损伤树。

(5)从损伤事件的组合与传递关系引起某一系统级损伤事件的原理出发,每棵系统级损伤树上所包含的各个基本功能项目的损伤事件是不同的,有的可能出现多个,有的可能根本不会出现。

(三)损伤定位分析

在用损伤树进行损伤定位过程中,当造成上层事件的下层原因不只一个时,需要确定下层原因分支。虽然损伤树全方位地反映了各个损伤事件的组合及传递关系,但是借助损伤树对装备的损伤进行分析判断,还要结合一定的检查、检测和分析判断方法与手段,以确定造成损伤事件发生的确切原因(底事件)。损伤定位分析就是在这种背景下提出的,主要是通过检查、检测、判断等手段确定引起损伤事件的原因的过程。

1. 基本概念

损伤定位分析(Damage Location Analysis,DLA)是指针对某一具体损伤事件,自上而下进行检查分析、查找判断损伤原因的过程就称为损伤定位分析。

进行损伤定位分析的主要任务是绘制损伤定位流程图,损伤定位流程图是在故障模式影响分析、损坏模式影响分析和损伤树分析的基础上,采用流程框图的形式对战场上的各种损伤事件进行检查检测、定位分析的方法。

2. 损伤定位流程图的建立

损伤定位流程图是进行损伤定位分析的主要方式和手段。图 5 – 2 所示的损伤事件

"自动开闩阻力过大"情况下的"闩体能开一段距离",主要有"保险器杠杆轴折断"和"拨动子轴支臂变形或折断"两个损伤原因,为辅助进行损伤分析和判断,绘制损伤定位流程图如图5-6所示。

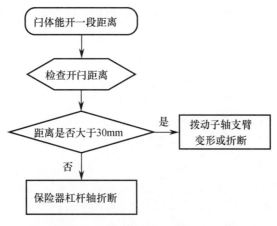

图5-6 损伤定位流程图的结构

由图5-6可以看出,损伤定位流程图主要由节点和连接组成,其含义和绘制方法如下。

1)节点

节点主要包括4种类型,分别是开始事件(对应损伤树中的上层事件)、检查检测节点、判断节点和判定结果(对应损伤树中的下层事件)。

开始事件:用圆角矩形框表示,框内标注节点名称;节点名称为故障树中的上层事件名称;与开始事件相连接的一般为检查检测节点。

检查检测节点:用六边形表示,框内标注节点名称;节点名称一般为检查检测的方法(如前面提到的4种常用检查检测方法)、部位、采用的辅助手段等;检查检测节点下面一般连接判断节点。

判断节点:用菱形框表示,框内标注节点名称;节点名称采用简洁的判断语句,并给出判断的标准和指标;判断节点下面可以连接检查检测节点、判断节点和判定结果。

判断结果:用矩形框表示,框内标注节点名称;节点名称采用故障树中的下层事件名称,或者其他自定义的中间事件;当为故障树的下层事件时,后面不应再连接其他事件。

2)连接

连接用来连接流程图中的各个节点,表示流程图的定位流向,主要有一般连接、肯定连接和否定连接3种方式,其中,判断节点后面加肯定连接和否定连接。

一般连接:直接用直线箭头表示。

肯定连接:在一般连接上加注"是"或"Y"。

否定连接:在一般连接上加注"否"或"N"。

3. 损伤定位分析的基本原则

建立损伤定位流程图时应遵循以下原则。

1)对应损伤树原则

损伤定位分析的实质是对损伤树从上层事件到下层事件的分析判断过程。因此,进行损伤定位分析时,绘制的每一个流程图都对应于损伤树的一个分支,在同一损伤定位流程图上不能出现损伤树上多个层次的下层事件。

2）有始有终原则

在绘制损伤定位流程图的过程中,往往是从损伤树的某一上层事件为开始事件,通过一系列的检查检测、分析判断等节点,最终要以对应上层事件的所有下层事件为判断结果,防止有漏项和多余事件的情况发生。

3）有先有后原则

对下层事件判定的先后顺序应符合快速、准确、简便的原则。一般情况下,先判定容易判断的、损伤概率大的、对装备影响大的事件;而后判定复杂、不易确定的、损伤概率小的、对装备影响小的损伤事件。从而确保以最快的速度、最简单的方法使各下层事件逐一被确定。

4）分支明确原则

当损伤树有多个下层事件时,绘制过程中不能出现转向不明、无法判定下层事件等情况的发生。

5）节点唯一原则

在损伤定位流程图中,各节点应该都是唯一的,即一个节点在损伤定位流程图中不能有两次或两次以上的情况出现。

三、装备应急修复评估与决策

当通过一定的检查检测和分析判断方法确定装备的损伤部位以后,需要根据装备的损伤情况和功能丧失程度,对装备做出科学的应急修复决策,研究确定损伤装备的修复方案。装备应急修复评估与决策的基本流程如图 5-7 所示。

图 5-7 给出了装备应急修复评估与决策的基本流程,是在图 5-1 所示装备战场损伤评估一般程序的基础上,在初步确认损伤装备能够进行修复的情况下,对损伤装备进行的修复分析决断。首先,根据一定的决断准则,针对装备的每一损伤部件所适用的修复方法进行分析决断;在此基础上,预计修复装备损伤部位所需的各种资源,对应急修复方法的有效性进行分析决断,并选择恰当的常规修复或者应急修复方法;最后,汇总损伤部件应急修复分析决断结果,确定损伤修复的先后顺序,并生成损伤装备的修复方案。

1. 修复方法的适用性分析准则

进行修复方法适用性分析的主要依据是战损修复风险。在确定装备功能丧失程度的基础上,对实施装备损伤修复的风险进行全面评估,并给出战损修复的风险等级。

（1）高风险。损伤修复方法会导致装备的二次损伤,乃至人员的受伤。例如,使用额定电流较高的保险丝或熔断器修复损伤部件,可能会导致电路过载,进而引发火灾事故的发生。

（2）中等风险。损伤修复方法会导致装备的二次损伤。例如,如果发动机冷却液过少,会导致发动机过热,进而导致发动机拉缸甚至更为严重的后果。

（3）低风险。损伤修复方法会使装备受到轻微损伤,但绝对不会危及人员安全。例如,使用额定电流较低的保险丝或熔断器修复损伤部件,可能会导致装备系统频繁停机。

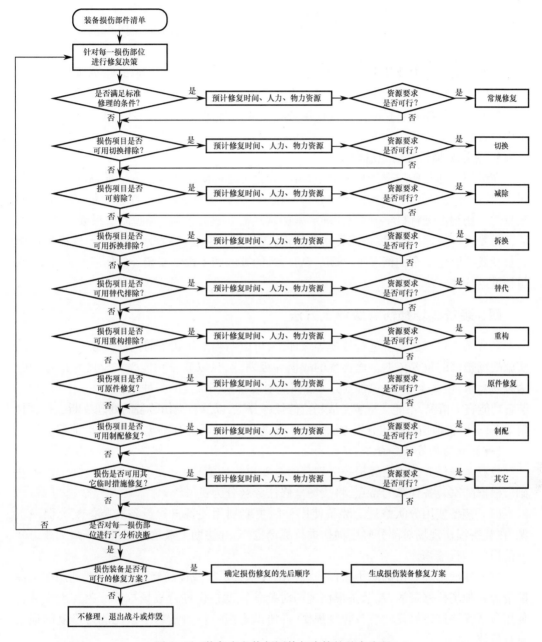

图 5-7　装备应急修复评估与决策的基本流程

根据战损修复风险评估的结果,并依据战场环境的紧迫程度,给出战场损伤修复方法的适用性分析结果。

2. 修复方法的有效性分析准则

修复方法的选择不但应考察其可能性,而且要评估其对时间、人力、物力等资源的要求。为此,在损伤部件修复方法适用性分析的基础上,应预计所需的时间、人力、物力等资源需求,判断抢修工作的可行性,并做出科学决策。判断修复方法可行性的准则主要包括以下几点。

（1）抢修时间在允许范围内。应根据装备的配备、使用特点和作战任务等情况确定战场抢修允许时间。例如，陆军装备一般可按级分为：连 2h，营 6h，旅团 24h，师 36h（防御时）。

（2）所需的人力及技术要求应当是战场条件下所能达到的。例如，陆军地面装备、船艇通常应当是使用分队和维修组所能提供的人力及技术水平。

（3）所需的物资器材应是装备使用现场所能获得的，或者至少是在抢修时间允许范围内可获得的。

3. 确定战损修复的先后顺序

在组织实施装备战损修复活动中，需要综合考虑部队的作战任务要求，敌我双方力量对比，战场环境和天候，战场抢修的允许时限，以及保障力量（包括社会力量）等因素，对装备的损伤程度进行科学分类，并确定哪些装备需要进行修复，哪些需要报废处理；哪些装备需要现场修理，哪些装备需要后送修理；先修哪些装备，后修哪些装备。进而在确保人员和武器装备安全的情况下，采取一切可行的方法和手段恢复装备的作战能力，以使其尽快重返战斗。

四、装备战场损伤等级评定方法

在战场上对损伤装备进行战损等级评定，可以明确损伤装备的抢修任务分工，是组织实施战场抢修的重要依据。而传统的战损等级划分，只以装备功能丧失程度为依据划分为轻、中、重、废 4 个等级，该种划分方法只是对装备损伤程度的一种定性描述，主要反映了装备功能丧失情况，不能支持装备战场抢修任务分工，以及对损伤装备的处理决断。在这种情况下，对装备损伤等级的分级方法进行了改进，并给出了战损等级的分析决断流程。

（一）战场抢修任务分工

战场抢修任务分工是战损等级划分的重要决定因素之一，是开展战场抢修工作的基础。根据陆军装备保障的特点，将战场抢修任务区分为：

（1）装备使用分队修理。装备使用分队主要利用装备自检设备和装备配套保障资源，在装备损伤现场对部分轻度损伤进行战场抢修，并协助上级抢修力量对本级无能力修复的损伤进行抢修。

（2）伴随修理。由部队维修保障机构的技术人员组成伴随修理组。主要利用配套保障资源和战场抢修资源，在装备损伤现场对装备轻度损伤进行战场抢修。主要承担装备使用分队无法进行修复的装备轻度损伤，并协助上级抢修力量对本级无能力修复的损伤进行抢修。

（3）支援修理。分为前方野战修理所支援修理力量和后方基地支援修理力量，分别利用各自配套保障资源和战场抢修资源，在装备损伤现场对下级无法完成的损伤装备进行战场抢修，对下级抢修力量进行支援修理。

（4）前方野战抢修所。由战区、集团军维修保障机构的技术人员组成，主要利用配套保障资源和战场抢修资源，在无法进行支援抢修或在装备损伤现场无法展开修理的情况下，后送到前方抢修所进行抢修。

（5）后方修理基地。由兵工企业、大修厂、保障大队等维修保障机构的技术人员与装备维修专家组成，主要利用配套保障资源和战场抢修资源，在后方修理基地对损伤严重、高新装备,且前方修理所无能力修复的装备进行战场抢修。

（二）战损等级评定影响因素

战损等级评定除了考虑战场抢修任务分工外,还要充分分析其他各种因素对战损等级评定的影响。因此,从便于战场抢修组织实施的角度,除了战场抢修任务分工的因素外,影响战损等级评定的其他因素主要包括以下5点。

1. 装备功能丧失程度

如前所述,一种装备有多种功能,其中,有一些是完成战斗任务必不可少的,而另一些并不是必不可少的,前者就称为基本功能。在紧迫的战场条件下,战场抢修的目标并不一定要恢复装备的全部功能,一般只要求恢复其基本功能,使装备能够顺利返回战斗,甚至能自救即可。对于非基本功能项目损伤,可以在战斗间隙或战后再进行修理。

2. 修复的经济性

严格地讲,所有损伤装备都是可以修复的,只是修复损伤装备所耗费的时间、费用有所不同。如果修复损伤装备所耗费的资源(人、设备、器材、时间等)太多,超过装备生产费用,那么从经济上考虑,该损伤装备也就无修复的必要了。尤其是在紧迫的战场环境和资源有限的情况下,更应把有限的资源用于易于修复、所需资源较少的损伤装备上。而对那些无修复价值的损伤装备做报废处理,并作为修复其他损伤装备的器材来源。

3. 维修保障资源配置情况

根据担负的抢修任务不同,各抢修分队或组织往往携带不同种类、数量的抢修设备和器材。例如,装备使用分队主要配备装备配套保障资源,而伴随修理力量则配备易于携带的抢修设备和器材。明确了修复损伤装备所需的抢修资源也就初步明确了抢修任务分工。而根据器材、设备是否便于携带,以及在装备损伤现场是否易于开展抢修工作,又可以判断进行现场修复还是后送修复。

4. 战场环境的紧迫程度

战场环境复杂多变,对损伤装备做处理决断要依据一定的作战环境和战场紧迫程度进行。如果战场条件允许,可以考虑对损伤装备做常规修理,恢复损伤装备的所有功能。如果战场抢修在紧迫的战场环境下进行,就要考虑损伤装备能否继续使用,其使用限制是什么,从而可以对某些损伤装备在一定的限制条件下应急使用。

5. 修复损伤装备所需时间

与平时维修相比,战场抢修最突出的特点就是时间的紧迫性。应该根据装备配备、使用特点和作战任务等情况确定战场抢修允许时间。它要求修复损伤装备必须在一定的时间限度内完成。

（三）战损等级划分方法

根据战场抢修任务分工情况,结合各抢修力量抢修能力,以及修复损伤装备的抢修时限,将战损等级划分为使用分队可修复的一级轻损、伴随修理力量修复的二级轻损、支援修理可修复的中损、前方野战抢修所修复的一级重损、后方修理基地修复的二级重损和无修复价值的报废,共四等六级,如表5-5所列。

（四）战损等级评定流程

根据装备战损等级评定的影响因素和战损等级划分方法,建立战损等级评定流程,如图5-8所示,包括部件级损伤等级评定和装备级损伤等级评定两个步骤。

表 5-5 战损等级划分方法

损伤等级			任务分工	修理地域	所需设备工具
一线修复	轻损	一级轻损	装备使用分队可修复的损伤	阵地现场	随装设备工具
		二级轻损	伴随修理力量可修复的损伤	阵地现场	便携修理设备工具
	中损		支援修理可修复的损伤	阵地现场	专业修理工程车
后送修复	重损	一级重损	前方野战抢修所可修复的损伤	野战抢修所	专业工程车组及野战设施设备
		二级重损	需送后方基地修复的损伤	后方修理基地	大修工装
无修复价值	报废		损伤严重,且无修复价值的损伤,用于拆件利用		

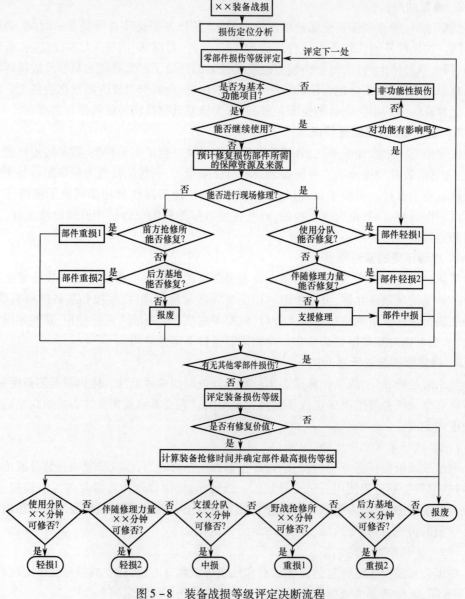

图 5-8 装备战损等级评定决断流程

1. 部件级损伤等级评定

各抢修分队携带的抢修设备、器材的种类和数量,基本反映了各抢修力量所具有的抢修能力。所以,可以根据修复装备的受损基本功能项目所需的抢修资源及其来源,对装备的每处损伤部件分别进行评定,判断各受损部件由哪一级抢修力量进行抢修,即确定损伤部件的损伤等级。通过部件级损伤等级评定,确定了对装备损伤部件抢修任务分工,为进一步评定装备的损伤等级提供了依据。

2. 装备级损伤等级评定

当评定完损伤装备的所有受损部件后,综合考虑部件级损伤等级评定结果,根据修复损伤装备所需的资源,判断损伤装备有无修复价值。如果损伤装备存在修复价值,根据评定项目的最高损伤等级,结合修复损伤装备所需时间和战场抢修时限,评定装备的损伤等级。由此,最终确定了对损伤装备的处理决断,即明确了对评定的损伤装备是否进行修复、进行常规修复还是应急修复、进行后送修理还是现场修理以及修复后的状态等。

（五）实例分析

从某战损试验的装备损伤数据中,抽取两组装备损伤数据,对损伤装备进行等级评定。按照图 5 - 8 所示的战损等级评定流程图,首先判断哪些部件损伤造成了装备基本功能的丧失或降低,即判断装备的受损基本功能项目,结果如表 5 - 6 所列。

表 5 - 6 装备损伤数据表

装备名称	序号	损伤情况		是否影响装备基本功能
		损伤部位	损伤状态描述	
66 式 152mm 加农榴弹炮	1	身管	7 处压坑,分别距炮口制退器后端处 450mm、1400mm、305mm、230mm、220mm、185mm、150mm,压坑深度浅,未对装备基本功能造成任何影响	否
	2	身管	距炮口制退器后端处 750mm,膛内有凸起	是
	3	身管	距炮口制退器后端处 1310mm,膛内有凸起	是
	4	摇架油杯盖	贯穿孔 1 处,压坑 7 处	否
	5	复进机	轴螺栓打掉,贯穿孔 1 处,已漏气漏液	是
	6	液量调节器	贯穿孔 1 处	是
	7	左防盾	贯穿孔、压坑各 1 处	否
	8	反后坐覆盖	贯穿孔 1 处	否
	9	开门支臂	压坑 1 处,压坑尺寸长 × 宽 × 深度的值为 43mm × 20mm × 4mm	否
59 - 1 式 130mm 加农炮	1	摇架	左平衡机耳轴上方 2 处穿孔	否
	2	高低机蜗杆箱体	前端压坑 1 处	否
	3	左车轮带	轮带表面两处划伤,轮带内侧一处划伤	否
	4	摇架	2 处压坑,分别距前端面 310mm、560mm	否
	5	右手制动装置	齿弧断裂、变形	是
	6	反后座装置护板	1 处压坑,距前端 150mm	否

按照战损等级评定流程中的部件级损伤等级评定方法,进行部件损伤等级评定。最后,根据装备战场抢修的允许时限,以及部件级损伤等级评定结果评定装备的损伤等级,评定结果如表5-7所列。

表5-7 装备损伤等级评定结果表

装备名称	序号	抢修所需资源	抢修资源来源	部件损伤等级	装备抢修时间/h	是否有修复价值	装备损伤等级
66式152mm加农榴弹炮	1	—	—	非功能性损伤	3	是	重2
	2	身管、吊车和相应的团用工具	后方修理基地	重2			
	3						
	4	—	—	非功能性损伤			
	5	复进机和相应的团用工具	后方修理基地	重2			
	6	液量调节器	伴随修理力量	轻2			
	7	—	—	非功能性损伤			
	8	—	—	非功能性损伤			
	9	—	—	非功能性损伤			
59-1式130mm加农炮	1	—	—	非功能性损伤	0.5	是	轻2
	2	—	—	非功能性损伤			
	3	—	—	非功能性损伤			
	4	—	—	非功能性损伤			
	5	电焊机	伴随修理力量	轻2			
	6	—	—	非功能性损伤			

第三节 战场损伤评估智能化

一、人工智能技术

实现战场损伤评估智能化的目的是提高损伤评估的科学性和合理性,并确保损伤评估快速有序地进行。

人工智能(Artificial Intelligence,AI)学科诞生于1956年,20世纪70年代前后在许多方面取得了较大进展。自20世纪80年代以来,人工智能研究在理论和应用上也取得了许多成果,如自动推理、认知建模、机器学习、神经网络、自然语言处理、专家系统、智能机器人等。人工智能的发展为战场损伤评估智能化提供了技术手段。

1. 知识表示技术

在人工智能技术中,知识表示是进行知识处理时最基本的一个问题。从装备专家那里获得的知识必须表示成某种特定的模式才能记录下来,采用何种知识表示形式把知识在知识库中真实而系统地表示出来对知识的处理至关重要。知识的表示方法目前已有多种形式,不同的知识表达方式各有其特点,同时也存在不足的一面。

结合某一领域问题进行知识表示时,采用何种表示方法和组织形式与领域问题的知识结构和利用方式有关,如若领域知识都是具有因果关系的,则可以采用产生式表示法;若领域知识具有较强的结构关系,则采用框架表示法或语义网络表示方法等。此外,还应把知识表示模式与推理模型结合起来作统筹考虑,使两者能够密切配合,高效地对领域问题进行求解。

2. 推理技术

在人工智能技术中,可以应用的技术有逻辑程序、基于规则的推理(Rule Based Reasoning,RBR)、神经网络、遗传算法、模糊逻辑等。基于案例的推理(Case Based Reasoning,CBR)起源于 Schank 在 1982 年的论著《Dynamic Memory》,其解决问题的思路是通过研究、修改以往类似问题的成功解决方案来解决当前问题,即系统解决问题时把待求问题与系统中已存在的案例进行类比分析,找出与待求问题最相似的案例,通过分析、修改相似案例中解决问题的方法和模型,从而得到解决当前问题的方案,或使决策者从案例中得到启发和灵感,从而建立起当前问题的解决思路。当前问题一旦解决,对问题的描述、解决方法及最后结果又可作为一个案例储存于 CBR 系统中,为下次解决问题服务。

二、基于案例的战场损伤评估推理

1. CBR 技术简介

CBR 技术是一种根据以往的经验来解决新问题的方法。它将以前解决问题的方案以案例的形式存放在案例库中,当碰到新问题时,就从案例库中查找以前解决类似问题的方案,并应用它来解决新问题。应用 CBR 进行基于案例的评估研究具有案例库易于建立、推理过程简洁、评估效率高、人机交互简单的优点。

在实际评估过程中,CBR 推理过程实际上包括 4 个步骤,即信息获取过程、问题描述过程、案例推理过程及案例学习过程。

(1)信息获取过程。评估人员通过外观检查、使用检查、性能测试等手段获取装备损伤信息,包括损伤模式、损伤现象、损伤状态、损伤影响等。

(2)问题描述过程。评估人员根据系统提出的问题,结合所获取的损伤信息做出回答,此过程为评估人员与系统进行交互并生成问题案例的过程。

(3)案例推理过程。根据已制定的索引及检索策略,检索出与问题案例相近的案例集,进行相似度计算,而后选择相似度值最大且达到阈值的案例,进行调整、分析与评价,给出问题案例的解决方案。

(4)案例学习过程。随着新的案例不断增加,如果不采取适当的措施,则会使案例库变得十分庞大,其推理效率也会受到影响。为了将案例库控制在一定规模内,必须对加入到案例库中的案例进行学习。

2. 案例的表示

案例表示实质上是案例的形式化,即设计一个数据结构存储案例中的信息,所以案例的表示直接影响到检索的效率。进行损伤评估案例表示时,必须找到一种切实可行、能表达各类信息、反映事物的本质特征案例管理和维护简单、搜索效率可以接受的案例表示方法。

案例表示有多种方法,如框架、面向对象、语义网络、属性—属性值、文本等。究竟采用何种方法来表示损伤评估案例需要根据评估案例的内容特点和评估特点来确定。表5-8所列为某火炮中"炮身不能复进到位"评估案例的文本描述。

表5-8　某火炮中"炮身不能复进到位"评估案例的文本描述

某火炮发射后,炮身在复进过程中,曲柄被开门板抵住,炮身不能继续复进,此时闩体已下移一段距离,但不能开门,造成火炮不能发射。
处理过程:①撬开门板,解脱对曲柄的阻挡,使炮身能够复进。复进迅速,反后坐装置无故障。②实施人工开闩,闩体可下移一段距离,但仍不能继续开闩,说明损伤在炮闩部分。③取下击针盖,取出击针簧、击针,并将拨动子拨向后方。④实施人工开闩,这时仍像上次一样,闩体不能继续下移,则拨动装置正常。
结论:保险器杠杆折断。
处理:修复。实施强行开闩,将杠杆轴弹出部分切断,顺利开闩抽筒,然后按更换保险器杠杆轴的标准程序更换,抢修时间为10min。

所有损伤评估案例都具有以下特点:一是每一损伤事件会通过不同的损伤信息来反映它引起的后果;二是通过这些损伤信息可以确定造成装备损伤的根本原因;三是根据损伤原因确定相应的处理方案。即损伤信息、损伤原因、处理方案等是一个评估过程的主要内容,损伤信息(DI)是可以用来辅助确定损伤原因的所有信息的统称。获取的损伤信息可能是多层次的,各种不同的损伤信息从各个角度和深度反映了损伤事件对装备造成的影响,为确定当前损伤的根本原因提供了依据。这些信息包括损伤模式(DM)、损伤现象(DP)、损伤状态(DS)和损伤影响(DE)等。

评估人员进行损伤评估时,首先要利用各种可以得到的损伤信息来判断损伤原因。在已有损伤评估实例中,用来判断损伤原因的损伤信息一般就是损伤现象、损伤模式、损伤状态和损伤影响的集合。因此,为有效利用战场损伤评估案例知识,确定损伤评估案例的表示方法时,关键是依据以上定义从案例的所有信息中提取损伤信息、损伤原因、处理方案等关键内容,其他内容则可以舍弃。即损伤信息、损伤原因、处理方案是构成所有损伤分析案例的主体内容,它们是损伤案例具有的属性特征。

确定了损伤评估案例的内容之后,提取每个损伤评估案例中的损伤信息、损伤原因、处理方案,把它们设置为案例的属性,就可以利用属性恰当地表示案例了,如图5-9所示。

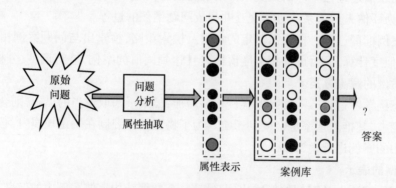

图5-9　损伤评估案例的属性—属性值表示

对于实际损伤评估案例进行属性抽取,重新组织其内容,进行规范表示。将以上案例重新进行属性抽取后,其属性—属性值表示如表5-9所列。

表 5 – 9　案例"保险器杠杆轴折断"属性—属性值表示

名称	保险器杠杆轴折断	
描述	炮身不能复进到位	
解决方案	更换保险器杠杆轴	
损 伤 信 息		值
炮身不能复进到位		是
撬开开闩板,后座部分顺利复进		是
人工开闩,能顺利开一段,并听到金属撞击声		是
取下击针盖、击针簧、击针,将拨动子拨向后方,仍不能顺利开闩		是

利用损伤评估案例来表示损伤评估知识,并用属性来表示损伤评估案例有以下优点:在损伤评估领域问题中,具体解决某些问题时对损伤现象、损伤模式、损伤状态、损伤影响等很难做出明确的划分。有时,某些损伤现象既为损伤模式,同时有可能又是损伤影响。在损伤评估案例中,只需提取案例属性并用其来表示损伤评估案例中的损伤信息,而不必对这些损伤信息进行明确的定义和划分,解决了上述难点问题。

3. 案例的组织

进一步分析可以发现损伤评估问题有以下特点:一是损伤评估对象是装备基本功能项目,装备发生的损伤事件必定与某个或几个基本功能项目相关;二是一个项目可能会发生多个损伤,每个损伤是由不同损伤原因造成的。因此,可以根据装备基本功能项目来对损伤评估案例进行分类,如有关炮身的损伤评估案例形成一个案例集合。根据这种方法对所有损伤评估案例进行分类组织,因此,在逻辑上每个案例使用层状组织。从上到下以层状来组织装备、子系统一直到部件级的损伤评估案例,最后可以形成一棵装备损伤评估案例树,其结构如图 5 – 10 所示。利用这种层状的树形结构对案例进行整理和归类,既反映了装备损伤的层次特征,也有利于案例的检索。

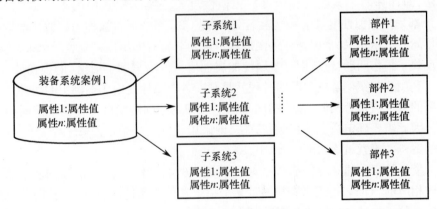

图 5 – 10　装备战场损伤评估案例组织

根据基本功能项目对损伤评估案例进行分类组织,不但可以建立损伤评估案例间的关联关系,为案例检索提供方便,而且它鲜明地反映了损伤评估问题的特点:某个项目可能发生多个损伤,每个损伤可能由不同的损伤原因引起,每个损伤原因需根据多个不同的损伤信息判断得出等。

在物理存储上,使用分块存储方法。建立装备级损伤案例库、装置机构(中间层的子系统)损伤评估案例库及部件损伤评估案例库,库与库之间建立一定的关联关系。

4. 案例的索引

在建立案例索引时,索引的选择有一定标准,首先索引的选择应反映案例组织中所处的位置,应包含反映案例组织中层次关系的分类信息,即首先按照装备结构的层次性建立索引;然后在同属一类的案例集中进行最近邻索引,即为案例的各个属性建立索引与权重。另外,需要根据对案例问题求解产生影响的案例特征建立索引。

上述索引为描述型索引。然而在对某层次上的损伤事件进行评估时,有可能需要援引其下一层案例,为此应根据案例间的某种关系建立关系型索引,形成案例链,从一个案例根据指针可以找到下一个案例。这两种索引的建立可以使案例检索从横向、纵向两个方向来进行,因此可以快速锁定所需的案例。

5. 案例的检索和匹配策略

目前,在 AI 中,案例的检索策略主要有最近相邻(Nearest neighbor)策略、归纳推理(Induction)策略、知识引导(Knowledge – guided induction)策略、模板检索(Template retrieval)策略等。

1)模板检索

事实上,案例库中只有部分案例可能与问题案例相关,如果在检索一开始就可以把目标锁定在与问题案例相关的案例集内,则可以大大提高推理速度。

在案例的组织和索引的基础上,利用案例的分类信息进行分类检索,确定案例所处的类别,即所处在哪一个结构层次上,然后根据所对应的基本功能项目,查找出与其相关的所有案例集合。

2)相似性度量

检索到一个相似案例集后,须确定出当前案例同案例集中哪一个最相似,这就要用到匹配算法,即计算两个案例的相似度。相似性度量是案例检索中的重要方法,大多数 CBR 系统都采用相似性度量法来检索案例,因此 CBR 系统通常被称为相似性搜索系统。

利用属性表示法,每个损伤评估案例都可以用其特有的属性集合表示出来,这些属性全面地反映了损伤问题特点,而这些属性的属性值是得出案例中结论(即损伤处理方法)的根据。利用这些案例解决问题的过程就是判断各个属性在问题案例中的属性值与案例库中案例的属性值是否相似(包括相同)的过程,即判断问题案例与存储案例间相似程度的过程。因此需要确定适合的相似度算法,即采用相似度匹配方法来进行检索。因此,战场损评估案例的检索策略如下。

(1)模板检索。建立装备基本功能项目结构树,将其作为索引树,根据基本功能项目名称生成相应的 SQL 表达式来查找满足某个指定参数或条件的所有案例,把下一步的搜索限定为案例库中某个相关的案例子集中。

(2)相似度计算。确定相似度算法,问题案例与所得案例子集中的每个案例进行相似度匹配计算,搜索最相近的案例。

三、基于损伤树的损伤评估推理

在战场损伤评估中,损伤树为损伤评估人员确定装备损伤原因提供了辅助工具。一是反映各损伤事件间的组合及因果关系,辅助损伤评估人员确定损伤原因;二是简化评估时的推理过程。无论发生什么损伤事件,根据此事件造成的最终影响可以迅速找到相应的系统损伤树及损伤事件对应的子树,明确推理方向,不必遍历所有损伤树;三是损伤树是损伤评估所依据的深层知识。它在提供各项目损伤评估知识的同时,也反映了它们之间的逻辑关系。

1. 不确定性推理

人类专家大部分决策中,都是在知识不确定的情况下做出的。战场损伤定位利用产生式规则推理,它属于不确定性推理(非精确推理),主要体现在以下几个方面:一是事实的不确定性,现场报告的损伤现象具有一定的主观判断因素;二是规则的不确定性,装备专家掌握的装备损伤处理规则大多是经验性的,不是精确的;三是推理的不确定性,由于事实和规则的不确定性,从而产生了结论的不确定性,它反映了不确定性的传播过程。

2. 推理策略

系统结构树和损伤树是描述装备结构组成和相互影响的深层知识和评估推理逻辑框架的综合系统模型。利用损伤树进行推理时,主要是利用损伤树所蕴含的损伤逻辑组合与传递关系等深层知识来进行。这些深层知识是基于装备结构和功能分析得到的,可以用规则来表示,但由于损伤树中的上下级事件一般不是一对一的关系(一个上级事件有多个下级事件,它们之间用逻辑门连接),因而这些规则一般不是一对一,而是一对多的逻辑因果关系。

推理通常由高层向低层进行,即首先由系统级开始,然后是部件级、功能模块级和元器件级。基于规则的推理过程为系统读取规则知识库、不断地调用推理机子函数及知识库规则找到匹配的客体,从而实现损伤推理。

以损伤树中的损伤事件(即报告的损伤现象)为节点,从规则库中搜索适用当前节点的定位规则集合,即与该损伤事件节点相关的所有规则构成一个规则集合对象。利用损伤树推理时,只索引调用与当前损伤相关的规则集合,通过用户对规则集合的回答或选择,定位出导致损伤事件发生可能性最大的下一层次故障原因。

对规则库中数据搜索的方法采用有限深度优先搜索策略,采用这种方法可以节省搜索工作量。基于规则的方法对于诊断结论除了重复采用的规则外,无法进行更深一步的解释,通常只诊断单个损伤,难以诊断多重损伤。

损伤树信息主要存放在数据库中,而推理策略、推理函数则存放在知识库中。产生式规则知识表示进行推理时,运行过程中边搜索边匹配,并向用户进行提问,索取必要的信息,并根据用户回答,与数据库已有损伤数据进行匹配。如果匹配成功,得到推理结果;如果匹配不成功,将进行回溯,并由一个分支向另一个分支转移。

损伤树的搜寻方法有两种:遍历式盲目搜索方式,这种方法简单直观,易于理解,缺点是计算量大;启发式搜索策略,它是基于任何子节点故障都会对上一级父节点产生影响,而且不同的子节点损伤对上一级父节点的影响不同,因此可以根据上一层父节点的损伤情况,以及相关的一些损伤征兆,直接搜寻下一级故障子节点,不必计算所有下级子节点的输入,该种方法故障搜寻效率大大提高。基于损伤树的搜索采取这种搜索策略。

3. 求解过程

对损伤树进行启发式动态搜索,推理方式采用正向推理,以装备系统结构层次模型和损伤树模型为框架,以损伤树的顶事件为起点,根据评估人员获得的损伤信息,自上而下,对损伤树进行启发式的、深度优先的动态搜索。此过程如图 5 - 11 和图 5 - 12 所示。

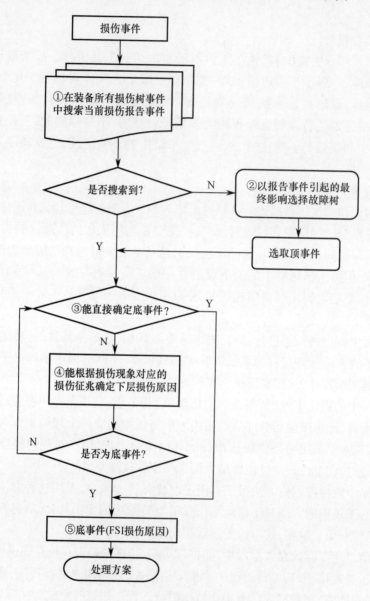

图 5 - 11   基于损伤树的逻辑推理过程

根据用户提供的损伤事件及系统的层次结构模型,确定其属于哪一层次的哪一个项目对象损伤,进而确定引入哪一棵损伤树作为推理的逻辑框架。而后对损伤树进行自上而下、深度优先的启发式遍历。推理过程中允许用户干涉、参与推理,即在进行搜索的过程中,评估人员可以根据自己的经验或损伤树对应的损伤定位流程中提供的方法来选择确定继续搜索的下级损伤事件节点,从而增强人机之间的交互性。

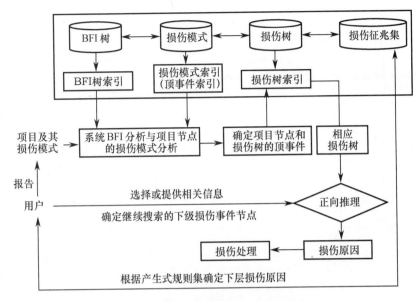

图 5 - 12　基于损伤树的推理流程图

第四节　战场损伤评估专家系统

在信息技术飞速发展的今天,计算机技术可以为战场损伤快速评估提供有力的技术支持。由于战场损伤评估的基本程序和过程具有相似性,典型零部件的常见损伤模式及其修复方法差别不大,为规范损伤评估过程,提高损伤评估系统的开发速度与效益,实现损伤模式与抢修方法的资源共享,有必要开发一套通用的、面向各类装备的战场损伤评估系统。

一、战场损伤评估系统的功能框架

通过研究战场损伤评估的需求及评估系统如何提供辅助决策,将整个战场损伤评估系统分为 3 个组成部分,即战损评估数据库系统、战损评估分析系统、战损评估实施系统,它们的组成及关系如图 5 - 13 所示。

战场损伤评估系统是一种计算机化的应用程序,它可以辅助装备专家在其基础上建立具体装备的损伤评估系统,后者可以辅助战场上的装备操作与维修人员实施评估,通过录入评估人员对装备损伤的描述,最终输出针对当前损伤的评估结果,并给出对该损伤的处理意见。这些功能的实现,来自于损伤分析及建立的具体装备损伤评估系统的结果。各子系统的主要功能如下。

(1) 战场损伤评估数据库系统。对战场损伤分析所需的数据和信息实施管理,包括数据库信息的收集、录入、编辑、修改、查询等。该系统为战场损伤分析系统提供信息与数据支持。

(2) 战场损伤分析系统。完成对战场上装备可能发生的损伤事件进行分析,所采用的方法有基本功能项目分析、损坏模式与影响分析、损伤树分析、损伤定位分析、修复方法与抢修资源分析等,以及重点、难点部位修复过程多媒体演示。该系统为建立具体装备的

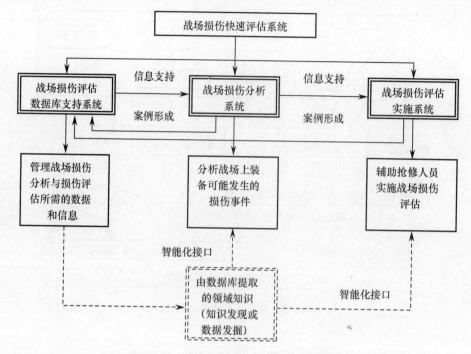

图 5 – 13　战场损伤评估系统的功能框架

战场损伤分析系统提供分析过程和分析工具,从而为形成具体装备的战场损伤评估实施系统提供数据准备,分析的结果可反馈给数据库,形成新的案例,为战场损伤评估实施系统提供信息与数据支持。

（3）战场损伤评估实施系统。该系统用于战场环境中辅助抢修人员实施战场损伤评估,功能包括损伤事件的录入与损伤事件清单的生成、损伤定位、损伤处理、使用决断和修复决断、损伤评估结果输出等。该系统用于实施战场损伤评估,其运行基于战场损伤分析的数据信息,评估结果也可反馈到案例库形成新的评估案例。

二、战场损伤评估数据库系统

准确的战场损伤评估需要大量的 BDAR 信息提供支持。因此,需要收集各类抢修对象的 BDAR 信息,根据对象层次的不同,可以将它们分为 4 类信息:即常见损伤模式及其修复方法,通用零部件、元器件战场损伤模式及抢修方法,常用机构与装置的战场损伤及抢修方法,典型装备部件、组件的战场损伤模式与修复方法。针对这 4 大类信息,建立基础数据库,其结构如图 5 – 14 所示。

三、战场损伤分析系统

战场损伤分析系统对战场上装备可能发生的损伤事件进行分析,系统组成与结构如图 5 – 15 所示。其基本分析过程为:首先应进行基本功能项目分析,建立由顶向下直至最低约定层次的基本功能项目树,形成损伤分析的对象;然后针对最低约定层次进行损坏模式影响分析,确定一切可能的战场损伤模式及其上一级影响和最终影响;而后进行损伤树分析,它是针对最终影响集合进行的,每一个最终影响对应一棵损伤树,再针对每一最终

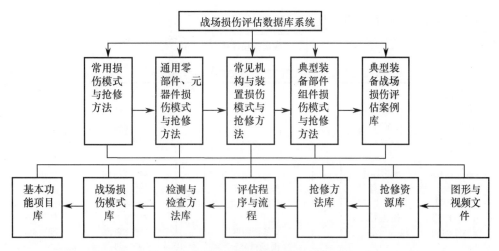

图 5 - 14　战场损伤评估数据库系统组成

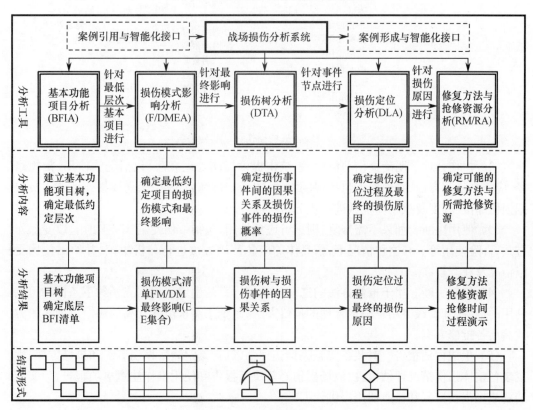

图 5 - 15　战场损伤分析系统

影响逐级向下分析所有可能的损伤原因;在装备损伤树分析的基础上还要进行损伤定位分析、损伤处理、修复方法分析与抢修资源分析。

四、战场损伤评估实施系统

战场损伤评估实施系统的主要任务是在确定损伤事件的情况下,进行以下决断。

(1) 损伤定位。以 BDAR 分析的结果为基础数据,提供流程辅助损伤评估人员确定损伤现象,并迅速查明损伤部位及其原因,如图5-16所示。

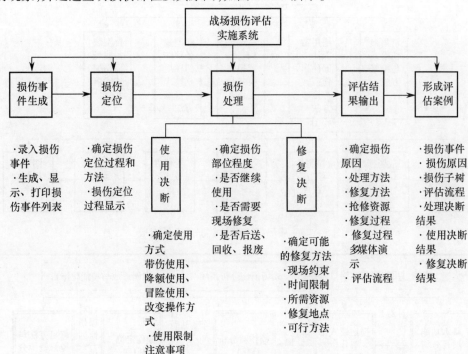

图5-16 装备战场损伤评估实施系统

（2）损伤处理。明确损伤部位后,系统将提供损伤处理方法,包括继续使用、常规修复、应急修复和弃修,修理地点包括现场修理、支援修理和后送处理,需要损伤评估人员根据损伤部位、程度及战场环境做进一步分析决断。

（3）使用决断。如果不需修复,则进行应急使用,包括带伤使用、降额使用、改变操作方式、冒险使用等。在这种情况下,依具体的应急使用方法进行分析决策,并给出使用受限情况及注意事项。

（4）修复决断。用于抢修方法的选取和抢修方案的生成。根据战场约束条件和可以利用的资源,辅助最终用户确定合理的抢修方法,系统按需求由低到高的顺序以列表的方式给出各抢修方案。

（5）生成评估报告。对装备实施完损伤评估以后,确定装备损伤等级和抢修方案,生成装备整体损伤情况评估报告、战场损伤修复决断报告和使用操作注意事项报告,为实施装备战场损伤修复和应急使用提供依据。

第六章　装备战场抢救与抢修方法

通过对受损装备实施战场损伤评估,明确装备的抢救抢修方法和对策以后,应该采取有效的方法和手段恢复装备的基本功能。本章主要阐述装备战场抢救与抢修的常用方法和技术,为实施装备战场抢救与损伤修复提供支撑。

第一节　装备战场抢救常用方法

装备在作战、行军和训练中,由于战伤、淤陷、翻车以及其他故障而失去战斗力和自行能力的情况统称为遇险。使遇险装备脱险或把损坏的装备运送到隐藏地、修理点或转运地的过程,统称为装备战场抢救。装备抢救分为自救、拖救和后送。

一、遇险装备自救

遇险装备自救是乘员利用车辆自身、随车器材和就便器材使车辆脱离遇险地的过程。抢救车利用本车绞盘牵引力脱险也称为自救。

1. 用圆木自救法

圆木自救是将 25 ~ 30cm 粗,长度超过车宽(通常为 3.5 ~ 4m)的坚硬圆木,用连接工具把它固定在履带上,以增大附着力的一种自救方法。图 6 - 1 所示是用自救绳圈和绳圈固定圆木的示意图。用这种方法固定圆木进行自救时,承受的牵引力较大,比较可靠,连续自救时,不必卸下绳圈。铁楔安装时,要把履带板凸齿内的泥土清除干净,才能将铁楔固定在凸齿孔内,因而费时较长。

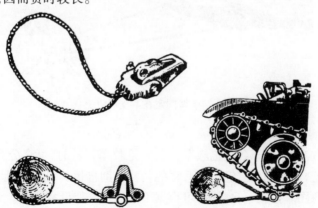

图 6 - 1　用自救绳圈固定圆木

2. 用牵引钢丝绳和连接环对托底遇险装备的自救方法

当装备被伐余桩、巨石、反坦克三角桩托底时,可利用装备牵引钢丝绳和连接环进行自救,如图6-2所示,利用伐余桩当固定点,将牵引钢丝绳放在伐余桩的装备驶出方向一边,用连接环分别将牵引钢丝绳两端固定在两边履带上进行倒车自救。这种方法适用于履带上有主动轮齿孔的装备,且连接、拆卸都较方便,承受牵引力也较大,是一种有效的自救方法。

图6-2　用牵引钢丝绳和连接环对托底坦克自救法

3. 用长钢丝绳和固定桩自救法

将长钢丝绳一端固定在固定桩上,另一端固定在自救装备上,利用装备本身牵引力使其离开遇险地,如图6-3所示。其特点是可以充分利用装备的发动机牵引力,一次不能驶离险地,可反复进行,直到驶出险地为止。

图6-3　钢丝绳固定在下支履带上自救

4. 抢救车的自救

装备的自救方法,适用于各型抢救车自救。抢救车自救时,可充分利用本车的优势,利用绞盘装置进行自救,利用驻锄自动升降的功能协助自救。图6-4是装备利用绞盘向前出绳的自救示意图。抢救车自救时,可根据不同的情况架设滑轮组。

5. 装备自救时的注意事项和操作要领

(1)自救前,全车乘员在指挥员(或车长)的领导下,对装备的险情、技术状况、周围地形、地物条件,进行周密的了解和研究,以确定驶出方法和较好的自救方法。

(2)自救前,必须明确分工,规定指挥信号,进行必要的土工作业,连接自救器材时要

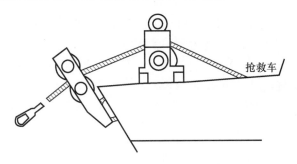

图6-4 抢救车利用绞盘自救(向前出绳)

正确、牢固、可靠。

(3)自救时,指挥者的指挥信号要明确及时、准确无误,并随时注意观察自救器材技术状况和位置,如有异常现象,及时指挥停车排除。当自救器材将要运动到接触主动轮(或诱导轮)前时,应立即指挥停车,以免损坏自救器材和装备部组件。

(4)自救时,驾驶员要精力集中,头脑清醒,按指挥员的指挥信号准确、及时地操作。做好随时停车的准备。起车时一般用操纵杆起车,加油要平稳。

(5)使用圆木自救时还应注意以下几点。

① 圆木突出履带两侧的长度尽量做到相等,以避免自救时将圆木拉斜。

② 在圆木与履带接触处,挖一个比圆木大一点的沟,以减少阻力和防止圆木因负荷不均而折断。

③ 起车前,将圆木与两侧履带贴紧。其方法是将两边操纵杆拉到最后位置,然后慢慢地松一边操纵杆,使圆木贴紧该侧履带,再把操纵杆拉到最后位置;以同样的方法,使另一端圆木贴紧另一侧履带。然后同时松两边操纵杆起车,以防止圆木被拉斜。

二、遇险装备拖救

使用抢救车以及抢救器材使遇险装备脱险的过程,称为拖救。淤陷阻力大于遇险装备发动机牵引力时,就应考虑实施拖救。

(一)作业场地的准备

(1)排除作业地区进出道路上的地雷,组织警戒和火力压制;确保场区内人员安全,减少不必要的伤亡,以便迅速一次拖救成功。

(2)对被拖装备进行必要修复作业,主要是修好传动、行动部分。被卡住的零件使其能自由转动,如无法现场修复则可用断开履带的方法以减小所需牵引力。

(3)进行必要的土工作业。根据具体情况修筑抢救车和被拖装备进出道路。修整坡顶、平整场地以减少拖救阻力。

(二)拖救作业

要求严密组织、合理分工、迅速安全、一次拖救成功。

1. 向作业场区开进和展开

(1)开进前,向全体作业人员下达任务,明确开进道路及安全措施,发扬军事民主,讨论实施方法。

(2)对作业人员进行严密组织,合理分工,通常可以编成以下几个组。

指挥组:设组长1人,任总指挥;组员若干人(含抢救车指挥员、安全组长和勤务组长)。其任务是负责现场指挥、技术指导和调动车辆。

安全组:设组长一人,组员若干。其任务是负责土工作业、搬运器材、连接和拆卸滑轮组、架设和拆除固定桩。

(3)组织开进。到现场后,再次结合现场给各组明确任务、作业程序和实施方法,人员按分组和任务迅速展开工作。

2. 架设滑轮组

(1)按预定方案,展开滑轮等所需器材,并用钢丝绳把被拖装备、抢救车和滑轮连接起来。注意钢丝绳尽量沿一个方向缠绕。

(2)抢救车预紧钢丝绳,安全组重点检查各连接处的可靠性,并逐个检查绳卡是否拧紧、连接环是否脱销、钢丝绳是否破股、作为固定桩的抢救车是否稳定等。经安全组检查确认没有问题以后方可实施拖救。

3. 实施拖救

(1)总指挥再次与各指挥员及抢救车驾驶员明确协同信号(要求信号简单、明显、便于识别),然后,无关人员迅速撤离场地。

总指挥:位于能观察到拖救场地全貌的地方。主要精力应集中在拖救中最容易出问题的部位。如坡度拖救中,应特别关注行动部分是否被卡住;被拖车辆将要出现分离角时;钢丝绳容易出槽处。

抢救车指挥员:根据总指挥的信号正确指挥抢救车驾驶员,要反应迅速、果断。如不便于与总指挥联系时,可在适当的位置设一人传递信号。

固定桩与被拖装备处各设一观察员,监视拖救中动滑轮、定滑轮及固定桩的情况,发现问题及时向总指挥报告,或发出紧急信号暂停拖救。

(2)正式牵引。绞盘牵引时,驾驶员应确认收绳还是放绳以后再开始操作。如果是行驶牵引,应根据信号平稳起车,匀速直线前进。尽量保持低速,禁止大角度转向,密切注视指挥信号,随时做好停车准备,停车后应拉紧操纵杆。

根据被拖装备损坏程度及当时具体情况,能就地修复的装备应迅速拖至附近隐蔽地区就地抢修,不能就地修复的,则根据上级指示迅速组织后送。技术状况完好的装备立即归队,抢救分队迅速转移。

(三)安全措施

(1)总指挥是抢救现场的最高指挥,所有人员都要服从命令听从指挥。

(2)组织严密,分工明确,责任清楚。

(3)拖救前应进一步明确指挥信号。

(4)正式拖救前,必须先预紧钢丝绳,经安全组检查、紧固后方可拖救。拖救中除必需的观察人员外,其他作业人员必须撤至安全地点。

(5)总指挥的指挥动作要果断,信号要明确,并且要有一定的预见性,适当提前发出信号。

(6)总指挥应是制定方案的主要负责人,拖救前对所有器材要逐一认真检查,务必做到心中有数。选定器材时,安全系数可适当取大一些。对拖救中容易出现的问题应有预见,并事先研究好预防及应急措施。

（7）拖救中如发现不正常现象和听到不正常响声时,应及时停车,查明原因并排除后再继续拖救。

（8）被拖装备拖到预定地点后,要先将装备制动住,然后再拆卸滑轮组。

三、装备的牵引和输送

损坏的装备,若不能就地修复,应及时根据上级指示,迅速组织后送,后送方法通常分为抢救车行驶牵引、输送车(汽车拖车)输送、铁路输送及水上输送。

（一）牵引

在后送距离不远的情况下,通常采用抢救车直接牵引后送。

1. 刚性牵引

刚性牵引装置的主体是可拆卸的人字牵引杆,其前端与抢救车中心牵引钩连接,后端通过牵引连接环与被拖装甲车辆的牵引钩连接。由于人字形牵引杆具有既能传递拉力,又能传递压力的作用,使两车成刚性连接,因而便于牵引转向和防止下坡时前后两车相撞。能充分发挥抢救车的动力性能,牵引行驶速度较高,特别适用于牵引失去操纵能力的装备。但在通过起伏地或急转向时,当前后两车在纵向垂直面内或在水平面上的相对偏转角度较大时,如不注意或操作不当,刚性牵引杆容易被驻锄或抢救车尾部两侧的棱角所碰弯,甚至严重损坏。

2. 柔性(钢丝绳)牵引

当没有刚性牵引装置或刚性牵引装置损坏、通过难行地段(如沼泽地、涉水等)而无法实施刚性牵引时,要使用柔性(钢丝绳)牵引。柔性牵引时的连接方法通常采用交叉连接,也可做三角连接、对角连接和平行连接。

（二）输送车(汽车拖车)或雪橇输送

当行动部分严重损坏不能牵引或后送距离较远不适合行驶牵引时,往往采用输送车(汽车拖车)或雪橇输送。

1. 输送车(汽车拖车)输送

输送车(汽车拖车)输送只限于坚硬路面或公路上。装车前拖车要切实制动好,被拖装备要和拖车对正。完好的装备从渡板上自行驶上拖车,在驶上拖车时应注意指挥,用低速挡,避免转向、停车和突然加速;有故障的装甲车辆可用输送车的绞盘装车,绞盘钢丝绳共两根,左右分别挂在被拖装备前牵引钩上,如图 6-5 所示。

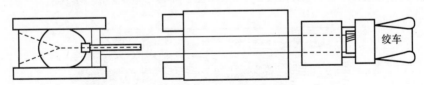

图 6-5　将有故障且可操纵的坦克装上输送车

2. 雪橇输送

当路面积雪冰冻时,可采用雪橇输送。将装备装到雪橇上通常有两种方法:一是吊起装备,把雪橇推至吊起的装备下;二是将雪橇放在事先挖好的带土坎的坑内,直接用抢救车将装备拖上雪橇,如图 6-6 所示。装车后将土坎掘去,并将装备固定牢靠。

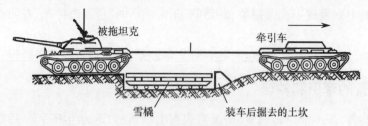

图6-6 往雪橇上安放坦克示意图

（三）铁路输送

1. 完好装备的装载方法

1）由顶端站台驶上平车

驾驶员按照指挥信号，首先对准方向，然后低速驶上平车，当第一负重轮压上方木（轴心垂线与方木内边沿重合）时，指挥停车，在后方定位处放妥方木后倒车，使前后两块方木紧贴履带。如一辆平车装载两辆装甲车辆时，第一辆装甲车辆压上前方方木后，暂不倒车。等第二辆装甲车辆装妥后，再指挥倒车，如图6-7所示。

图6-7 坦克由顶端站台驶上平车

2）由侧面站台驶上平车

利用侧面站台装载时，首先对准预先测定的角度、方向，在指挥员的指挥下，用低速逐次转向的方法开上平车，开始以30°角开上站台，当内侧第一负重轮接近站台前沿和第一、二、三负重轮压上平车后，各制动转向一次（每次约转15°），使装备逐次顺向平车，如方向稍有偏差，可在行进中略加修正。若装备外侧第一负重轮中心超出平车外边缘时，要立即指挥倒车，调正方向；否则，会掉下平车，甚至翻车，如图6-8所示。

图6-8 坦克由侧面站台驶上铁路平车

2. 故障（损伤）装备的装载方法

（1）利用抢救车或绞盘，将故障装备从顶端站台拖上平车，如图6-9、图6-10所示。

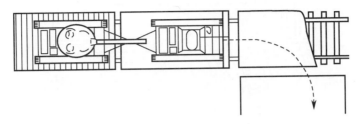

图 6 - 9 用抢救车从顶端装车

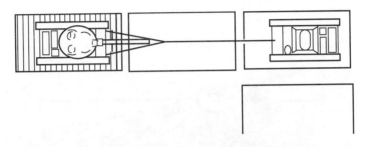

图 6 - 10 用抢救车绞盘装车

（2）利用火车机车将故障装备从顶端站台拖上平车，如图 6 - 11 所示。

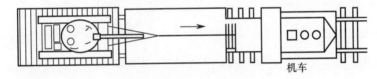

图 6 - 11 用机车装车

（3）利用滑轮组将故障装备从顶端站台拖至平车上，如图 6 - 12 所示。这种方法在牵引工具牵引力不足时使用，要注意被拖装备方向偏移。

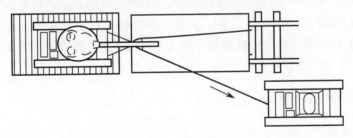

图 6 - 12 用滑轮组装车

（4）利用抢救车或绞盘将故障装备从侧面站台拖上平车，如图 6 - 13 所示。

（5）如将故障装备拖上平车后抢救车无法驶下平车，可以用刚性牵引架将故障装备顶上平车，如图 6 - 14 所示。这种方法也适用于故障车由顶端站台装车。

（四）水上输送

水上输送主要用登陆舰或登陆艇，也可用其他舰船或民船输送。装载损坏装备的方法包括：靠码头时，可用码头上的起重设备吊装；不靠码头时，可用抢救车、牵引车或舰上的绞盘牵引。装载后要固定牢靠。

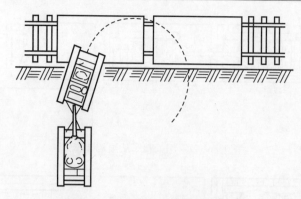

图 6 - 13   用抢救车从侧面站台装车

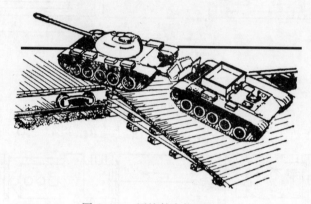

图 6 - 14   用抢救车推顶装车

第二节   典型损坏模式的抢修方法

在第一章提到的 7 种战场抢修工作类型,是着眼于系统或基本功能的恢复,在方法选择时与装备自身结构因素有很大关系。只有原件修复和制配是直接针对损伤单元的,并且具有一定的共性,本节将以原件修复和制配(特别是原件修复的方法)为讨论基点,介绍一些典型损坏模式的修复方法。

一、机械损伤的抢修方法

1. 漏气、漏液

汽车水箱、油箱的渗漏、破孔、火炮反后坐装置驻退液的渗漏、充气轮胎气压不足、破裂等都属漏气、漏液的范畴。引起漏气、漏液的原因很多,如产品质量缺陷、零件磨损、螺纹接头滑丝、密封元件失效、战斗中外来弹片的损伤等。

战场上修复漏气、漏液的方法应在损伤评估后确定,在评估时应确定现象、找出部位、查明原因。确定现象就是确定是渗漏还是泄漏;找出部位要明确是管道漏还是箱体漏,是接头漏还是开关漏;查明原因就是弄清是裂缝还是破孔,是接头未旋紧还是接头损坏,还是密封元件失效。显然,不同的故障现象、部位和原因应用不同的抢修方法。

对于接头松动旋紧即可。接头损伤可考虑采用切换、剪除、拆换或原件修复的方法,应根据具体的损伤部位、工作原理加以确定。密封元件失效是漏气、漏液的主要原因之一,一般应进行修复,为保证修复方法快速及时,现多选择技术和性能均比较成熟的密封带进行缠绕修复。这种密封带由纯聚四氟乙烯构成,可在强氧化剂、各种油料、驻退液、氧气及各种化学腐蚀性介质中使用,是比较理想的密封材料。该密封带使用方便,操作简单。使用时将密封带缠于外螺纹上,旋紧螺纹即可。战场抢修时,若无密封带,利用擦拭布、麻丝、棉纱、保险丝等当作其代用品,进行应急修理都是可行的。

箱体或管道裂缝会引起渗漏,轻微渗漏不影响装备完成基本功能,可不予修理。严重时可用肥皂或黏性较大的泥土堵塞裂缝,作为应急修理措施。当然,现在市场上专门用于堵漏的新材料比较多,如水箱止漏剂、易修补胶泥等。水箱止漏剂专门用于水箱渗漏,止漏时间仅需 3min,固化时间需 36～48h,固化后可保持一年不漏。使用时将其倒入水箱即可,很方便、实用,所以用水箱止漏剂是修复水箱渗漏的首选方法。易修补胶泥则是一种通用的堵漏材料,适用于对钢、铝等部件的破孔、碎裂、穿透等损伤进行快速和永久性修补。这种胶固化时间需 5～10min,固化强度高,硬如钢铁,而且结合牢固。

破孔是严重漏气、漏液的主要原因。出现破孔,气体或液体会很快漏完。因此,对于破孔应进行及时的修理,使装备尽快恢复基本功能或能自救。对于平面内的破孔(如水箱、油箱上的破孔)可用易修补胶泥补孔,破孔直径小于 15mm 可直接用易修补胶泥填补,破孔直径大于 15mm 可先制作一盖片或镶料,将破孔盖上或堵上后再进行修理。管道上的破孔除使用易修补胶泥外,还可使用前面提到的密封带(或石棉、塑料布等),其方法是将密封带缠于管道上,然后用合适的管箍(或铁丝)夹住密封带后旋紧止漏;还可以将管道有破孔处切掉,然后用管箍和备用管子重新连一新管道,达到抢修的目的。

出现在充气轮胎上的破孔会使轮胎突然漏气,影响装备的行军和转换,因此轮胎上出现破孔应立即修复。目前市场上出售的自动补胎充气剂可实现破孔轮胎的快速抢修。将该产品注入轮胎后,立即在破洞处聚合,将破洞纵向堵住,其余液体气化后膨胀,使补胎充气一次完成,注气后立即将车慢速行驶 3～5km,使注入的补胎剂均匀分布在整个轮胎内层面;若轮胎过大,可能气压不足,但可以行驶,去有条件之处补胎打气。

2. 锈蚀

锈蚀是机械产品常见的故障模式,产生锈蚀将影响零件的功能。螺纹锈蚀会导致拆卸困难,造成抢修时间过长。精密光滑表面锈蚀会影响精度或动作,其他部位锈蚀也会程度不同地影响零件的功能。产生锈蚀的主要原因是空气中的氧、水分与钢铁表面发生化学或电化学作用,在钢铁表面生成铁锈。由于战场环境较之平常更严酷、恶劣,武器装备经常处于露天摆放状态,因此战场环境中装备锈蚀更加严重。

在战场应急修理中,锈蚀一般没有时间进行清除。但为了抢修,有时也要拆卸锈蚀的紧固件或零件,因此锈蚀也需要进行处理。通常在战场抢修时常用的快速除锈方法有金属调节剂除锈、有机溶剂除锈、机械除锈。

金属调节剂是一种压力罐装的有机溶剂,以其对金属的极强的吸附力渗入到金属表面,具有除锈、去湿、清洁的功能,对油污、油脂、污渍及锈斑有极强的清除作用。喷在锈斑处,使铁锈或沉淀物脱落并防止机械零件生锈,能去除装备表面湿气水分,使装备免受腐蚀。使用时将其喷到锈蚀部位,稍等片刻,使之渗透后即可擦拭除掉锈斑。当要拆卸锈蚀严重的零件或松开锈死的螺栓时,喷淋足够,必要时可间隔几分钟再喷淋 1～2 次,以使铁锈疏松。但金属调节剂对油漆的渗透力较差,锈住的连接件被油漆覆盖时,应先去除油漆,再使用本品。

有机溶剂除锈。对于轻微锈蚀,可利用有机溶剂清洗、擦拭除锈。常用有机溶剂如汽油、煤油、柴油等,这些有机溶剂能很好地溶解零件上的油污、锈蚀,效果较好,而且使用简便,不需加温,对金属无损伤。

机械除锈。利用机械的摩擦、切削等作用清除零件表面的锈蚀,可分为手工机械除锈和动力机械除锈。

手工机械除锈:靠人力用钢丝刷、刮刀、砂布等刷刮或打磨锈蚀表面,清除锈层。此法效率低,劳动条件差,除锈效果不太好。但操作简单、快捷,所需物资器材少,是装备抢修时常用的方法。

动力机械除锈:利用电动机、风动机等作动力,带动各种除锈工具清除锈层。如电动磨光、刷光、抛光、滚光等。磨光轮可用砂轮;抛光轮可用棉布或其他纤维织品制成。滚光是把零件放在滚筒中,利用零件与滚筒中磨料之间的摩擦作用除锈。磨料可以用砂子、玻璃等。具体采用何种方法,需根据零件形状、数量多少、锈层厚薄、除锈要求等条件决定。装备战场抢修时,应优先选择砂轮或钢丝砂轮除锈。

3. 磨损

磨损是相互接触物体的表面在相对运动中表面物质由于摩擦发生不断损失的现象。机械零件间的相互传动、运动都会造成零件的磨损。战场上的武器装备,由于使用强度大,加之战场环境恶劣,会加速零件的磨损。

一般认为,产生磨损主要是以下几个原因造成的。

(1)黏着磨损。相互接触的表面,即使光洁度很高,实际上也是凹凸不平的,所以零件接触时总是局部接触,也叫局部黏着。在做相对运动时,黏着部位受力很大,当超过材料的屈服极限时,表面极薄的金属层产生塑性变形和强化,在表层金属分子相互吸引作用下,接触点被撕脱,并重新形成新的接触面(点),这种黏着、撕脱、再黏着的循环过程,构成了材料的黏着磨损。

(2)磨料磨损。摩擦表面由于存在一定的粗糙度,摩擦副在摩擦过程中,表面突出部分相互发生切割、撞击、挤压等,导致零件摩擦表面突出部位被磨下,这些金属微粒又落入摩擦表面之间,再加上战场上武器装备是在露天和尘土飞扬的环境中操作使用的,外来的硬质微粒如尘土、砂粒、火药残渣等,便形成磨料,在零件相互运动时,使配合件摩擦表面进一步产生金属微粒剥落,磨损加剧,这种现象称为磨料磨损。

(3)表面疲劳磨损。两接触表面做滚动或滑动复合摩擦时,在交变接触压应力长期反复作用下,使材料表面疲劳而产生的物质损失。

(4)腐蚀磨损。在摩擦过程中,金属同时与周围介质发生化学或电化学反应,形成氧化磨损、特殊介质腐蚀磨损及微动腐蚀磨损等。

磨损是一种低层故障模式。使用条件不同,使不同零件间或零件的不同部位的磨损所造成的后果是不一样的。有的零件磨损几小时就会出现故障,而有的零件磨损几十年仍未表现出故障。由于装备零件间的相互作用形式千差万别,因而磨损造成的故障现象也有很大差别,如传动零件磨损会造成传递精度的下降、零件间的间隙过大等,连接螺纹磨损会造成螺纹松动,紧固性能或连接性能下降。

磨损会造成零件尺寸变化,而有时直接恢复零件尺寸也是比较困难的。当磨损过大出现故障后,应根据零件的尺寸、位置、性能要求等的不同采取不同的维修策略。

磨损将造成间隙过大,通常可分为轴向间隙过大和径向间隙过大。轴向间隙过大可采取加垫方法修复(补偿),用铁皮或钢皮制作一垫片加于适当位置,减少轴向间隙;径向间隙过大修复较难,可采用刷镀或喷焊方法修复。但刷镀和喷焊所需设备较复杂,对操作人员技术水平要求比较高。也可根据零件工作原理,选用其他较简单的修复方法,以满足战场抢修的要求。

4. 连接松动

连接松动是战时装备经常出现的一种故障现象,其主要原因是连接件磨损,还有像振动、零件老化等因素。对于连接松动的修复,可选择目前市场上流行的具有锁紧功能的有机制品(如锁固密封剂)来修复。锁固密封剂属厌氧胶,黏度低,渗透性好,强度中等,最大填充间隙 0.25mm,固化后具有较好的力学性能。使用时先用超级清洗剂或汽油对密封与胶黏的表面清洁除油,然后涂胶结合,室温下 10min 可初步固化,24h 达到最大强度,是一种快速理想的修复连接松动的物质。战场条件下,若缺乏锁固密封剂,可采用简易方法进行修复。如缠丝修复,将密封带(或麻丝或棉纱)缠于外螺纹上,旋紧螺帽,也可起到防松作用。

5. 变形

装备使用中零件的变形是多种多样的,如弯曲、扭转等。如果零件变形后将影响机构动作,导致装备故障,战场条件下必须进行抢修。通过损伤评估,确定零件变形种类,根据变形种类选择适当的修复方法。

对于弯曲变形较小的零件,可采用修锉的方法进行修理。也可采用冲力校正法,将被校零件放在硬质木块上,用铜棒抵在零件上,用手锤敲击铜棒(或用铜锤直接敲击零件),直到校直为止。这是一种快速、简单、有效的修复方法。对于弯曲变形较大的零件,可采用压力校正法,如长杆类零件的弯曲就可用此法校正。其方法:将弯曲的零件放在坚硬的支架上。用千斤顶顶弯曲部位的顶点(注意矫枉过正),并保持一定时间(一般 2~3min),同时用手锤对零件进行快速敲击,以提高零件的校直保持性。有条件的情况下,校直后应进行表面处理:对于调质的零件加热到 450~500℃,保温 2h 左右,对于表面淬硬的零件可加热到 200~250℃,保温 6h 左右。装备抢修时,为缩短抢修时间,不一定进行表面处理。

零件扭转变形的修复是较困难的。在评估后需要进行修理的,可采用拆配或制配的方法修理。

装备上的紧固螺帽,因维修保养时经常拆卸,往往出现棱角磨圆的现象。虽然其中有磨损的原因,但更直接的原因是变形所致。对于这类现象,虽不引起故障,但却造成拆装困难,严重影响排除故障的时间。拆装这类紧固螺帽,可先用锉刀修棱,情况紧急可直接用管钳拆卸和安装。

与上面情况类似,装备拆装工具如开口扳手,经常出现开口扩大的现象,造成拆卸过程中工具打滑,拆装速度降低或难以拆卸。对这种现象可用铁皮或铜皮制作一垫片,垫在螺帽与扳手之间,甚至可用起子或擦拭布垫在扳手和螺帽之间。当然更换合适扳手或以管钳替代扳手都是可行的。

6. 折断

由于战场环境十分恶劣,加之装备的过度使用,零件折断是经常发生的。折断零件经评估后需要进行修理的,应尽快进行修理,以确保装备及时发挥基本功能或能自救。

修复折断的方法通常有焊接、胶接、机械连接3种方法。焊接方法需有电源和焊接设备,对一般钢铁零件都是适用的,修复方便有效。胶接法是使用金属通用结构胶进行粘接修理。金属通用结构胶可用于钢铁零件破损的修复和再生,抗磨性强,耐蚀性强,耐老化性好,强度和硬度也很高,粘接后还可进行机械加工。粘接工序为脱脂、酸洗、调胶、涂胶、固化等。机械连接法也是一种较好的抢修方法,可采用捆绑、紧固件连接、销接、铆接等方法。修理时首先确定连接方法,然后确定连接形式,最后实施连接。抢修时可首选捆绑方法,即用铁丝(或其代用品)将折断零件连接起来,这种方法最简单。当然应根据折断的实际情况,选择合适的方法。

修理过程中常用的连接形式有搭接、对接、嵌接、套接等。在战场抢修时应根据具体情况,选择合适的连接形式及修复方法。

搭接是将零件折断的两部分搭在一起,实施连接。多数采用单搭接接头,这种接头应力集中还比较大,如果采用图6-15所示的搭接形式,应力集中程度就可降低,抗剪强度就会提高。

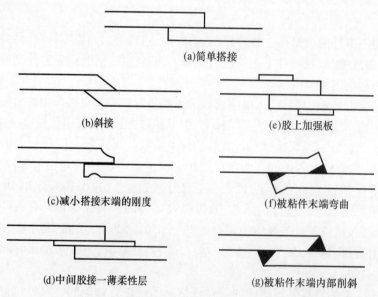

(a)简单搭接

(b)斜接

(e)胶上加强板

(c)减小搭接末端的刚度

(f)被粘件末端弯曲

(d)中间胶接一薄柔性层

(g)被粘件末端内部削斜

图6-15　搭接接头形式

对接是将折断零件沿断口对接,然后再进行焊接或胶接。为了减小应力集中,特别是减少接头的弯曲应力,可以采用图6-16所示的改进对接形式。图6-16(a)、(b)、(c)中两平板也可采用斜接,这样的接头其胶接强度更强。

嵌接是将折断零件断口制作成为像楔子一样,使折断零件衔接在一起。如果被连接零件的厚度较大,采用搭接是不合适的,可以采用嵌接形式,一些常见的嵌接接头形式见图6-17。

套接是制作一专门套管,将折断的两部分套在一起,然后焊接或胶接。棒和管材的胶接采用套接接头形式,是机械产品胶接结构中用得较多的接头形式。套接接头在承

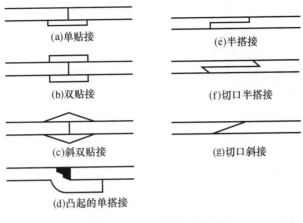

图 6 - 16　改进的对接形式

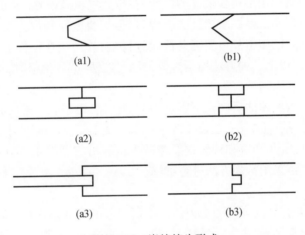

图 6 - 17　嵌接接头形式

受拉伸、压缩、扭转等外力时,胶层主要是受剪切应力,因而承载能力较大,可以在部分产品中取代压配合、键连接以及铆、焊等机械连接,有很大的实用意义。套接接头形式见图 6 - 18。

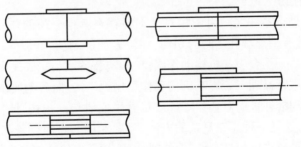

图 6 - 18　套接接头形式

7. 凸起

零件表面的凸起可能是多种原因造成的,如外载荷、内应力、外来物的袭击等。产生凸起后会影响机构动作,经评估需要修复的,可采用锉削修复的方法,这是一种简单适用的方法。有条件时可用钻铣修复或用气焊修平。

8. 压坑

多数情况下,对不影响系统动作的压坑可不修复。而对于压坑的修复可采用胶补法、焊接法及锤击法。胶补法就是用易修补胶泥或金属通用结构胶将压坑补平,这两种胶均具有较好的粘补性能,适于压坑的修补。而且操作简单,使用方便,是抢修时的首选方法。在具备焊接条件的情况下,可对压坑实施堆焊修复,焊后再进行打磨;在既不具备粘接也不具备焊接的条件下,可采用锤击法进行修复,将零件放在坚硬的木板上,若是空心零件应套上适当的心棒,用手锤轻敲压坑周围突起金属,直到不影响动作为止。这种方法是一种临时的方法,装备抢修时可视情选用。

9. 裂缝

一旦发现裂纹(或裂缝),经评估后确认对装备基本功能或其他功能有潜在危险,即应修复。目前对裂纹的抢修可选择下面几种方法。

胶补法,利用金属通用结构胶良好的性能,在裂缝里填满该胶,即可修复裂纹,这是一种简单适用的方法;焊修法是在裂缝处实施焊接,但需要电源和焊接设备;盖补法是制作一大于裂缝边缘的盖片,用盖片将裂缝盖住,然后将盖片焊接在零件上,但盖片应不影响零件的安装和使用。以上3种方法均是裂缝的修复方法,战场抢修时,可根据实际情况合理选用。

对于发现的裂纹,经评估后确认不影响当前的使用,可采取必要措施防止裂纹进一步扩展。这些措施,如钻孔止裂法,在裂纹两端尽头钻直径 3 ~ 6mm 的小孔,可有效防止裂纹进一步扩展;捆绑法,用套箍和铁丝在裂缝适当位置沿与裂缝垂直方向进行捆绑止裂。待完成战斗任务后,再采用常规方法进行维修。

10. 破孔

破孔主要是外来弹丸或弹片强有力的冲击而引起的穿透。这在平时是很少见的故障模式,而在战时却较常见,如汽车、飞机的油箱,由于暴露较多,战时容易受到弹片袭击而发生破孔。发生破孔后可能导致其他联锁性(从属)故障。破孔的修理参见漏气、漏液的修理。另外,破孔还可采用补片(补强板)修复,补片可用粘接或紧固件固定。具体破孔的修理应根据不同的功能故障采取不同的修理方法。

11. 工作表面损伤

工作表面损伤是指零件之间由于相对运动时存在其他介质的作用而引起的表面划伤、破损等。常见的有轴与轴孔之间的划伤,零件表面的划伤、沟痕等,它既区别于压坑,又不同于磨损。产生划伤会引起机构动作困难,影响装备顺利完成战斗任务。

轻微损伤可不进行修理。若影响机构动作可用锉刀清理,若沟痕较深,可在清理后用金属通用结构胶将沟痕补平。对轴类零件或接触平面研伤的损伤,评估后若需要进行修理,可采用喷焊法。这是一种比较复杂的方法,需要专用的喷焊设备和机械加工设备,对修理人员的技术水平要求也很高,所需抢修时间长,战场抢修应谨慎选择。若需要进行抢修,而摩擦不大或强度要求不高的零件损伤,也可用钎焊方法进行修补,这是一种简单、迅速的修复方法。

还有一类比较特殊的损伤,就是螺钉起子口的损伤,这种损伤造成装备抢修时拆装困难,拖延抢修时间,对这类损伤常用的处理措施包括使用工具转动加强剂、修槽或进行冲打拆装。

工具转动加强剂是工具打滑的救星,令工具发挥最好的转动力,适用于扳手、起子等。能使已损坏螺钉槽的螺钉继续转动和保护经常要拆卸的螺钉不被损坏。使用时将工具转动加强剂滴在螺钉头槽内,立刻可用螺丝刀操作;用于其他手工工具可直接涂在螺钉头处或工具和金属接触部位之间,同样可以使操作产生最佳效果。

修槽就是对起子口进行修整,使之能与起子配合进行拆装,修整无效可用锯条重新开起子口,或进行冲打拆装,用尖头冲子沿起子口一侧,朝松动(拆卸时)或旋紧(安装时)方向锤击冲子,实施强行拆装,此时应注意防止螺钉头部拆断。

12. 弹簧失效或折断

弹簧的功能在于受载时变形,同时吸收能量,而在卸载时恢复原形,同时释放能量。弹簧在各种装备上应用很广泛。

弹簧失效或折断主要是过应力或长期受载引起的疲劳折断。由于弹簧在加工过程中会产生各种缺陷,如拉裂、拉痕、碰伤、锈蚀等。这些缺陷在弹簧使用期内,会产生裂缝或应力腐蚀,弹簧在受力时裂缝尖端的应力集中会使裂缝扩展,最后导致弹簧失效或折断。

弹簧失效或折断后,会影响机构功能。经评估需要修复的,可根据弹簧类别选择不同的修理方法。

小弹簧失效,可将弹簧(压簧)拉长,并进行回火处理;中等大小的弹簧失效可加一适当厚度的垫圈,相当于增加其自由高度,保证所需弹力。

弹簧折断后,应将折断处磨平,并调头安装,再在两节弹簧间加一垫圈;大型弹簧折断,可在折断处实行焊接修理。

拉簧钩或扭簧头部折断可将拉簧或扭簧再拉出一圈,重新加工钩或扭簧头。

13. 油泥太多

战时武器装备所处环境十分恶劣,灰沙、尘土极易吸附于装备的机构或零件表面,并可能逐步渗透到机构内部,与机构内部的润滑油(脂)混合,形成大量油泥,进而产生动作困难,甚至影响装备完成正常的作战任务。

清除油泥的方法很多,如可用煤油、汽油等清洗,这也是常规处理方法,该方法简单有效。还可以使用前面提到的金属调节剂清除油泥,只要将金属调节剂喷淋到零件表面,稍等片刻,即可进行擦拭。此外,利用超级清洗剂去除油泥也是一种理想的方法。超级清洗剂具有较强的去油去污能力,且不易燃烧,不刺激皮肤,对零件无腐蚀性,喷淋于零件表面,擦拭后即可去除油泥,是一种理想的去油去污剂。

14. 轴承损坏

轴承广泛地用于机械装备上,用于定位、减摩、支承。轴承损坏将使机构不能正常运转,影响装备的基本功能,一般应进行修理。

轴承可分为滚动轴承和滑动轴承,两类轴承的损坏形式、原因及修理是不同的,分述如下。

1)滚动轴承

(1)滚动轴承的损坏形式及原因。

① 轴承变成蓝或黑色,这是使用过程中温度过高被烧引起的。此时若几何精度和运动精度尚好,应检查硬度是否尚好,其方法是用锉刀锉削轴承外圈圆角部分,锉不动,说明硬度尚好,轴承仍可用;锉得动,说明轴承已退火,不能用。

② 运转时有异响,可能是滚动体或滚道表层金属有剥落现象,有时可能是由于零件安装不当造成的。

③ 滚动体严重磨损,可能原因是滚动体不滚动产生滑动摩擦,以致磨伤,或者是轴承温升过高,致使滚动体过热而硬度显著降低,加速磨损。机械振动或轴承安装不当,也会使滚动体挤碎。

④ 工作表面锈蚀,不是使用的问题也非战损,主要原因是没有防潮,或润滑剂变质和含有水分,或密封不严进水造成的。轴承工作表面的锈蚀,将会过早地出现麻点和剥离。锈蚀生成物及泥水、润滑剂等混合在一起时会形成磨粒磨损,加速损坏。

（2）滚动轴承的修复（处理）方法。

一般来讲,装备战场抢修时修复轴承是比较困难的,但可选择代用法维持其作用。

① 直接代用,代用轴承的内径、外径和厚度尺寸与原配轴承完全相同,不需任何加工即可安装代用。

② 加垫代用,是代用轴承的内径与原配轴承完全相同,仅宽度较小时可采用加垫代用法。所加垫圈的厚度等于原配轴承和代用轴承的厚度差。垫圈内径与轴采用间隙配合,外径等于轴承内圈的外径。

③ 以宽代窄,有的轴承找不到尺寸相近的代用轴承,而其轴向安装位置又不受限制时,可用较宽轴承代替较窄轴承。

④ 内径嵌套改制代用,若代用轴承外径与原配轴承相同,而内径较大,可采用先改制后代用。即在轴承内径与轴之间增加一嵌套,套的内径与轴配合,外径与代用轴承的内径采用稍紧的过渡配合。

⑤ 外径嵌套代用,代用轴承内径与原配轴承相同,而外径较小时,可采用外径嵌套改制的办法。套的外径直接与箱壳孔配合,套的内径与代用轴承外径采用稍紧的基轴制过渡配合。

⑥ 内外径同时嵌套代用,即内径嵌套与外径嵌套的综合。

2）滑动轴承

滑动轴承的损坏形式及原因如下。

（1）异常磨损。造成异常磨损的主要原因:超载或超速运行;轴承润滑不良;润滑油杂质的含量过高或中、大颗粒的杂质过多;轴承与轴颈磨合不良。

（2）擦伤。轴承处于摩擦状态下,轴承摩擦副工作表面粗糙微体呈固相接触;在流体润滑状态下,润滑介质中大颗粒的杂质穿破润滑膜并与摩擦副工作表面粗糙微体呈固相接触,当摩擦副工作表面相对滑动时,在剪切作用下,使轴承减摩材料脱落,即为擦伤。

（3）划伤。硬质杂质颗粒在轴径的驱动下,在轴承工作表面沿轴径运动方向或杂质运动方向形成一条较深的沟痕即为划伤。造成划伤的主要原因:轴承装配时污物的介入;润滑物中含有硬质大颗粒杂质;轴承表面有磨削等。

（4）疲劳。在过高的交变应力作用下,轴承的承载层产生裂纹,并发展到裂纹闭合,导致产生材料剥落现象,即为疲劳损坏。形成疲劳损坏的主要原因:设备超负荷运行;装配不良引起的轴承边缘载荷或局部应力过高;应力集中的因素等。

滑动轴承的修复是较困难的,就目前的工艺技术而言,还没有较好的方法来抢修战场上损坏的滑动轴承。采取清洗、擦拭、重新涂油等措施会起到一定的作用。

二、电器损伤的抢修方法

1. 断路

断路(开路)是电气系统常见故障模式,电路中的多种元器件(如电阻、电容、电感、电位器、电子管、晶体管、集成块、开关、导线等)均可能发生断路故障。元器件遭弹片损伤或爆炸冲击波引起设备的震动、位移,都可能造成断路故障。一个元器件的断路,可能导致设备或系统的故障。由于电气元件的种类较多,因此断路的形式也很多,如电阻烧断会引起断路,电位器断线、脱焊、接触不良也会引起断路。

断路的抢修可以采用短路法,即将损坏的元件或电路用短路线连接起来。连接的方式可将短路线缠绕在需短路的两点上,或用电烙铁焊接或在一根导线两端焊上两个锷鱼夹,使用时直接将锷鱼夹夹住需短路的两点则更方便迅速。

如开关类,包括乒乓开关、组合开关、门开关、琴键开关等不能动作或接触不良,可将有关触点短路。应注意组合开关和琴键开关的对应触点不能接错,测量无误后再连接。如果是高压开关,直接接通可能影响大型电子管的寿命,可以把开关两触点用导线引出,打开低压后再短路这两根线,此时为带电操作,注意不要触电。

电线及电缆一般都捆扎成匝或包在绝缘胶层内,当发现内部某线开路时可在该线的两端用一根导线短路。有时一条线路通过几个接插件、几个电缆或电线匝,当发现这条线路开路时,不必再继续压缩故障范围,可直接将两端短路。

接插件接触不良是经常发生的,而且也不易修复,可将接触不良的触点上相应的插针、插孔的焊片或导线短路。

电流表都是串联在电路中的,如果电流表开路,则电路因不能形成回路而不能工作,可将电流表两接线柱短路。虽然电流表不能指示但电路可恢复正常工作状态。

有时继电器虽然受控、能动作但某对触点可能接触不良,可将该对触点短路,也可将有关触点的弹簧片稍微弯动,使每对触点都接触良好。

扼流圈开路后如找不到可替换品可将其短路,虽然会增大某些干扰但有时还能工作。

自保电路,通常由继电器、门开关等元件器组成。如果仅仅是自保电路本身故障,可将自保电路全部或部分短路即可使电路恢复正常。

2. 短路

短路是电流不经过负载而"抄近路"直接回到电源。因为电路中的电阻很小,因此电流很大,会产生很大热量,很可能使电源、仪表、元器件、电路等烧毁,致使整个电路不能工作。如元器件战斗损伤、震动、电容的击穿、绝缘物质失效等均可能造成短路。短路最明显的特征是起动保护电路,如保险烧断。

如果将这些元件开路,电路即可恢复正常或基本恢复正常。这是电路发生短路时应急修复中最常用的方法。开路的方法可以用剪刀剪断导线、焊下元件或将导线从接线板或接线柱上拧下来,究竟采用哪种方法,应根据当时的条件进行选择。首先应考虑速度要快,其次以后按规程修理时应方便。注意不要将开路的导线与其他元器件相碰而产生短路。

例如,滤波电容击穿后会造成烧电源保险丝而产生电源故障。可将被击穿的电容开路,电路即可恢复正常或基本正常。

电压表都是跨接在电源两端用于指示电路工作状态的,电压表击穿或短路后也将使电源短路。若将电压表开路,电路工作将完全恢复正常。

指示灯和电压表一样也是用于指示电路工作状态的,当指示灯座短路后将其开路,电路即可恢复正常。

冷却用的风机风扇发生短路或绝缘性能降低时,影响其他电路不能正常工作。可将其引线开路,其他电路即可恢复正常,但大型发热元器件很容易被烧坏,故应尽量采取措施对装备进行通风冷却,如打开机器盖板或用另外的风扇吹风。

3. 接触不良

接触不良是电路常见故障模式之一,可能引起电气系统时好时坏、不稳定等现象。产生接触不良的主要原因有开关或电路中的焊点有氧气、断裂、烧蚀、松动等。战斗损伤、冲击波、振动常常导致这类故障。

修复接触不良的最简单方法是机械法,即利用手或其他绝缘体将失效的元器件采用机械的方法进行固定,使其恢复原有性能。

例如,按钮开关损伤。当按下按钮开关时,电路接通;手松开按钮时,电路又断开。这是因为自保电路中的继电器或有关电路有故障。这时可以不必去排除故障,只要继续用手按住按钮不放,或用胶布粘住或用竹片、木屑、硬纸片等将按钮开关卡住,使电路继续工作,到战斗间隙再进行修理。

继电器损伤。对于不是频繁转换的继电器,如电源控制继电器、工作转换继电器。由于线包开路、电路开路或机械卡住等原因,继电器不能动作。可以采用胶布、布带或其他绝缘材料将继电器捆绑住,强制使继电器处于吸合状态。如果继电器不能释放,也可用胶布或纸片将衔铁支起,使电路恢复正常工作。

琴键开关损伤。当琴键开关的自锁或互锁装置失灵时,则不能进行工作状态转换,也可采用手按、胶布粘、硬物卡的办法使琴键开关处于正常工作状态。

天线阵子损伤。通信设备或雷达的天线上的有源阵子或无源阵子,由于机械的原因从主杆上脱落时,可用胶布、绳或铁丝将阵子按原来的位置捆绑好,其性能将不受任何影响。

4. 过载

过载也是电气系统常见故障现象,过载会使某些元器件输出信号消失或失真,保护电路会起动,电路全部或部分出现断电现象。应该指出,过载造成的断电现象,只有在保护电路处于良好状态时才会发生;否则,将会损坏某些个别单元。过载引起断路或短路,其修复方法参见本部分有关内容。

5. 机械卡滞

机械卡滞常出现于电气系统的开关、转轴等机械零部件上。其主要原因是过脏、零件变形、间隙不正常等。

修复电气系统的机械卡滞可采用酒精清洗、砂布打磨、调整校正等方法。可根据具体的故障原因,合理选择具体方法。

三、其他损伤的抢修方法

1. 烧蚀

烧蚀通常是指高温的火药气体或液体燃料燃烧对金属表面的物理、化学作用,使表层金属性质发生变化而产生的网状裂纹、金属熔化和剥落现象。射击中的火炮产生炮膛烧蚀和磨损就是这一现象。战斗中的火炮由于超强度频繁使用,往往出现炮膛的烧蚀和磨损,进而导致药室增长,阳线磨损,口径增大,造成弹丸起始位置前移,引起膛压下降,初速和射程减小。

一般来讲,炮膛的烧蚀和磨损是难以修复的,即使在平时射击也是如此,因此只能采取一些减缓炮膛烧蚀和磨损的措施。这些措施包括:严格遵守发射速度的规定;在完成射击任务的情况下,尽量选用小号装封;正确保管弹药;正确使用发射药中的辅助元件;正确装填炮弹;正确执行勤务规定等。在战时,对炮膛烧蚀、磨损一般不属 BDAR 的范畴,不做处理。当烧蚀、磨损严重,且有条件时可更换身管。

2. 爆炸

此处爆炸是指装备的燃油箱或其他易燃机构由于被击中而引起的爆炸,或是装备自身引起的爆炸。如战场上飞机燃油箱的爆炸和火炮的膛炸。爆炸会给装备和人员造成毁灭性的打击,导致严重的事故后果。一般来说,装备上发生爆炸是难以实施战场抢修的。因此战场上的装备应尽量采取一些防护措施,防止发生爆炸,如装备在阵地设置时应选择平坦、干燥的地方,便于进出;进行必要的伪装;对空、对地面隐蔽良好,尽量避开敌炮、敌机控制或易于控制的地域;便于构筑工事和伪装,以及对原子、化学武器的防护。

对于装备自身因素引起的爆炸,主要的防护措施是加强对装备的维护和保养,严格遵守使用规定;确保装备始终处于良好的技术状态。

爆炸后,应首先清理现场,排除可能存在的再次爆炸源。然后对损伤状况进行评估,确定是修复、后送还是报废。其修复方法视具体情况而定。

3. 燃烧

燃烧是装备上的易燃机构出现的着火现象。燃烧会对装备造成毁灭性的打击,并且战场抢修较困难。防止装备发生燃烧的措施是加强对易燃部位、机构的防护,一旦发生燃烧立即用灭火器扑救或用沙土覆盖,使损失降到最小程度。扑救后,根据结构及零部件损伤情况,确定是否和如何修复。

第三节　新材料、新技术在战场抢修中的应用

战场抢修时效性强,除各种战场上可用的传统方法和技术外,应当积极利用新材料、新技术、新方法、新修复工艺,特别是已经商业化易于得到的民用技术与产品。

一、无电焊接技术

焊接是武器装备战场抢修的重要技术之一,在战场条件下,装备结构件、箱体、管路等零部件不可避免出现的损伤,如结构裂纹、连接裂缝、弹击孔洞以及管路、箱体的跑、冒、滴、漏等,将严重影响装备战斗力的发挥。通常情况下,这些受损件采用焊接方法进行修复。从典型装备实弹试验得到的各种修复技术应用频率的排序看,焊接技术也是应用频率最高的技术之一。目前,武器装备战场抢修中常用的焊接方法依然是手工电弧焊和气焊。焊接电源和储气瓶笨重,严重影响快速抢修。另外,在高空、地下、水下等能源不方便供应的条件下,这些传统的应急维修方法也无法施展。因此开发一种便捷、高效、不使用外界能源的新型焊接技术,弥补传统焊接技术的不足已显得非常必要。无电焊接技术正

是在这一背景下应运而生的。

无电焊接又称为自蔓延焊接，是一种新型焊接技术，它将先进焊接材料制成专用手持式焊笔，焊笔一经点燃，不需要电源，也不需要气源，仅依靠焊接材料燃烧放出的热量就能进行焊接。即以化学反应放出的热为高温热源，以反应产物为焊料，在焊接件间形成牢固连接，简称无电焊接，这是一种约定俗成的叫法，既上口又好记，还反映了该技术区别于电焊的最大特点。

无电焊接技术的主要特点如下。

（1）焊接简单方便，工作效率高。无电焊接技术焊接时不需要任何电源和其他设备，只要用明火点燃焊笔，仅仅依靠混合粉末燃烧反应放出的热量就能进行焊接，效率高；小巧轻便，操作简单，单人即可完成。在紧急条件下，可快速简便地对装备零部件损伤进行焊接。

（2）焊接效果好，焊缝性能优良。无电焊接是一种熔焊焊接，焊缝抗拉伸强度为 $200\sim300\text{MPa}$，弯曲强度为 $300\sim700\text{MPa}$，冲击韧性为 $16\sim55\text{J}\cdot\text{cm}^2$，硬度为 $120\sim180\text{HRB}$，抗腐蚀性要优于 45 钢，能有效满足装备应急维修需要。

（3）适用范围广。无电焊接技术可对装备上的多种零部件进行焊接修理，已经在多个装备零部件上（水箱、油箱、水管、油管、排尘管、电瓶连接线、拉杆等）进行了应用，焊接效果良好，能够满足使用要求。

二、复合贴片快速修复技术

飞机、舰船、装甲车辆等新型装备使用了大量的铝合金、镁合金和钛合金及非金属复合材料，这些轻质材料结构件在撞击、弹伤以及维护或操作不当等情况下，非常容易发生以冲击损伤为主的结构破坏，如裂纹、缺口、破孔、分层和断裂等。这些损伤会显著降低轻质材料的静、动态承载性能，严重时会直接威胁装备的使用安全。在战场条件下，快速修复损伤对于保持装备完好率意义重大。传统的机械修理方法需要把受损部件拆卸修理，存在着修理时间长、结构增重较多、修理部位应力较大等缺点，不能满足快速抢修的需要。与之相比，采用复合贴片快速修复技术具有结构增重小、修补时间短、成本低、修补效率高、所需设备简单等明显的优点。

用于装备应急维修的复合贴片主要由高强度、高模量、低脆性的增强材料（纤维增强、薄片增强及颗粒增强等）、各种功能添加材料与高性能胶黏剂基体材料复合组成。应急维修过程中，采用适当的工艺快速制备出贴片（或预先制备），将其粘贴到装备零部件的损伤部位，贴片小的胶黏剂在室温或适当的外界能源作用下快速固化，使复合贴片具有优异的综合性能。复合贴片快速修复技术能有效延缓装备零部件损伤的加剧，甚至大幅度恢复受损件的使用功能，有效地延长其使用寿命。

三、微波快速修复技术

微波快速修复技术主要用于轻质合金及复合材料零部件的损伤快速修复。微波快速修复技术是将微波技术与粘接技术综合集成，利用微波"选择性加热"与"场强高温、高频高温"的致热特点，对粘贴于装备零部件损伤部位的粘接复合材料进行微波固化，快速修复损伤，达到使用要求。

微波在材料领域中的研究与应用起始于 20 世纪 80 年代，1992 年在荷兰召开的首届国际微波化学学术会议展示了微波在有机合成、超导材料、陶瓷材料尤其是复合材料领域的研究成果,微波在复合材料制备与修补方面的应用研究。在微波固化方面进行的研究,主要集中在微波固化机理、工艺过程、微波器设计及相关基础理论。目前微波固化对复合材料界面性能的影响研究较为活跃。此外,已将微波应用于RTM(树脂传递模塑)加工方面,显示出热固化无法替代的优越性。

近年来,国内材料工程界在复合材料微波修补、微波连接与分离等方面进行了一些探索研究,在复合材料外场与快速修补用的微波施加器方面的工作取得了一些初步的成果。如对复合材料的微波修补以及飞机结构损伤复合材料的微波快速抢修等方面进行了有益的尝试。又如导弹在运输过程中由于意外因素造成的壳体局部损伤,需要及时、快速、高效地修补,也正在探讨微波修复的可行性。

微波快速修复技术可以有效地解决装备及其零部件的划伤、裂纹、断裂、撕裂、穿孔等结构损伤问题,不仅可以用于快速修复损伤的装备及其零部件,而且可以提升其性能。利用研制的便携式微波快速修复设备和微波快速固化纳米复合贴片,对坦克铝合金变速箱体和新型铝合金装甲板的损伤进行了微波快速修复试验,为战场条件下装备损伤微波快速修复提供了技术支撑。

四、快速补板修复技术

武器装备在训练和战场条件下,由于撞击、弹伤以及维护或操作不当等原因,经常造成结构件的损伤或破坏,如裂纹、缺口、破孔和断裂等。防护装甲被弹击穿孔后会降低防护能力,结构件损伤会显著降低承载性能,甚至会直接威胁装备的使用安全。因此在战场条件下,快速修复结构此类损伤对于保持装备完好率意义重大。

快速补板修复技术采用射钉直接固接的方法把补板固定在需要修复的部位,是一种先进的现代紧固技术,它利用射钉器击发射钉弹,使弹内火药燃烧释放出能量,将射钉直接钉入钢铁等基体中,把需要固定的构件永久或临时固定在基体上。该技术具有操作快速、修复效果可靠、劳动强度小、成本低的特点。与传统的预埋固定、螺栓连接等方法相比,该技术自带能源,从而摆脱了电线和风管的累赘,便于现场和高空作业;与胶接和贴片修补相比,该技术具有承受载荷高,而对连接件表面处理要求不高的优点;与焊接相比具有操作简单、不需要外界能源、便于现场操作等优点,是装备外壳、弦板、装甲板等结构件损伤抢修的有效手段。

五、胶接、密封胶

1. 胶接技术的特点

胶黏剂是一类以富有黏性的物质为基体,加入各种添加剂或固化剂组成的材料。能将同质或异质的两种物体连接在一起,起到胶接、固定、密封及浸渗补漏和修复作用,并且胶接面有足够的强度。胶黏剂为精细化工产品,是现代工业中不可缺少的一种新型工程材料,也是装备修理或战场抢修中可供采用的新材料。

胶接密封技术与其他连接材料的方法相比具有许多独特的优点,因而发展非常迅速。胶黏剂能连接多种材料,包括金属、玻璃、陶瓷、木材、纸张、纤维、橡胶及塑料等。不仅能粘接同种材料,且能粘接性质相差悬殊的材料,如金属与塑料、铝与纸等。当两种金属被粘接时,胶黏剂能将之隔开而防止产生电偶腐蚀。当两种被粘接材料具有明显不同的热膨胀系数时,具有弹塑性的胶黏剂能减少由于温差引起的应力。胶接和密封技术工艺简单方便,不仅易于实现机械化、自动化的流水线生产,而且关键在于胶接密封技术比银焊、铜焊、锡焊和金属电焊简便,而比用铆钉、螺栓、钉子等机械紧固更廉价。随着高分子材料的日益广泛应用,应用胶接密封的快速修复技术也正悄然兴起。

先进的胶接工艺与铆接、焊接和机械连接并列为连接工艺,其操作简单、效率高、成本低和节省能源。具体有以下特点。

(1)能胶接无法焊接的极薄、极硬的金属或两种不同金属材料和非金属材料。

(2)能胶接形状复杂的结构件。

(3)胶接整体强度高,胶接钢铁比焊接强度高45%~95%。

(4)胶接接头应力分布均匀,耐疲劳寿命比铆钉、螺栓连接可提高几倍或几十倍。

(5)胶接结构的重量轻,比铆接、焊接可减轻20%~30%。

(6)胶接具有绝缘、防腐、隔热、减震及密封等各功能。

(7)胶接件表面光滑、平整、美观。

(8)胶接工艺所需的温度一般较低,多在室温或中温,可避免对高温敏感物体的破坏。

胶黏剂的不足之处是胶接强度分散性较大,尚无完整合适的无损检测方法检验质量。除无机胶黏剂外,大多数有机胶黏剂的耐热性不够高。

2. 密封技术的特点

密封胶是胶黏剂中的一个独立分支,以高分子化合物树脂或橡胶与添加剂配制成的黏稠液体。用于机械设备(装备)、容器装置(箱体)、管路、车辆结构、电器、电子元件、器件的绝缘密封,以及机械等的结合部位,包括管螺纹锁紧防松、轴类固定等方面,可防止内部气体或液体的渗漏,外部灰尘、水分的侵入以及防止机械振动、冲击损伤,达到隔热、隔音等密封作用的新型材料。密封胶主要有非粘接型(液态密封胶)和粘接型两大类。其中液态密封胶,涂敷在各种连接部位可取代固态垫片,在汽车工业中作为现场成型垫片。密封胶具有以下一些特点。

(1)使用方便。涂敷在接合面上随接合面的形状可自由成型,形成一层均匀而又致密的有黏性或弹性的皮膜,并耐一定温度。

(2)密封胶层与金属有较好的黏附力。

(3)有较高的抗压强度。

(4)密封胶加热到一定温度能不流淌,寒冷时不变硬。

(5)有良好的黏弹性、抗震性和抗冲击性能,耐化学药品、耐水、耐油等耐介质腐蚀的性能。

(6)液态密封胶可与固态密封胶合二为一,成为"液固结合"的新产品,达到更高密封性能,用于大间隙或条件苛刻的接合部位。

密封胶的不足之处是树脂型和橡胶型密封胶,耐热性不高;但油改性密封胶(油类和金属氧化物为主要成分)或无机密封胶耐高温可达1000℃。

3. 胶接密封胶种类

1)结构胶

在当今世界,高技术新材料中结构胶具有非常重要的地位。第二次世界大战期间采用了酚醛—缩醛型和酚醛—丁腈型结构胶,解决了飞机钣金结构的胶接。20世纪50年代轻质高强度的蜂窝结构材料,使飞机的高速、高空性能大幅度提高。现在3倍音速的歼击机、大型喷气式客机、洲际导弹、人造卫星、宇宙飞船等所用轻质高强结构材料、复合材料以及表面层烧蚀材料都以胶接技术制成。随着与世界产品接轨,在车辆、电子、电机、电器、仪器、仪表以及各种大型精密机械产品制造与维修中,胶接组合新工艺往往起着优异而且其他连接工艺所不能取代的作用。

2)液态密封胶

液态密封胶也称液态垫圈,是一种液态的新型静密封材料。常温下涂敷时,具有流动性,能容易填满两接合面之间的缝隙,干燥一定时间后,便形成一种具有黏性、黏弹性或可剥性的均匀、连续、稳定的膜。液态垫圈不存在固态垫片起密封作用时必须要求的压缩变形,因而也就不存在内应力松弛、蠕变和疲劳破坏等导致泄漏的因素。液态密封胶的应用范围极广,凡是原来用固体垫片密封防漏者几乎都可以用它替代,密封效果更好,并且还可用于管道螺纹密封。显然,它对维修中的密封极为有效。采用液态密封胶能适当降低密封部位接合面的加工精度和表面粗糙度。

3)锁紧防松技术与厌氧胶

锁紧防松技术主要是指机械产品的螺纹紧固件,包括螺栓、螺钉、螺帽、双头螺栓(柱)、螺塞和管螺纹连接件等的锁紧防松,也包括键锁等连接的防松技术。螺纹连接的松动是机件磨损泄漏,以致早期失效的重要原因。如车辆的制动机构发生螺栓松脱将引起严重事故,因此发展了用胶黏剂锁紧防松的新体系,其中效果最好的是厌氧胶。在空气中为液态的厌氧胶涂在螺纹上,拧紧时螺纹啮合,隔绝空气,就能在螺纹啮合面中形成粘接层,有良好的锁紧密封作用。而螺纹仍可用常规方法拆卸,并可再次涂胶使用。目前国外在汽车、装甲车辆、矿山机械、空压机等承受冲击、振动的机械上,厌氧胶已成为锁紧螺纹、紧固件不可缺少的工艺材料。厌氧胶锁紧防松技术使用方便、成本低廉、耐蚀、防松可靠。可在装备战场抢修中推广应用。

4)浸渗技术和浸渗胶

浸渗又称浸渍渗透,是指液体物质渗入多孔物质中的现象,这里主要指机械产品中铸件、焊缝和多孔性材料制品,如粉末冶金烧结件等的微孔浸渗密封技术。铸件的微气孔故障往往难以避免,却是使用中所不能允许的,特别是对武器装备,可能导致灾难性后果和危害。美国的军用技术条件中规定了各种军工产品用的浸渗密封技术规范和允许使用的浸渗胶。

5)无机胶黏剂

具有耐高温、抗老化、毒性小、原料易得、生产简便等优点。航空航天事业的发展促使无机胶黏剂获得新的进展。例如,飞机机翼的蜂窝结构,宇航发射台操纵装置上的不锈钢蜂窝结构,导弹喷气发动机和原子能发动机上所用的胶黏剂。耐火纤维的粘接、高温仪表部件的固定,往往需要在500~1000℃高温下仍能保持较高的强度。因此,无机胶黏剂是不容忽视的一个分支。

六、电子装备快速清洗技术

1. 概述

随着科学技术的迅猛发展,信息战争已成为未来高技术战争的重要组成部分,在作战、指挥、侦察、通信、导航等领域,逐步形成了集机械、电子、化学、信息技术等最新成果于一体的高技术密集型装备。特别是电子装备的发展更是突飞猛进,其复杂程度、发展速度都是前所未有的。仅以费用为例,建造一艘导弹驱逐舰,20世纪80年代电子装备所占建造费用为25%左右,而到了20世纪90年代末期电子装备所占建造费用就上升到50%以上。这些现代化装备的出现,大大提高了我军的战斗力。与此同时,随着科学技术的发展,对资源、能源、材料的开发和利用,造成了环境的严重污染。城市污染指数不断上升,大气中的尘土、盐雾、二氧化硫、氮氧化物、悬浮粒子等,都有可能在电子装备表面形成有害的沉积物。特别是电子装备在室内相对湿度低于80%的条件下,容易积累静电荷,在装备的元器件表面形成静电离子沉积,这些沉积物的存在,随着时间的推移,严重影响电子装备的正常使用。主要表现在:一是容易造成元器件保护膜的老化、龟裂、破损、洞穿和脱落;二是容易在电场效应下产生复杂的附加电容,影响装备正常效能的发挥;三是沉积物的长期存在容易产生电化学腐蚀,加速元器件的损坏;四是沉积物的不断积累加厚影响元器件散热,导致装备寿命降低;五是沉积物中含有的带电离子是导致电子装备短路、自激等故障的根源之一。上述这些问题的存在对装备的正常运行和效能的发挥造成了很大威胁,使得装备的战技性能大打折扣。如何快速有效地解决这一问题,对电子装备的维护保养提出了新的课题。然而,目前对电子装备零部件的维护保养研究不够,缺乏有效的技术手段,尤其在战前准备和战斗间歇时的维护保养还停留在手工擦拭、皮球吹洗这些传统方法上。本节介绍的电子装备快速清洗技术无疑填补了装备战场应急维修技术的一个空白。

2. 电子装备快速清洗技术基本原理及特点

电子装备快速清洗技术是指对武器装备的电子、电气、电力设备在不停机、不停电运行的前提下,利用高绝缘、不燃烧、易挥发、环保型等特性的清洗剂,使用专业设备、工具,迅速彻底清除电气部件表面及深层的各种静电、灰尘、油污、潮气、盐分、炭渍、酸碱气体等污垢的电子装备维护保养技术。

电子装备快速清洗技术的清洗原理可分为两部分,一方面所使用的清洗剂可以起到溶解污物及降低污物与基体结合力的作用,利用清洗剂的洗涤功能和极低的表面张力,对电子设备元器件表面进行润湿、渗透、展布。在这个过程中,清洗剂先将电子设备元器件表面沉积污染物进行溶解,然后以极低的表面张力,渗透到电子设备元器件表面各个部位和缝隙中,通过"毛细作用"接触沉积物,在展布时裹住污垢。另一方面雾化后的射流起到冲刷、剥离作用,将电子设备表面及元器件缝隙中的污垢去除。因此,对于电子设备的清洗,选用良好的清洗剂,并结合快速清洗技术,才能获得良好的清洗效果。

该技术主要有以下6个特点:①清洗效率高、效果好,特别是可以清理手工难以擦拭的狭窄空间和缝隙;②清洗剂无毒、无污染,清洗剂挥发速度快,清洗后不留残液;③无需拆解,不引发二次故障,无牵连工程,节约维护保养经费;④清洗剂闪点高,不燃烧,便于储运;⑤适用范围广,清洗剂为中性溶剂,可以清洗目前绝大部分电子设备,对贵重电气设备也可进行清洗;⑥清洗剂耐高电压,清洗保养操作时无需停机,可带电操作。这对于通信设备、电力设备、指挥设备、监测设备等不允许停机、停电的电子设备的维护具有重要意义。

第七章 装备战场抢修资源分析与确定

战场抢修资源是修复损伤装备所需的人员、备件、设备工具、时间、技术资料等的统称,是实施装备战场抢修的重要保证,是影响部队战斗力保持和恢复的重要因素。本章仅就人员、备件、设备工具等几类典型抢修资源的分析与确定问题进行讨论。

第一节 战场抢修资源确定的依据与原则

战场抢修与平时维修相比存在很大不同,战斗损伤是武器装备在战时所特有的损伤形式,平时不发生故障的零部件在战时却极易发生损伤。同时,由于武器装备的高强度使用和战场环境的严酷性,平时发生的耗损故障、随机故障在战时发生的概率往往会更大。加之作战任务的紧迫性,战场抢修比平时维修将更加困难、更加严酷。综合上述因素,战场抢修资源分析与确定的难度将更大。

一、战场抢修资源确定的主要依据

1. 装备作战使用要求

装备的编配方案、作战使用、任务剖面等是进行装备战场抢修资源分析与确定的约束条件。例如,对于机动作战部队而言,要求其装备战场抢修资源要便于机动保障;在装备作战使用要求中,要充分考虑假想敌情况、可能遭受的敌方威胁和战场使用环境条件;对于具有复杂作战任务剖面的武器装备而言,还要充分考虑每一任务剖面武器装备的具体使用情况和战场环境条件,以使确定的战场抢修资源携运行情况更加满足实际需求。

2. 装备战备方案

装备战备方案的主要内容包括战时装备保障计划、指挥所编组方案、收拢方案、疏散方案、机动方案等,是进行装备战场抢修分析与确定的重要依据。

3. 装备战场抢修分析

抢修资源主要是根据完成抢修工作的需要进行分析和确定的。例如,维修人员的数量和技术要求、抢修器材、设备工具等,要与抢修工作相匹配。因此,装备战场抢修分析所确定的抢修工作和工作频度,是确定战场抢修资源的输入条件和主要依据。

二、战场抢修资源确定的一般原则

(1)适应靠前抢修的要求,考虑战时使用要求和部队运输能力,便于携行及快速部署与展开。

(2)着眼部队保障系统全局,综合考虑多型号装备群战场抢修需求,合理确定战场抢修资源。

（3）按照平战结合的要求,尽量选用标准化的抢修资源,减少战场抢修专用资源的品种和数量。

（4）与装备战损规律研究相协调,重点考虑抢修易损关键件所需的抢修资源。

（5）综合权衡抢修工作和抢修资源需求,特别是当修复某种损伤模式有多种抢修方法时,应根据资源消耗、修复时间、运力要求等因素进行综合确定。

第二节　战场抢修资源分析与确定的基本程序

战场抢修资源的分析与确定是一项较为复杂的工作,需要以装备战损规律、抢修工作分析等方面的数据为基础,其分析基本程序如图 7 - 1 所示。

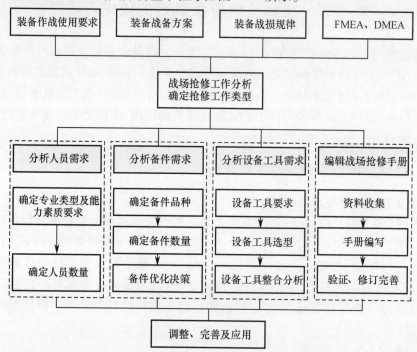

图 7 - 1　装备战场抢修资源分析与确定的基本程序

（1）进行装备作战使用要求分析、战备方案分析、FMEA、DMEA 等工作,明确装备的基本功能项目,分析装备可能发生的损伤模式,进行装备战损规律研究,并确定装备的易损性部件,分析战时装备保障计划对战场抢修资源的要求。

（2）在确定装备基本功能项目损伤模式和战损规律数据的基础上,进行逻辑决断分析,选择确定适用、有效的抢修工作类型。当修复损伤部位不止一种修复方法时,进一步明确各种修复方法发生的频度,为预计战场抢修资源提供数据支持。

（3）以装备战场抢修工作分析为基础,进行人员、备件、设备工具、抢修手册等战场抢修资源要素的分析与规划,生成战场抢修资源规划方案。

（4）经过分析规划出的战场抢修资源,可能存在着某些不足,还需根据试用情况加以调整和完善,最终形成优化的战场抢修资源规划方案。

第三节　战场抢修人员确定的方法

人员是实施装备战场抢修的主体。装备在作战使用中,需要有一定数量的、具有一定专业技术水平的人员对损伤装备实施抢修。

一、基本步骤

确定战场抢修人员的数量和专业技术等级,一般按照下列步骤加以确定。

(1)确定专业类型及能力素质要求。根据装备战场抢修工作分析结果,分析确定完成这些抢修工作对人员的专业、知识和技能要求,并参考现役装备维修人员的专业分工和技术水平,确定维修人员的专业及其相适应的技能水平。

(2)确定战场抢修人员的数量。战场抢修人员数量的确定比较复杂,因为一种武器装备必须由多种专业的技术人员实施修理,而某种专业技术人员往往同时承担多种装备的修理任务,并且战场抢修的任务量是很难进行准确预计的。因此,在确定战场抢修人员数量时,就需要做必要的分析、预计工作。

二、基本方法

(一)抢修人员专业类型及能力素质要求的确定方法

抢修人员专业类型及能力素质要求的确定,以装备战场抢修工作分析结果为输入,分析抢修人员完成抢修工作所必备的能力素质需求,包括素质要素及具体内容、素质要素的层级标准等,其过程如图7-2所示。

图7-2中,装备战场抢修人员能力素质规定了装备战场抢修人员的通用素质要素及层次结构,包括知识、技能、能力、个性等方面,如图7-3所示。

将分析结果按照人员专业和技术等级分别进行汇总,即可得到各专业和技术等级的装备战场抢修人员应具备的主要能力素质要求。在此基础上,确定各素质要素的合格标准,一般由装备专家和部队管理人员共同确定,通常用知识的丰富程度、技能的熟练程度、准确度等指标来表示。从而生成各技术等级抢修人员能力素质及层级标准,作为进行战场抢修人员训练和培训的重要依据。

(二)战场抢修人员数量的确定方法

装备战场抢修的对象是发生战场损伤的装备,而战场损伤包括战斗损伤和非战斗损伤,造成每类损伤的原因是完全不同的,战斗损伤是由敌方威胁造成的,而非战斗损伤是由于自然故障、人为差错、意外事故等造成的。对于同一装备,这两类损伤及其发生概率也是不一样的,对应的抢修工作也不一样。因此,应针对战斗损伤和非战斗损伤,分别预计所需的抢修工作量,在此基础上确定战斗中的战场抢修人员数量需求。

1. 战斗损伤所需的抢修工作量

装备战斗损伤所需的抢修工作量与装备所处的作战环境、参战装备数、损伤率、损伤程度以及抢修工时有关。

要准确预计一个修理机构的抢修任务,应该预计装备的所有战斗损伤模式及其抢修所需的时间。为了便于预计装备战斗损伤所需的抢修工作量,将装备的战场损伤分为报

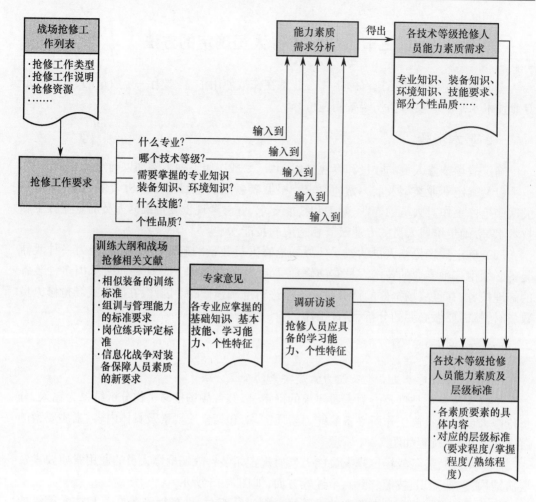

图 7-2　抢修人员专业类型及能力素质要求确定的流程图

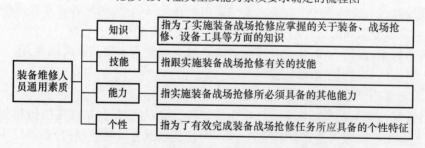

图 7-3　装备战场抢修人员能力素质要求框架

废、大修、中修和小修 4 类,假设分别对应装备的报废、重损、中损和轻损。根据损伤模拟的结果和战场抢修的经验,可以预计这 4 种损伤的比例。例如,一般军械装备损伤中,报废占 30%,大修占 10%,中修占 20%,小修占 40%;每类装备在不同的敌对威胁环境下的比例可能不同。对于每类损伤的抢修工时可采用平均工时来度量。

假设一个修理分队将负责多种不同类别装备战场损伤的抢修工作。该修理分队抢修战斗损伤的工时可计算为

$$T_d = \sum_{i=1}^{n} N_i \alpha_{ci} \alpha_{di} \left[d_{i1} T_{i1} + d_{i2} T_{i2} + d_{i3} T_{i3} \right] \tag{7-1}$$

式中:T_d 为本级修理分队抢修战斗损伤所需的平均抢修工时;N 为本级修理分队负责抢修的装备种类数;N_i 为第 i 类装备的编制数量;α_{ci} 为第 i 类装备的参战率;α_{di} 为第 i 类装备的损伤率;d_{i1} 为在第 i 类装备所有损伤中需大修损伤所占的比例;d_{i2} 为在第 i 类装备所有损伤中需中修损伤所占的比例;d_{i3} 为在第 i 类装备所有损伤中需小修损伤所占的比例;T_{i1} 为第 i 类装备大修的平均修理时间;T_{i2} 为第 i 类装备中修的平均修理时间;T_{i3} 为第 i 类装备小修的平均修理时间。

2. 非战斗损伤所需的抢修工作量

造成装备发生非战斗损伤的因素有很多,这里主要考虑装备的自然故障和疲劳损伤。在一次战斗中,可以预计装备的动用使用情况。例如,自行火炮、坦克的一次作战单车消耗摩托小时,汽车作战行驶里程,火炮的单门炮射弹总发数等。根据平时使用规律,并考虑实际作战环境,可以预计装备发生各种损伤的比例,如某坦克大、中、小修比例为 1:2:7。当然,由装备使用耗损造成的大、中、小修的比例一般不同于由战斗损伤造成的的大、中、小修的比例。同时,根据各装备的技术规范,可获得产生大、中、小修的使用间隔期。这样便可以计算第 i 种装备中单位装备需要的各种修理类别的抢修工作量,即

$$N_{f,ij} = \frac{t_i r_{ij}}{\theta_{ij}} \tag{7-2}$$

式中:i 为第 i 类装备;j 为第 j 类修理类别,$j=1$ 表示大修,$j=2$ 表示中修,$j=3$ 表示小修;$N_{f,ij}$ 为第 i 类装备中需要进行第 j 类修理类别的平均次数;t_i 为第 i 类装备在一次战斗中的平均使用量(摩托小时、行驶里程或射弹发数);r_{ij} 为在第 i 类装备中需要进行第 j 类抢修的比例;θ_{ij} 为在第 i 类装备中进行第 j 类抢修的使用间隔期。

在修理分队进行的实际抢修中,一部分因战斗损伤而抢修,另一部分因使用磨损而抢修。因使用磨损而抢修的装备数量为

$$N_i' = N_i \alpha_{ci} (1 - k\alpha_{di}) \tag{7-3}$$

式中:N_i' 为第 i 类装备因使用磨损而抢修的装备数量;k 为修正系数。

修理分队实际进行非战斗损伤的抢修工时可表示为

$$T_f = \sum_{i=1}^{n} \sum_{j=1}^{3} N_{f,ij} N_i' T_{ij} = \sum_{i=1}^{n} \sum_{j=1}^{3} \frac{t_i r_{ij} N_i \alpha_{ci} (1 - k\alpha_{di}) T_{ij}}{\theta_{ij}}$$
$$= \sum_{i=1}^{n} t_i N_i \alpha_{ci} (1 - k\alpha_{di}) \sum_{j=1}^{3} \frac{r_{ij} T_{ij}}{\theta_{ij}} \tag{7-4}$$

3. 修理分队总的抢修工作量

该修理分队所需要的抢修工作量为

$$T = T_d + T_f \tag{7-5}$$

4. 战场抢修人员数量

该修理分队所需要的战场抢修人员数量为

$$n = \frac{T}{U} \tag{7-6}$$

式中:U 为完成战场抢修任务的时限要求。

第四节 战场抢修备件确定与优化

一、战时备件消耗分析

同战场抢修人员确定方法一样,造成战时备件消耗的因素主要分为战斗损伤和非战斗损伤两大类,下面分别就两种情况引起的备件消耗进行分析,并在此基础上加以综合。

1. 战斗损伤消耗

装备在战场的任何地域和时间内都可能受到敌方的打击。根据以往的作战统计,陆军装备战斗损伤占全部损伤的比例很大。战斗损伤后,需要更换的零部件往往不止一个,且破坏严重、修复困难。此外,战斗损伤还会使平时很少出现故障的部位发生损伤。因此,战斗损伤规律与自然故障有很大不同,两者不呈线性比例关系。以平时消耗量乘以比例系数来确定战时备件消耗量的方法显然是不合适的,必须专门进行研究分析。

2. 非战斗损伤消耗

非战斗损伤导致备件消耗的因素有两种,即正常使用消耗和严酷使用消耗。其中,正常使用消耗是由装备的固有可靠性所决定的零部件故障及损伤,取决于备件故障率及使用时间,其规律和特点可在装备(或相似装备)研制及平时使用中基本搞清;严酷使用消耗是装备在战场条件下发生的装备故障及损伤。战场条件下严酷使用是一个较为普遍的现象,其导致的备件消耗必须考虑在内。

二、备件消耗模型建立

1. 基本假设

假设战斗损伤与非战斗损伤是彼此独立的,各种战斗损伤事件的发生是相互独立的。

根据以上分析,某单元战场备件消耗量可以表达为

$$N_i = N_{ai} + N_{bi} \tag{7-7}$$

式中:N_{ai}为战斗损伤导致的备件消耗量;N_{bi}为非战斗损伤导致的备件消耗量。

2. N_{ai}的确定

根据战斗损伤的特点,一个损伤事件可能包含一个或多个单元的损伤。损伤事件与损伤单元间的关系见表7-1。

表 7-1 损伤事件与单元的关系

单元(备件)	损伤事件(j)				
	1	2	3	...	m
1	d_{11}	d_{12}	d_{13}		d_{1m}
2	d_{21}	d_{22}	d_{23}		d_{2m}
3	d_{31}	d_{32}	d_{33}		d_{3m}
⋮	⋮	⋮	⋮	⋮	⋮
N	d_{n1}	d_{n2}	d_{n3}		d_{nm}

注: $d_{ij} = \begin{cases} 1 & \text{当损伤事件}j\text{中单元}i\text{发生损失} \\ 0 & \text{损伤事件}j\text{中单元}i\text{不发生损伤} \end{cases}$

假设某个单元在每台装备中只有一个,作战过程中战斗损伤事件 j 发生的概率为 p'_j,则一次损伤造成单元 i 损伤的概率为

$$r_{ai} = \sum_{j=1}^{m} d_{ij} p'_j \tag{7-8}$$

设 r 为装备的战斗损伤概率,则装备群(Q 台装备)中备件 i 因战斗损伤引起的平均消耗量为

$$\overline{N}_{ai} = r_{ai} r Q = (\sum_{j=1}^{m} d_{ij} p'_j) r Q \tag{7-9}$$

3. N_{bi} 的确定

非战斗损伤消耗量为正常使用消耗加上严酷使用消耗。根据外军研究结果,严酷使用消耗量可由正常消耗量乘比例系数 k 得出,如美国海军陆战队将 k 定为 0.75。设某备件正常使用消耗量为 N_{0i},则

$$N_{bi} = (1 + k) N_{0i} \tag{7-10}$$

4. 备件消耗量

由上面分析可知,平均备件消耗量为

$$\overline{N}_i = \overline{N}_{ai} + (1 + k) \overline{N} = (\sum_{j=1}^{m} d_{ij} p'_j) r Q + (1 + k) \overline{N}_{0i} \tag{7-11}$$

三、考虑备件保障度时备件运行量模型

备件运行量指为保障某作战单位(装备群)战场修理的需要,修理机构(分队)应准备的备件数量。装备的结构越来越复杂,可能损伤的零件较多。因而,为减少备件保障的负担,必须科学合理地规划备件的品种和数量。

(一)备件品种确定

根据装备战场修理的特点,其备件品种可通过以下分析来确定。

1. 进行基本功能分析

由于战场修理并不要求将损伤装备恢复至全部的功能状态,而是要在最短时间内将装备恢复至某一有用功能状态。因此,应针对具体的装备确定具体的基本功能准则,基本功能准则应根据不同的任务剖面而定。

2. 确定影响基本功能的项目从而确定备件品种

基本功能项目的确定应自上而下进行逻辑判断,一直到基层级可更换单元(或模块)。每一被判断对象都应回答这样的问题:该对象发生损伤影响所属子系统(或部件、组件等)完成其基本功能吗?如果回答是"是"则应继续,直到基层级可更换单元(或模块)。

按上述方法步骤,可得出装备的所有基本功能项目,可更换单元中属基本功能项目的可作为战场抢修需要的携运行的基本备件品种。

(二)模型的建立

由于战场备件消耗的随机性较大,因而,备件消耗量与运行量与平时有很大不同。通常情况下,备件运行量往往是平时年消耗量的若干倍,只有这样才能保证及时的备件供应。

由式(7-11)可以看出,备件消耗由两类不同规律及特征的消耗构成,在计算备件运行量时,必须将这两类消耗同时考虑在内。在考虑消耗量时,应当明确其时间,通常以一次作战任务时间或一定作战时间为基准。

首先考虑战时的非战斗损伤消耗。设单位时间平时正常使用消耗量为α,则单位时间战时非战斗消耗量为$(1+k)\alpha$。设一次作战任务的平均使用时间为T,将一次战斗备件的使用消耗量X看成泊松分布,则其密度函数为

$$P_a(X=x) = \frac{\mathrm{e}^{-Q(1+k)\alpha T}}{x!}[Q(1+k)\alpha T]^x \tag{7-12}$$

其次考虑战斗损伤。对于一个单元来讲,在一次作战任务中,可能损伤也可能不损伤,其备件可能不消耗,也可能消耗数个。设该件的消耗概率为p_i,Q台装备中该件受击导致的消耗量为Y,则消耗量服从二项分布,即

$$P_b(Y=y) = \binom{Q}{y}p_i^y(1-p_i)^{Q-y} \tag{7-13}$$

如运行量为S,则一次作战中不缺备件的概率为

$$\begin{aligned}
p_{Si} &= P\{X+Y \leqslant S_i\} \\
&= \sum_{x=0}^{S_i}\left[P_a(X=x)\sum_{y=0}^{S_i-y}P_b(Y=y)\right] \\
&= \sum_{x=0}^{S_i}\left\{\frac{\mathrm{e}^{-Q(1+k)\alpha T}}{x!}[Q(1+k)\alpha T]^x\sum_{y=0}^{S_i-y}\binom{Q}{y}p_i^y(1-p_i)^{Q-y}\right\}
\end{aligned} \tag{7-14}$$

在该模型中,需要首先确定p_i和p_{Si},然后才能计算出运行量S_i。

根据式(7-11),可计算出一次作战中Q台装备某零部件的战斗损伤数N,则一次作战中该件的消耗概率可以近似为

$$p_i = \frac{N_{ai}}{Q} = \sum_{j=1}^{m}(d_{ij}p'_j)r+(1+k)\alpha T \tag{7-15}$$

根据任务要求,可知Q台装备的保障概率(不缺备件概率)为p_S。该值与某零部件的p_{Si}存在下列关系,即

$$p_S = (p_{S1} \cdot p_{S2} \cdots p_{Sn})^Q \tag{7-16}$$

从式(7-16)可以看出,只要知道装备的损伤概率r、装备数量Q、各损伤事件发生的概率p_j、正常使用备件的消耗率α,则可计算出备件运行量S时在任务时间T内不缺备件的概率。

(三)运行量的优化确定

备件运行量应是在满足装备战场抢修中不缺备件概率的前提条件下,尽可能地优化配置,使携带的备件量(或体积、费用)尽可能地降低,使得更加便于保障。具体来讲,式(7-16)中实际包括装备中各类备件的运行量,即$S_1,S_2,S_3,\cdots,S_n$。

下面讨论如何确定这些变量。

1. 简化方法

计算$S=\{S_1,S_2,S_3,\cdots,S_n\}$最简单的方法是假设各备件的保障率相等。因为已按基本功能项目确定战时备件清单,一般地说,这个假设是合理的,即

$$p_{S1} = p_{S2} = \cdots = p_{Sn} \tag{7-17}$$

则有

$$p_{Si} = \sqrt[n]{p_S^{1/Q}} \tag{7-18}$$

p_S 往往可以由任务要求加以确定(一般 $p_S \geqslant 0.9$),则由式(7-18)可以计算出 p_{Si},从而由式(7-14)计算出 S_i。如计算精度不能满足要求时,可参照可靠性分配的方法,在充分考虑零部件的关键性、保障难度、费用等因素的基础上,按权重系数分配出各零部件的保障率。

2. 优化算法

如要更加科学合理地确定备件运行量,且已知备件保障的约束条件(质量、体积或价格)时,可用优化方法确定 S_i。为此建立优化模型,即

$$\max p_S = f(S_1, S_2, S_3, \cdots, S_n) \tag{7-19}$$

$$\text{s. t.} \quad \sum_{i=1}^{n} w_i S_i \leqslant W_0$$

式中:w_i 为第 i 种备件的约束条件(质量、体积或价格);W_0 为可运行的备件约束的上限。

为计算 S_i,建立以下启发式算法。

(1) 选择敏感因子,即

$$g_i = \frac{\partial p_S}{\partial P_{Si}} \frac{\Delta p_{Si}}{\Delta S_i}$$

式中:$\Delta P_{Si} = f(S_1, S_2, \cdots, S_i + \Delta S_i, \cdots, S_n) - f(S_1, S_2, \cdots, S_i, \cdots, S_n)$,一般取 $\Delta S_i = 1$。

(2) 令 $S = \{0\}$。

(3) 选择 g_i 最大者在备件 i 上加一个备件。

(4) 判断是否满足约束条件,即

$$\sum_{i=1}^{n} w_i S_i \leqslant W_0$$

(5) 如满足则重复进行步骤(3)。

(6) 如不满足,则计算停止,这时的 S 为该问题的解。

四、考虑部队运输能力的备件运行量模型

因为作战部队需要携带大量的武器、弹药等,用于携带抢修器材的能力要受客观条件限制。更换损伤零部件对大部分损伤来说可能需要的修复时间最短,但需要携带备件;有的抢修方法的修复时间尽管稍长,但不需要带更多的备件和工具。因此,抢修方法的选择应与作战部队的备件携运行能力进行综合权衡。

(一)基本思路

战场抢修备件分配的流程如图7-4所示。首先收集具体装备的详细设计分析资料(如易损性分析、维修性分析等)、实弹试验的损伤记录、相似装备或部件的军事演习和战争中的损伤,建立装备的战场损伤修复数据库。该数据库包含零部件损伤模式、抢修方法、修复时间、备件、人员等数据。利用这些数据及具体装备类型和战场环境,使用仿真技术或相应模型列出装备的可能损伤零(部)件清单及相应战场损伤概率。战场抢修备件分配最优化模型将根据部队的运输能力,利用战场损伤修复数据,用最优化技术综合分配抢修方法所需的抢修备件。

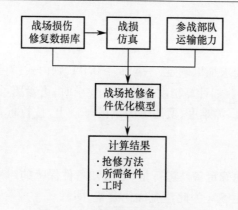

图 7 - 4　战场抢修备件分配流程

（二）模型的建立

1. 基本假设

（1）本模型只研究影响基本功能的战场损伤模式。

（2）所有损伤模式在战场上都必须得到抢修。

（3）每种损伤模式至少有两种抢修方法，一般选择换件修理和一种时间最短的非标准方法。

2. 问题描述

假设某参战部队有 Q 台同型装备配置于同一战场。已预计到敌人可能采取的攻击方式及攻击次数，装备可能出现的影响基本功能的损伤模式及平均损伤概率；每种损伤模式的抢修除标准修理外，还有一种非标准抢修方法；部队可携带 W_0 吨的备件。现在的问题是在部队携带抢修备件能力的限制下，如何分配各抢修方法所需的抢修备件。

3. 优化目标

据战场经验分析表明，通过提高战场抢修能力，减少停机时间是在高强度下的有限时间内增加装备出击次数的一种费用效果最佳的方法。本模型将以装备的平均战场抢修时间最短为目标，分配各战场抢修方法所需的抢修器材。

4. 最优化的模型

参数定义如下。

n——影响基本功能的损伤模式数。

$X = (x_1, x_2, \cdots, x_n)$——换件修理概率，其中 x_i 为第 i 种战场损伤模式的采用换件修理的概率，即

$$x_i = \frac{\text{换件修理次数}}{\text{换件修理次数} + \text{非标准修理次数}}$$

显然，$x_i = 1$，表示全部换件修理，$x_i = 0$ 表示全部非标准抢修。

假设：

T_{i1}, T_{i2}——第 i 种战场损伤模式采取换件修理及非标准抢修的平均修复时间。

w_{i1}, w_{i2}——第 i 种战场损伤模式采取换件修理及非标准抢修需携行的抢修器材质量。

p_i——第 i 种战场损伤模式的平均损伤概率。

q——装备数量。

m——攻击次数。

W_0——部队可携带抢修器材的最大质量。

则累积战场损伤次数为

$$N = \sum_{i=1}^{n} p_i qm \qquad (7-20)$$

平均抢修时间为

$$\overline{T} = \frac{\sum_{i=1}^{n} p_i qm [T_{i1}x_i + T_{i2}(1-x_i)]}{\sum_{i=1}^{n} p_i qm} = \frac{\sum_{i=1}^{n} p_i [T_{i1}x_i + T_{i2}(1-x_i)]}{\sum_{i=1}^{n} p_i} \qquad (7-21)$$

抢修备件质量为

$$W(\boldsymbol{x}) = \sum_{i=1}^{n} p_i qm [w_{i1}x_i + w_{i2}(1-x_i)] \qquad (7-22)$$

最优化模型为

$$\min_{x} \quad \overline{T}(\boldsymbol{x})$$
$$\text{s. t.} \quad \begin{array}{l} W(\boldsymbol{x}) \leqslant W_0 \\ 0 \leqslant x_i \leqslant 1 \quad i = 1, 2, \cdots, n \end{array}$$

该模型是在有限的抢修备件携带质量的约束下,综合分配各抢修方法所需的备件,使平均抢修时间极小化。

该模型是一个线性规划问题,可用单纯形法求解。

5. 应用

现有一部队需要 10 台同型装备参加一次战斗,敌方的攻击方式是火炮射击,攻击次数约 100 次,经过仿真模拟预计有 5 种战损模式,具体数据如表 7-2 所列。

表 7-2　装备损伤模式的有关数据

损伤模式 i	抢修方法 j	平均抢修时间 $T_{ij}/\min$	战损概率 p_j	抢修器材重量 w_{ij}/t
1	1	5	0.001	0.50
	2	15		0.10
2	1	10	0.003	0.40
	2	20		0.15
3	1	5	0.002	0.40
	2	15		0.01
4	1	10	0.001	0.6
	2	15		0.4
5	1	5	0.004	0.1
	2	5		0.15

该部队可用于携带备件的最大能力为 $W = 3.0\text{t}$,计算应如何准备战场抢修所需备件。利用单纯形法求解该问题,结果为

$$x^* = (0.2425,1.0,1.0,0.015,1.0)^T$$

$\bar{T}(x^*) = 7.9545\text{min}$,即对第一种损伤模式:24.25% 需换件修理,75.75% 需进行非标准抢修;对第 2、3、5 种损伤模式全部采取换件修理;对第 4 种损伤模式只有 1.5% 需换件,98.5% 要采用非标准抢修方法。

第 i 种损伤模式需要换件修理的器材重量为 $x_i w_i p_i qm$;非标准修理所需备件的重量为 $(1-x_i)w_i p_i qm$。由此,可确定各抢修器材的重量如表 7-3 所列。

表 7-3   各抢修方法所需抢修备件重量

损伤模式 i	分配系数 x_i	方法 1 所需备件/t	方法 2 所需备件/t
1	0.2425	0.1212	0.0757
2	1.0000	1.2000	0
3	1.0000	0.8000	0
4	0.0150	0.009	0.3900
5	1.0000	0.400	0
合计		2.5221	0.4657

表 7-4 列出了携带抢修备件的限定重量 W_0 与最优解的关系。从表中可看出,携带的备件越多,平均修理时间越短;但当备件重量增加到一定程度后,平均时间将不再降低,最优解的取值为 1.0 或 0,即选取修理时间取短的方法,这时还想降低平均修理时间,只能通过改进抢修方法。对于第 5 种损伤模式的战场抢修方法都采用换件修理,该结论不难从表 7-2 给出的数据中得出。因此,在应用该模型时,类似情况可不必考虑。

表 7-4   携带备件重量与最优解的关系

携带器材 W_0	最优解 x^*	平均抢修时间 $\bar{T}(x^*)$
1.4	(0.0000,0.0399,0.0000,0.0000,1.0000)	12.6184
1.6	(0.0000,0.3066,0.0000,0.0000,1.0000)	11.8910
1.8	(0.0000,0.5629,0.0100,0.0000,1.0000)	11.1739
2.0	(0.9999,0.3067,0.0000,0.0000,1.0000)	10.9818
2.2	(0.0051,1.0000,0.0923,0.0301,1.0000)	9.8139
2.4	(0.0018,0.9999,0.3555,0.0100,1.0000)	9.3475
2.6	(1.0000,1.0000,0.1000,0.0100,1.0000)	8.9045
2.8	(1.0000,1.0000,0.3590,0.0000,1.0000)	8.4382
3.0	(0.2425,1.0000,1.0000,0.0150,1.0000)	7.9545
3.2	(1.0000,1.0000,0.8718,0.0000,1.0000)	7.5058
3.4	(0.9965,1.0000,1.0000,0.5070,1.0000)	7.0455
3.6	(1.0000,1.0000,1.0000,1.0000,1.0000)	6.8182
3.8	(1.0000,1.0000,1.0000,1.0000,1.0000)	6.8182
4.0	(1.0000,1.0000,1.0000,1.0000,1.0000)	6.8182

第五节 战场抢修设备工具的分析与确定

战场抢修设备工具是指专门用于装备战场抢修所需的工具箱、工程车辆、损伤检测设备、评估设备、应急维修设备等的统称,是维修设备工具的重要组成部分。应在战场抢修分析的基础上,对战场抢修设备工具进行分析与规划。

一、战场抢修设备工具的主要要求

1. 尽量减少装备战场抢修设备工具的品种

(1)尽量采用部队现有战场抢修设备工具。

(2)着眼建制部队多型号装备的战场抢修需求,对抢修设备工具进行综合论证。

(3)以装备常见损伤模式为重点,开发战场抢修设备工具。

2. 与装备生存性、易损性、抢修性设计相协调

(1)将战场抢修设备工具开发纳入装备研制系统工程中的一项内容统一规划。

(2)深入开展装备生存性设计与分析。

(3)开展装备战损规律研究,深入探索装备的易损性部件、损伤模式、机理与规律。

3. 与部队战场抢修实际需求相匹配

(1)强调战场抢修设备工具的综合化和小型化,力求简单、灵活、轻便,便于运送和携带。

(2)要充分考虑部队战场抢修人员的技术水平,力求操作使用方便,易于维护。

(3)充分考虑战场抢修力量编组情况,科学界定抢修分队任务分工,并对战场抢修任务量进行科学预计。在此基础上,综合权衡战场抢修设备工具的利用率、满足率、经济性、运用效果等指标,合理确定战场抢修设备工具需求。

(4)尽量降低对电力等移动设施设备的要求。

(5)具有防热、防潮、抗撞击等性能,并具有较长的储存寿命。

4. 与平时维修设备工具规划相协调

(1)将战场抢修设备工具开发作为维修设备工具的重要组成部分进行规划。

(2)平时维修设备工具开发要平战结合、立足战时。

(3)能和平时维修设备工具整合的,要尽量进行整合。

(4)对平时维修设备工具满足战时使用要求的,原则上不再开发或者少量配备战场抢修设备工具。

二、战场抢修设备工具规划与研制基本程序

进行战场抢修设备工具规划与研制是一个相对复杂的过程,其基本程序如图 7-5 所示。从图中可以看出,战场抢修设备工具与平时维修设备工具的规划与研制流程基本相同,但也有其特殊性,重点说明以下几个方面的问题。

(1)对战场抢修设备工具进行规划,必须以充分的装备战损试验数据、生存性易损性抢修性数据、战损规律研究结果等为基础。因此,在装备研制过程中,应同步开展装备生存性易损性抢修性设计与分析(特别是开展 FMEA 和 DMEA),并通过实弹试验和仿真试

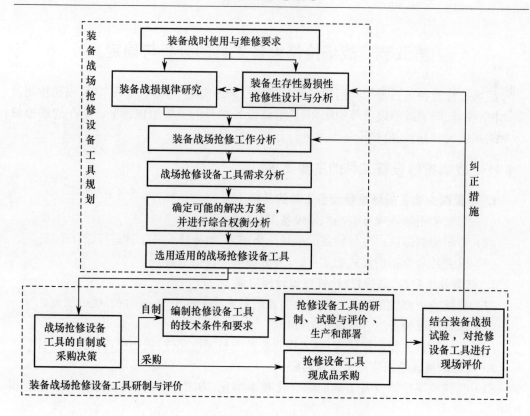

图7-5 战场抢修设备工具规划与研制流程

验探索装备战损机理与规律,获取装备的易损性部件及其损伤模式和发生概率,为战场抢修设备工具规划提供科学依据。

(2)由于战场抢修设备工具只是在紧迫的战场环境下、战场抢修训练和其他紧急情况下使用,在平时主要处于储备状态,因此,一方面考虑到抢修设备工具的利用率、经济性等问题,应重点储备那些战时装备应急修理需求迫切、对提高战场抢修效能具有显著作用的设备工具;另一方面在平时应加强战场抢修设备工具的使用操作训练,使战场抢修人员熟练掌握战场抢修设备工具的操作使用技能。

(3)在战场抢修设备工具规划中要进行深入的综合权衡分析,不仅要与平时维修设备工具进行综合权衡,而且在战场抢修工作分析中,就应该对标准修理方法和应急修理方法的选用(切换、剪除、拆换、替代、原件修复、制配、重构等)进行综合权衡,对使用各种方法的优劣及其适用条件进行深入分析,在此基础上选用适用的抢修设备工具。

(4)规划的战场抢修设备工具的适用性和有效性归根结底要靠实战来检验,但是在和平时期战场抢修设备工具没有接受实战检验的机会。为此,可以结合部队实战训练和装备战损试验,对选用的战场抢修设备工具的适用性和有效性进行评估,根据试验与评价结果,对战场抢修设备工具进行改进和完善,修订战场抢修设备工具配套方案。

三、战场抢修设备工具数量的确定

目前,还没有公认的、成熟的战场抢修设备工具数量计算方法,参考平时维修设备工具数量的确定方法,建立了抢修设备工具数量的估算模型。该模型主要是通过估算利用抢修设备工具的时间多少来预计其数量需求的,其计算过程主要分为两个步骤。

1. 计算抢修设备工具的使用次数

$$N_{SE} = \sum_{i=1}^{n} N_i t_i T f_i \qquad\qquad (7-23)$$

式中:N_{SE} 为某种抢修设备工具的使用次数;N_i 为第 i 种抢修对象的数量,假设共有 n 种抢修对象;t_i 为单位任务时间内第 i 种抢修对象的工作时间;T 为总任务持续时间;f_i 为第 i 种抢修对象在单位任务时间内使用某种抢修设备工具的概率,可由使用某种抢修设备工具修复的装备损伤的发生概率进行计算。

2. 计算抢修设备工具数量

某种战场抢修设备工具数量需求用式(7-24)进行计算,即

$$N = \operatorname{int}\left[\frac{N_{SE} \sum_{j=1}^{m} t_j}{T_u T}\right] \qquad\qquad (7-24)$$

第八章　装备战场抢修的组织与实施

装备战场抢修组织与实施是战时装备保障指挥的重要组成部分,是保持和恢复部队战斗力的重要环节。本章主要介绍战场抢修的主要任务、指导思想、基本原则、抢修机构设置、组织指挥与实施等内容,为组织实施装备战场抢修奠定基础。

第一节　战场抢修组织与实施的基本任务

装备战场抢修的基本任务是装备抢修分队及时、迅速地恢复受损装备的战斗能力或实施有效的自救,使在编的装备随时处于良好的技术状态和具有持续遂行任务的能力,满足作战部队的装备保障需求。

一、战前装备战场抢修准备工作

战前做好战场抢修的准备,是战场抢修成功的基本保证。战场抢修的准备工作主要是指根据拟制的战时装备保障计划在战前开展的各项准备工作,主要包括以下内容。

（1）传达装备保障指示要求。修理机构受领任务后,应及时将有关内容向所属人员传达,开展战前动员。并根据保障任务和上级规定要求,明确修理力量编组和任务分工,有计划、分步骤地组织开展各项准备工作。

（2）组织实施战前维护保养。根据装备的使用情况及其战术技术性能,按照维修大纲要求对装备组织实施维护保养,确保装备处于良好的技术状态。

（3）准备装备战场抢修资源。根据装备战场抢修任务量预计结果,开展维修器材、设备工具、技术资料等抢修资源准备,做到抢修资源的品种、规格、数量与实际需要相一致。

二、战中装备战场抢修组织实施

战场抢修的目标是在确保人员和武器装备安全的情况下,采取一切可行的方法和手段恢复装备的作战能力,以使其尽快重返战斗使用。因此,战中装备战场抢修的任务主要包括以下内容。

（1）开展装备战损评估。战场损伤评估简称战损评估,其实质是对损伤装备进行战场抢修技术决策的过程,是战场损伤修复的前提和基础。当装备发生战损以后,在实施损伤修复之前应当首先对受损装备进行战损评估,以判明装备的损伤部位,确定装备的损伤程度,采集装备的损伤信息,明确修理任务和风险,分析抢修所需的人力、时间、备件等资源。如果战损评估不及时、不准确,不仅会造成资源的严重浪费,而且会丧失装备重返战斗的机会,进而贻误战机。

（2）组织实施装备抢救。当装甲车辆、自行火炮等装备,在作战、行军中由于发生故障、战损、淤陷、翻车、掉沟等原因而失去战斗力和自行能力,应当采用自救、拖救、牵引、输送等方法,尽快使其脱陷,并将其送到隐蔽地、修理点或转运地。

（3）组织实施装备抢修。经过对损伤装备实施评估,并确认装备具有修复价值后,应当根据损伤评估的结果,对损伤装备迅速实施抢修,并记录装备的恢复状态,统计抢修资源消耗情况。需要注意的是,在条件允许的情况下,应首先选择常规维修方法。战场损伤评估与修复方法只限于战斗中或其他战场紧急条件下使用。任务完成后,应立即实施常规维修。

（4）组织实施装备接取。对前方装备修理机构无力修复的待修装备进行接取,组织实施修竣装备归建,向作战部队补充装备。

（5）组织实施器材保障。随时掌握维修器材消耗情况,适时向指挥员提出调整、补充器材保障的报告和建议,以确保为战场抢修提供不间断的器材保障,准确无误地实施供应。

三、战后装备战场抢修组织实施

战后阶段是指一次战斗结束后至下次战斗任务前的一段时间。因此,战斗结束后部队又开始了新一轮的战前准备工作,并对战中未修复的损伤准备尽快实施抢救抢修。此外,应重点做好以下几个方面的工作。

（1）组织实施装备常规修理与后送。条件允许的情况下,对战中采取应急的、非常规修理的装备,应当实施常规修理;对严重损坏的装备,本级不能修复的装备,要及时组织后送修理。

（2）组织实施物资的收集和处理。对报废的装备,可拆卸有用零部件,以做维修器材补充;对缴获的装备,组织力量进行技术检查,确定是否可以利用;对无回收利用价值的报废装备、器材等进行销毁处理。

（3）总结分析装备战场抢修的经验教训:统计抢修资源消耗、损伤装备修竣、设备工具损耗等数据,分析战场抢修组织实施中存在的问题,总结战场抢修组织实施的成功做法和经验教训,为改进装备战场抢修组织与实施奠定基础。

第二节　战场抢修的指导思想和基本原则

一、战场抢修的指导思想

战场抢修的指导思想是组织实施战场抢修遵循的依据、达到的目的。经综合考虑,可以概括为"预有准备,主动及时,机动灵活,快速高效,确保战斗使用"。

1. 预有准备

强调战场抢修要从战前准备入手,从"全系统、全寿命"的角度考虑,准备工作主要包括装备抢修性设计与分析、战场抢修标准手册制订、设备工具规划与研制、器材保障、人员训练等,赋予武器装备易于抢修的特性,提供战场抢修所需的资源,提高维修保障人员的战场损伤评估与修复技能。

2. 主动及时

主动及时不但是对维修保障人员的要求,也是对装备使用操作人员和指挥人员的要求。装备一旦发生战损或者故障,装备使用操作人员应该在第一时间对损伤装备进行全面的安全检查,并初步观察装备损伤现象;各级维修保障人员负责对损伤装备实施全面评估,确定装备损伤部位,评估装备功能丧失情况,提出修理意见建议;各级指挥员根据本级评估结果,进行装备战场抢救抢修决策,并根据需要请求上级支援修理或实施后送修理。

3. 机动灵活

机动灵活是对抢修时机、手段、方法、技术选用等方面的要求,要求发挥各类人员的主观能动性和聪明才智,综合考虑装备的损伤程度、恢复功能用时间、战场环境条件、作战紧迫程度等因素,科学确定修复损伤装备的时机和优先顺序,即确定现场修理、推迟修理、支援修理还是后送修理;根据装备恢复后的功能状态要求,科学选定抢修的方法、技术和手段,即确定实施常规修复、应急修复还是应急使用。

4. 快速高效,确保战斗使用

战时装备修理与平时维修最大的不同是有着严格的抢修时限要求,要求损伤修复必须在战术上合理的时间限度内完成。因此,为了快速修复损伤装备,并不要求恢复装备的本来面目,应当视情将损伤装备恢复到能够完成全部作战任务、能进行战斗、能作战应急、能够自救等4种状态之一,从而把有限的时间用于恢复更多的损伤装备,达到确保战斗使用的目的。

二、战场抢修的基本原则

1. 加强预防,及时消除装备潜在故障和隐蔽故障

预防性维修是指为了避免装备发生故障而带来的严重后果,在装备发生故障之前所进行的预防性工作。在装备平时使用中,为了保持装备的战备完好,对装备进行必要的预防性维修工作固然是重要的。但是,由于战场情况下的严酷性和武器装备的高强度使用,在战时对装备进行预防性维修的需求就更加迫切了。一是重视间隔期为使用前和使用后的预防性维修工作。由于武器装备的动用使用规律和特点,这些工作在平时做得相对较少,但在战时这些工作的频率是非常高的,平时应该加强这方面的训练。二是确定预防性维修工作要充分考虑战场环境的严酷性。区别于民用装备而言,军用装备往往是在恶劣的战场环境下使用,这就需要不能简单按照平时的装备使用环境和情况确定预防性维修工作,要充分考虑战场环境对武器装备可靠性所带来的严重影响。三是重视武器装备高强度使用。平时装备的可靠性水平,是在平时理想的使用强度和条件下所呈现出来的,当使用条件发生改变,特别是在战时高强度使用的情况下,装备在规定的任务剖面内发生故障的可能性将显著增加,这就需要装备使用操作人员要时刻监控装备的健康状态,当发现故障征兆时,及时采取必要的预防性措施,从而避免意想不到的装备故障和安全事故发生。

2. 靠前修理,加强伴随修理和远程支援维修

在作战允许和技术可行的条件下,武器装备应尽可能在损伤现场或靠近损伤现场进行修复,从而可以尽快恢复装备作战能力并重新投入作战使用。在1973年的中东战争中,以色列和阿拉伯军队双方武器装备损失都很严重。以军在最初18h内有约77%的坦克丧失了战斗能力。但是,由于他们成功地对损伤装备进行了靠前修理,在不到24h时间内,又有80%的丧失战斗能力的坦克恢复了战斗能力,甚至有的坦克"损坏—修复"达4~5次之多。在信息化作战条件下,装备使用强度加大,损伤概率显著增加。通过对近年来我军实打实保试验训练数据进行分析发现,装备发生轻损和重损的概率相对较大,而发生中损和报废的概率相对较低。因此,根据武器装备的战损规律和特点,对损伤装备进行现场修理和后送修理的任务量将更大,应该重点加强伴随修理、后送修理和远程支援维修能力建设。

3. 突出重点,科学组织实施战场抢修活动

组织实施装备战场抢修必须树立全局观念,自觉地把着眼点放在服务于作战上。为此,必须正确理解本级首长的作战意图和上级的装备维修保障指示,正确处理装备维修保障与作战的关系,使装备维修保障决心、计划符合本级作战决心和作战计划,与作战部署相一致。因此,不管部队遂行什么样的作战任务,实行什么样的作战部署,装备战场抢修应始终坚持"先主要方向后次要方向,先战斗装备后保障装备,先轻损装备后重损装备"的原则,从而把装备战场抢修组织实施的重心始终放在具有决定意义的方向和行动上。

4. 因时因地,灵活选择装备修复方法和措施

平时装备修理是根据装备维修手册、修理技术规程等标准规范,由规定的人员进行的一种标准修理,是为了恢复装备的固有属性而进行的活动,所需的设备、工具、备件、人员等资源都是有着特定要求的。战时装备修理则不同,战场抢修可以采用多种方法。如果条件允许,应当首选常规修理措施,将损伤装备恢复到平时规定的状态。但是,由于战场环境的复杂性,有时不可能有专业的维修人员在场,并且出现资源短缺的情况是常有的事。在这种情况下,只能由装备使用操作人员因时因地因材,采用一些临时拼凑的应急性修复措施,如切换、减除、替代、拆拼修理等,在尽可能短的时间内将损伤装备恢复到能完成一定作战任务的工作状态,甚至有时只要能够自救也就可以了。但是需要指出的是,这并不是说在战时可以随便对武器装备进行任何形式的修理,必须根据当时的战场态势和作战任务要求进行科学决策,灵活选择装备修复方法和措施,并经指挥员授权后才能够组织实施。

5. 修供结合,尽快恢复部队的作战能力

新型复杂武器装备不但广泛采用了新技术、新材料、新工艺,更重要的是广泛采用了信息、侦察、精确制导、人工智能、综合诊断、计算机、大规模集成电路和软件等新技术,信息化程度越来越高,已由原来的机械类装备发展成为机电一体、软硬一体的信息化装备。在对抗异常激烈的信息化多维战场环境,装备战损机理越来越复杂,"软硬复合损伤"将是新型复杂装备战场损伤的主要表现形式,一旦遭到损伤,凭借战场上的技术力量将很难对其进行修复。为此,一方面要深入研究新型复杂装备的战损模式、机理与规律,探索战场抢修新方法、新材料和新技术;另一方面,在战场抢修的对策上要进行大胆创新,可以考虑储备一定数量的新装备,一旦发生在战场上修复不了的损伤装备,可以借助远程支援能力,将储备的武器装备及时补充到作战一线部队,并将受损装备后运到后方修理基地进行修理,修复后再将其作为"备件"进行储备,称这种策略为"修供结合",从而可以最大限度地保持和恢复部队的作战能力。

第三节　战场抢修的机构设置与职责

一、装备战场抢修的机构设置

装备战场抢修机构通常设置有装备战场抢修指挥机构和抢修力量,装备战场抢修指挥机构主要是指装备保障指挥机关,抢修力量主要是指实施装备抢修任务的装备保障分队或临时编组,通常区分为修理分队、器材供应分队等。

（一）装备战场抢修指挥机构设置

1. 按装备类型设置

按照装备类型的不同,装备战场抢修指挥机构通常可以设置有装甲装备抢修指挥机构、工化装备抢修指挥机构、军械装备抢修指挥机构和车辆装备抢修指挥机构等。

2. 按保障职能设置

按照保障职能的不同,装备战场抢修指挥机构通常可以设置有装备抢修指挥席、组织计划席、装备维修席和器材供应席等。

（二）战场抢修力量设置

1. 按装备类型设置

按照装备类型的不同,保障分队抢修机构通常可以设置有雷达抢修组、火炮抢修组、导弹抢修组、高炮抢修组、坦克抢修组、步战车抢修组、油液监测组、技术观察组、车辆抢修组、防化抢修组和工程抢修组等。

2. 按装备技术构成设置

按照装备技术构成的不同,保障分队抢修机构通常可以设置有底盘抢修分队、上装抢修分队、火控抢修分队、光电抢修分队和灭火抑爆抢修分队等。

二、装备战场抢修机构的职责

（一）装备战场抢修指挥机构职责

装备战场抢修指挥机构是为了实现装备指挥员及其机关遂行装备战场抢修任务的组织领导活动而开设的具有一定组织层次的领导机构。装备战场抢修指挥机构通常在本级装备部门首长领导下,通过装备指挥行为,将部队指挥员的意志贯彻落实到装备抢修行动中,最大限度地发挥装备保障力量的作用,保障装备抢修任务的实施。其职责主要包括以下内容。

1. 收集战场信息,掌握基本情况

战时装备指挥员需要掌握的信息和情况很多,装备战场抢修指挥机构需要为指挥员收集大量的战场情况信息,为制定保障计划和定下保障决心提供依据参考,收集的信息主要有:当前的敌我态势和战斗进展情况;本级首长对情况判断的结论、决心、处置和各部（分）队的战斗任务;上级和本级首长对保障工作的指示;各部（分）队维修器材的消耗、损失及武器装备的损坏情况与对维修保障的要求;各战场抢修力量的人员、保障装备的损失情况和抢修能力等。

2. 实施装备战场抢修决策

装备指挥员定下保障决心的过程,就是决策过程,这个过程通常包括确定装备抢修目标、制定抢修方案、选择最优方案进行决断、实时追踪抢修情况、适时调整决策内容,直至抢修任务的完成。装备战场抢修决策通常包括组织决策和专业保障决策。组织决策有抢修力量的组织与使用、保障及指挥关系的确定、防卫和通信的组织等;专业保障决策有装备物资供应和维修决策等。

3. 制定装备战场抢修计划

装备战场抢修计划主要包括装备战场抢修力量部署方案、器材供应保障计划、装备修理计划、通信联络计划和防卫计划等。

4. 组织装备战场抢修力量

将本级建制的、上级加强和地方支援的各种装备保障力量优化组合成一个有机整体，形成装备抢修力量单元，通过确定装备抢修组织结构，明确其保障任务、责权范围及与相关组织的关系，使其具备装备抢修的能力。

5. 协调装备战场抢修活动

在协调活动中，首先要确定协调的范围和内容。装备战场抢修协调活动范围主要区分为两大类，即内部协调和外部协调。内部协调，是装备战场抢修力量内部各业务部门之间、所属各部(分)队之间的协调。外部协调，一般包括与本级司令部、后勤部等部门的协调，与地方支前机构的协调等。装备战场抢修协调方法通常有计划协调、会议协调、文电协调、随机协调、互派代表、联合办公等。装备战场抢修指挥员应依据协调范围和内容，结合当时当地的具体情况，灵活选定相应的方法，进行周密的协调。通常在组织重大行动协调之前，应制定协调工作计划，明确协调范围、内容、时间、地点及方法，保证协调有序进行；通过协调，明确有关协同事宜，形成协同行动计划。协调活动要贯穿于装备战场抢修的全过程，结合战中情况实施不间断的协调，确保保障行动的协调一致。

6. 控制装备战场抢修活动

对装备战场抢修决策目标、命令、指示、计划执行过程进行监督和检查，及时发现问题，采取措施迅速纠正偏差或将偏差限定在允许范围之内，引导其按保障计划行动，保证装备战场抢修活动按计划而顺利地实施。

7. 适时组织战场抢修力量转移

战时，装备战场抢修指挥机构要随时掌握战役、战斗发展变化的情况和敌对我威胁破坏的情况，掌握好指挥机构和各抢修力量的转移时机，确定转移方式，做好转移前的准备工作，掌握转移中的情况，处置转移中出现的问题。转移到新的配置位置后，要迅速展开，沟通通信联络，落实防卫措施，报告和通报转移情况。

8. 报告装备战场抢修情况

战中，遇有紧急情况，要随时向本级首长和上级机关报告，一般情况要按规定时间和形式报告，及时提出维修器材的补充申请和后送损坏装备的建议。

（二）战场抢修力量职责

按照装备战场抢修任务的分工，战场抢修力量可划分为修理分队和器材供应分队，通过将战时装备抢修任务的实施划分为战前、战中和战后3个不同的时间阶段来明确各战场抢修力量的职责。

1. 修理分队

（1）战前，修理分队的职责主要包括物资的保管与准备、人员动员教育、拟制计划、组织业务训练等内容。物资的保管与准备是指对实施装备修理所需的设备、工具等物资的平时管理、筹措和准备；人员动员教育是对修理分队所有的人员进行战前思想教育和战前动员，要根据战场实际结合人员思想情况，有针对性地做好思想教育和动员。确保修理分队的人员能够保持高昂的战斗精神，以饱满的热情投入到战场中去；拟制计划主要是指战场装备抢修的具体实施方案以及处理战场突发事件的方案预案等;组织业务训练是指搞好战前应急训练,提高装备抢修业务人员的能力。

(2)战中,修理分队的职责主要包括组织力量机动、展开业务活动、实施修理、撤收、防卫作战等内容。组织力量机动是指修理分队根据战场实际情况修改完善机动方案、做好机动准备、明确机动方式、检查车辆、组织实施设备工具等物资装载、组织人员登车等;展开业务活动是指修理分队机动至目的地域后,为实施装备抢修而进行的准备工作,主要是清理场地、准备修理所需的设备工具、设置安全警戒哨等;实施修理是指组织修理人员对受损装备进行专业维修,使其在较短的时间里恢复原有的技术参数,或当前技术手段不满足修理条件,修理分队将受损装备实施后送;撤收是指装备修理完毕或依据现有技术条件无法完成当前的修理任务,修理分队实施的撤离活动;防卫作战是指修理分队在机动过程中或装备修理现场遭受敌火力威胁时而采取的战术行动,可与作战部队协同或单独实施防卫作战行动。

(3)战后,修理分队的职责主要包括装备检查保养、补充调整、参加战场打扫等。装备检查保养是对参战装备进行技术检查,并实施保养;补充调整主要包括设备工具的补充调整和人员的补充调整,在战场抢修实施过程中难免会损失部分设备工具,在战后修理分队应根据实际情况,掌握自身装备损失,及时申领补充各种设备工具,为下一阶段的抢修任务做好物资准备,人员的补充调整同样也是这样;参加战场打扫一般由司令部统一组织,装备部门派人参加。

2. 器材供应分队

(1)战前,器材供应分队的职责主要包括器材的保管与准备、人员动员教育、拟制计划、组织业务训练等内容。器材的保管与准备是指对实施装备修理所需的器材物资的平时管理、筹措和准备;人员动员教育是对器材供应分队所有的人员进行战前思想教育和战前动员,要根据战场实际结合人员思想情况,有针对性地做好思想教育和动员。确保器材供应分队的人员能够保持高昂的战斗精神,以饱满的热情投入到战场中去;拟制计划主要是指战时器材供应的具体实施方案以及处理战场突发事件的方案预案等;组织业务训练是指搞好战前应急训练,提高分队实施器材供应的能力。

(2)战中,器材供应分队的职责主要包括器材筹划、器材装载、组织力量机动、器材卸载、撤收、防卫作战等内容。器材筹划是指器材供应分队根据修理分队提出的器材需求,进行的器材筹措活动;器材装载是指器材供应分队将器材物资按照一定的原则,分类分车实施装载;组织力量机动是指器材供应分队根据战场实际情况修改完善机动方案、做好机动准备、明确机动方式、检查车辆、组织人员登车等;器材卸载是指器材供应分队机动至目的地域后,将器材物资按照要求进行分类分区卸载的活动;撤收是指器材卸载完毕后,器材供应分队实施撤离的活动;防卫作战是指器材供应分队在机动过程中或装备修理现场遭受敌火力威胁时而采取的战术行动,可与作战部队和修理分队协同或单独实施防卫作战行动。

(3)战后,器材供应分队的职责主要包括装备检查保养、补充调整、参加战场打扫等。装备检查保养是对参战装备进行技术检查,并实施保养;补充调整主要包括器材的补充调整和人员的补充调整,战后器材供应分队应根据实际情况,掌握因保障活动或遭受敌火力袭击而损耗的器材物资,并及时申领补充,为下一阶段的抢修任务做好器材物资的准备,人员的补充调整也是这样；参加战场打扫一般由司令部统一组织，装备部门派人参加。

第四节　装备战场抢修的组织指挥与实施

一、装备战场抢修力量编组

装备战场抢修力量编组，是对装备维修保障力量，包括技术保障人员、技术保障设备、机工具以及维修保障资源进行的区分和组合，是装备技术保障部署的主要内容。

（一）装备战场抢修力量编组要求

抢修力量编组时，应根据装备保障机构的部署形式、所提出的保障任务及要求，按照"统一使用、照顾建制，专业对口、发挥特长，均衡强弱、优化组合，突出重点、兼顾一般"的原则进行。

1. 统一使用、照顾建制

要对本级建制、上级加强、地方支援的修理力量，统一组合，统一使用，充分发挥整体保障效能。编组时，要以本级力量为主，尽量照顾本级班、排建制和上级加强、地方支援的建制，以便于组织指挥和协调。

2. 专业对口、发挥特长

无论是本级建制力量，还是上级加强、地方支援的修理力量，在区分编组时，要充分考虑其专业和特长，尽量做到专业对口、用其所长、尽其所能，最大限度地发挥每个人的特长。

3. 均衡强弱、优化组合

在区分和组合时，要综合考虑每个人的实际情况，做到强弱搭配。尤其是分队随装备保障机构按两个以上方向部署或分多群（队）部署时，要以能够及时有效地完成修理任务为出发点，均衡强弱，优化组合。按任务编群（所）、按方向编队、按专业编组，在群中编所，在所中编队，在队中编组。根据装备指挥机构要求和装备抢救抢修的需要，把专业性与综合性结合起来，形成强弱相济、功能相溶、易于拆分、便于组合的模块式的抢救抢修体制，充分发挥整体保障能力。

4. 突出重点、兼顾一般

抢修力量在编组时要统观全局，统筹兼顾，集中优势力量优先保障主要方向、主要作战部队（分队）、重要地区、关键时节和主要作战装备的需要。同时，也要兼顾其他方向、其他作战部队（分队）、其他作战时节和装备的需要。

（二）装备战场抢修力量编组形式

由于各部队（分队）编制体制的差异，其抢修力量编组形式各不相同。通常来讲，装备战场抢修力量编组一般有群队组、所属式和单元式3种编组形式。

1. 群队组编组

群队组编组是指按任务编群，按功能编队，按专业编组。群辖队，队辖组，如图8-1所示。此种编组形式的特点如下。

（1）灵活性。以专业组为基本单元，呈积木式模块化，可随时分合。各个单元都能独立执行一定的保障任务。

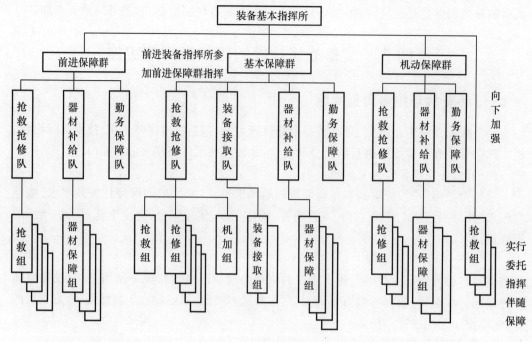

图 8-1　群队组编形式

（2）综合性。各群都具综合保障能力，不以某类装备为保障对象，而以作战单位为保障对象。

（3）非线性。包括保障任务的非线性和保障行动的非线性。即战术级装备保障不划分修理级别，担负同等损坏程度的抢修任务；师以下各级保障机构非梯次部署，各级都同时具有超前性和滞后性。

2. 所属式编组

按照所属式编组，抢修力量可编组为抢救修理所、机动抢救修理所和器材保障所。

（1）抢救修理所。由修理分队大部分人员组成，配有野战抢救修理装备、设备。由分队主要领导担任指挥员。其任务是抢救、修理损伤的武器装备。为便于组织，通常情况下，抢救修理所可下设坦克、装甲车辆、军械修理和车辆、工程、防化修理等小组和综合修理小组。根据装备技术部署样式，可视情况将修理分队编成基本抢救修理所和方向抢救修理所或 1~2 个前进抢救修理所。基本抢救修理所应具备综合抢救修理能力，方向或前进抢救修理所视情况编成专项或综合抢救修理所，如坦克、机械化部队的前进抢救修理所主要担负坦克、装甲车辆和自行火炮的抢救修理任务。

（2）机动抢救修理所。机动抢救修理所是抢救修理的机动力量，由修理分队部分人员组成，配备专用抢修工具和抢救车辆。其任务是接替失去保障能力的抢救修理机构的工作，或承担装备技术指挥所临时赋予的任务。

（3）器材保障所。由器材部门有关人员和仓库、警戒、通信、运输人员组成，配备运输和吊装车辆，由器材部门负责人或仓库主任任所长。其任务是收发、保管、统计、装卸、前送装备维修器材和收缴废旧器材。当装备技术保障力量成两个梯队、按方向和按方向成梯队部署时，应视情况分为基本器材保障所和方向器材保障所，分别受装备技术基本指挥所、装备技术前进指挥机构或装备技术方向指挥机构的指挥。基本器材保障所应具备综合保障能力,前进器材保障组可视情况供应专项设备的维修器材。当维修器材补充较多,运力不足,不能以车代库时,应建立器材库。器材库受装备技术基本指挥所的指挥,由器材部门助理员、仓库有关人员及后勤、运输人员组成。其任务是收发、保管、统计、装卸和前送器材。

3. 单元式编组

单元式编组是指抢修力量按照装备的技术构成进行编组。保障单元是指能够独立完成基本作业功能的保障力量与保障资源的最小组合,是各级保障机构编成的最小单位。

战场抢修力量的基本保障单元可编成装备抢救、底盘修理、上装修理、光电检测修理、雷达修理、导弹修理、能源、器材运送、保养、勤务等保障单元。装备抢救单元按照装备的重量、行动体部分的特性又可进一步细分,如按照装备行动体部分的特性,装备抢救单元可分为履带装甲抢救单元、轮式装甲抢救单元和轮式车辆抢救单元;器材运送单元根据运送器材的工具,可分为通用车辆运送单元、履带装甲运送单元和直升机运送单元等。

二、装备战场抢修力量配置

配置是指装备战场抢修力量在规定的作战地域内,选定保障作业工作位置,并进行合理布局。配置地域通常由本级首长确定,有时也可由装备指挥员选定后报本级首长批准。

(一)配置要求

(1)要与装备保障机构部署相一致,形成具有全方向、全纵深、全过程的保障能力。

(2)要与上下级保障部队(分队)配置相衔接,建立纵深梯次、前后衔接的保障体系,既要防止相互重叠,又要防止出现区域空档。

(3)要具有综合保障能力,无论采取何种配置形式,配置在一个地域内或一个方向上的力量,要能够担负起被保障部队(分队)各种装备的抢修任务,具有综合保障能力。

(4)要充分考虑地理条件和受敌威胁程度,配置地域要靠近前后道路,有一定的展开地幅和便于隐蔽、构筑工事的地形,要尽量避开可能遭受自然灾害的地区,避开敌人可能空(机)降的地域、迂回的方向道路、袭击的重要目标。

(二)配置位置的选择

装备战场抢修力量配置位置通常应在装备保障机构指挥员指定的地域内选择,一般在装备保障机构配置地域的前部,靠近装备指挥所的适当位置上。确定时,应先在图上预选,然后现地勘察确定。情况不允许时,可边勘察、边确定、边进入。确定时应考虑以下地理因素。

1. 地形隐蔽

配置位置应选择自然隐蔽条件较好的地形,避开独立明显目标,尽量利用起伏地的反斜面、天然洞穴和原有工事,而且不易遭受山洪、泥石流、塌陷等自然灾害侵袭的地形。

2. 有一定展开地幅

地幅是确保抢修力量进行装备保障、疏散隐蔽配置的区域范围。要有相应的配置面积,使人员、车辆配得下、展得开。地面储备的主要物资堆垛之间既要保持足够的安全距离,又要符合装备保障与防护、防卫的要求。

3. 交通方便

为提高装备修理保障的时效性,抢修力量配置地域通常应选在交通道路方便的地域,并有多条支路与干线相通,既便于紧急疏散,又能与各库、所相通。

4. 靠近水源

配置位置应靠近水源,便于人员生活、车辆加注及消防、洗消所需,但也要做到靠村不进村,避开河水线和低洼地,以防山洪爆发、河水泛滥。

（三）配置距离的确定

1. 旅(团)装备抢修力量配置地域

进攻时,在二梯队营之后或附近的适当地域,修理机构活动纵深根据实际情况而定,防御时,在纵深防御阵地之后的适当地域;当防御成分区部署时,配置在便于保障主要防区的有利地形上,如图8-2、图8-3所示。

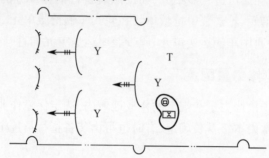

图8-2　进攻时旅(团)抢修力量配置位置

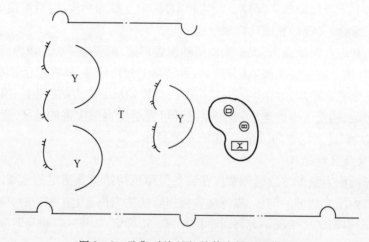

图8-3　防御时旅(团)抢修力量配置位置

2. 师装备抢修力量配置地域

师装备抢修力量通常按方向成梯队部署。进攻作战时,前梯队分别配置在主、次方向第一梯队团之后的适当地域。后梯队配置在第二梯队团之后或附近的适当地域。修理机构活动纵深根据实际情况而定。防御作战,当师成一个梯队部署时,装备保障前梯队分别配置在主次方向第二、第三阵地之间便于展开工作的有利地形上,后梯队配置在第三阵地之后的适当地域。当师成两个梯队部署时,其中一个装备保障梯队配置在第二、三阵地之间,另两个装备保障梯队分别配置在第三阵地之后的有利地形上。分群部署时,前进保障群配置在第一梯队团之后,基本保障群配置在第二梯队团之后,机动保障群配置在纵深内便于保障、便于机动的位置,如图 8 - 4、图 8 - 5 所示。

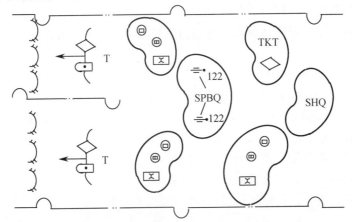

图 8 - 4　进攻时师抢修力量配置位置

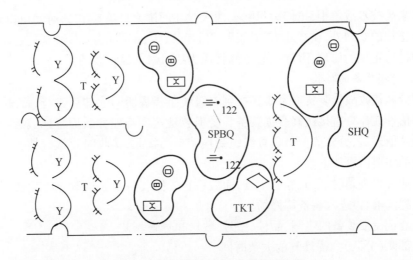

图 8 - 5　防御时师抢修力量配置位置

三、装备战场抢修力量展开

　　装备战场抢修力量展开是指装备抢修分队到达配置位置转入工作状态的行动。信息化战争中,战场情况复杂、多变,装备抢修分队行动受敌威胁大,适时组织展开是实施不间断保障和维护自身安全的重要措施。战场环境下,装备抢修分队可根据任务需要视情确定展开程度。展开程度可分为不展开、部分展开和全部展开,陆军部队进攻战斗过程中,部队常处于机动作战状态、停留时间短,装备抢修分队的展开多以部分展开的方式为主。部分展开,就是指装备抢修分队进入配置地域后,各种设备、器材、物资部分卸下来,堆在各存放点,部分留在车上呈半展开状态。装备抢修分队的展开过程:装备抢修分队到达装备损坏现场后,迅速进入配置位置,派出警戒哨、对空观察哨和交通调整哨,设置路标或联络哨,并在库区入口处设置指挥组。而后平整场地,修整道路,同时展开物资和修理设备,进行物资、车辆伪装,并准备现场抢修所需的组织、物资,沟通通信联络。准备工作完毕

205

后,展开装备抢修所需的设备、工具,主要是采用部分展开的方式,根据展开的具体情况及时向装备指挥机构上报展开状态。各机构要根据装备技术指挥所的指示,在指定的地域范围内展开。展开地点可划分为下列场地。

(1)接收场。设在展开地域主要进出道路处。对损伤的装备进行沾染检查和技术检查分类。

(2)洗消场。应靠近水源。

(3)待修装备(车辆)停放场。设在修理场附近。

(4)修理场。在保证隐蔽安全的条件下,要求场地相对平坦,交通便利,便于展开修理工程车和修理帐篷。

(5)修竣装备停放场。设在道路附近的隐蔽地。

(6)人员隐蔽处。设在修理场的适当位置。

(7)紧急集合场。设在修理适中、交通方便的隐蔽处。

四、装备战场抢修活动实施

在未来高技术战争中,抢修力量除在两次战斗间隙之间有较长的时间可以对损坏的装备进行正规的修理外,在战斗实施阶段,因时间有限,部队(分队)经常处在动态之中,没有时间进行正规的修理,野战抢救抢修将成为战时修理最重要的方式。

(一)受损装备的接收

修理分队接收战损装备通常是在接到本级装备指挥所的通知后进行,特殊情况也有携带上级信件或命令直接送修受损装备。受损装备送到修理分队配置地域后,由执勤人员报告分队值班员,分队值班员负责组织受损装备的接收,接收时要认真核查和登记,核查和登记的主要内容如下。

(1)通过检查站时,首先验明手续,而后检查受损装备是否遭敌核生化武器袭击,如受沾染应先洗消,再进入装备待修场。

(2)登记受损装备的建制、品种、型号、数量和号码。

(3)部队(分队)急需修复的大致时间。

(二)评估受损装备、确定抢修方案

受损评估是战时对损坏装备的损坏部位、损坏程度作出判断,以便于确定抢修决策,正确评估是战场抢修方法、抢修场地选择的主要依据。损坏装备维修前都要进行评估。

1. 评估的组织

值班员接收受损装备后,应立即向分队指挥员报告,分队指挥员接到报告后,应迅速组织评估小组对受损装备进行评估。评估小组一般由分队副指挥员、相应专业修理工程师(助理工程师、技术员)、有关抢修队(组)长组成。评估的内容和顺序如下。

(1)判断装备受损部位,粗略评估受损程度,确定受损所造成的影响和危害。

(2)进行技术检测,确定损坏程度,需后送处理的提出后送要求,报废装备送报废装备收集点。

(3)对于本级修理范围内的受损装备,提出修理方法、措施和要求。

(4)估算修理任务,确定抢修需要的人员、设备、器材和时间。

(5)填写受损装备评估意见书。

2. 评估方法

受损评估通常由评估小组和送修人员共同进行,评估可分为系统受损评估和重要部件损坏评估两部分。

对于系统受损评估,修理人员和使用人员在评估时,依照评估程序,按照系统逻辑关系,逐步检查分析、判断,直到做出评估结论为止。

对于主要部件受损评估,应根据完成当前任务所需的必要功能,逐项检查分析判断,提出应急处理、进行抢修的具体方案。

受损评估时,根据对损伤装备检查情况及抢修环境和条件,决定是应急处理还是进行抢修或者是不修后送。

在战场上或紧急情况下,对于一些不影响装备完成当前任务和安全的损伤,只需要进行必要的处理,使装备迅速投入战斗或自救(后撤),而不必立即修理。常用的方法有带伤使用、限额使用、改变操作方式、冒险使用等。

(三) 组织抢修力量、下达修理任务

根据受损装备评估情况,对属于本级修理范围内的受损装备,修理分队指挥员要明确承修单位和完成时限,下达抢修命令。

抢修队(组)长受领任务后,应迅速组织本队(组)人员传达修理任务,进行修理分工,确定修理方法,明确修理责任和完成时限。在进行分工时,既可采用集中修理力量突击修理某一部位的方法,也可采用全面展开交叉进行的方法,总之要对人员合理分工,提高抢修效率。

(四) 运用多种手段、抢修坏损装备

抢修队(组)长区分修理任务后,应立即带领本队(组)人员抓紧时间进行抢修。在对战场损伤装备抢修中,抢修队(组)要根据危害程度和战场环境,选择合适而有效的修复手段和措施,对受损严重的装备先修复影响射击、机动部位,后修复其他部位,确保在规定时间内完成修理。

抢修时间的规定:师、旅、团修理分队完成受损装备的抢修要在规定时间内完成,每类装备,甚至每种装备都有具体规定,需要根据修理分队的级别、承担的任务和装备损坏的程度区分。抢修中要灵活运用换件修理、拆拼修理、应急修理、原件修理、综合修理等多种修理方法和手段,确保受损装备能及时修复,完成当前任务。

(五) 修理完成后的测试、登记和报告

损伤装备修竣后,抢修队(组)指挥员要组织所属人员对修复的装备进行认真检查和测试,必要时可进行试用。同时将修理情况进行认真登记,登记的主要内容有受损装备的单位、装备名称、号码、送修时间、损伤种类、损伤部位、处理(修理)方法、器材消耗、修后检查结论、修复时间等,对于应急修理的损伤装备还要在装备上作标记,以便战后正规修理。修理任务完成后,抢修队(组)长要及时向修理分队指挥员报告。修理分队指挥员接到报告后,要对修复的装备进行验收。

(六) 组织修竣装备归队

组织修竣装备归队是一项重要和复杂的工作,因战场情况瞬息万变,各种预料不到的情况都会发生(如遭敌人袭击、归队装备发生故障等),这些情况都能造成修竣装备不能及时归队尽快形成战斗力,因此,要充分重视组织修竣装备归队工作,分队指挥员在组织归队时应做到以下几点。

（1）了解部队（分队）已到何地,沿途情况,并绘制归队路线图（要图）,交给归队装备负责人。

（2）尽可能与部队（分队）沟通联络,并将修竣装备目前的地点、出发时间和预计到达时间通知其所在部队（分队）。

（3）组织良好的技术保障和战斗保障。

（4）对归队装备的乘员（驾驶员）提出要求和注意事项。

为了保证安全,单个坦克、汽车等只有在抢修所与其所属部队（分队）保持可靠的通信联络或距离较近的条件下才能自行归队;否则,有两辆以上的要进行编组,并指定负责人或专门派出一名干部带队。

五、损坏装备的后送

1. 后送方式

损坏装备的后送方式,有接取后送和交付后送两种。接取后送是上级派抢救车、牵引车、运输车或利用回程空车,到下级修理分队或收集点接取损坏的装备;交付后送是由损坏装备的单位派抢救车、牵引车、运输车或利用到上级领取物资的空车,将损坏的装备送到上级修理分队或收集点。

2. 后送方法

小型装备一般采用汽车运输车后送,装甲车、自行火炮、雷达、工程车辆等大型、重型装备一般采用抢救车、牵引车、自行火炮运输车后送。

3. 后送顺序

损坏装备后送,一般应先收集、后送影响交通和隶属本级抢修范围内的损坏装备,再收集、后送属上级修理范围的损坏装备,最后再收集、后送报废的装备。为了保障作战需要,还可先收集、后送主要作战方向和主要作战部队（分队）损坏的装备,再收集、后送其他部队（分队）损坏的装备。

4. 后送的组织实施

对装甲车、自行火炮、雷达装备、工程车辆等大型、重型损坏装备,一般由修理分队组织收集和后送;对轻武器等小型、轻型损坏装备,一般由修理分队收集,由运输分队利用领取物资的空车交付后送。任务较大时,可请示合成军首长,集中组织人员、车辆进行交付后送;情况紧急来不及组织后送或距上级保障基地、损坏装备收集点过远而无法后送时,可与地方支前机构协商,请地方修理机构负责收集、后送或代管,也可请示合成军首长批准就地隐蔽,派人看管,待后处理,必要时将堪用的总成和零部件拆下带走;对遭敌核袭击损坏的装备后送,应先洗消,再组织后送。

六、抢修力量的派出与转移

（一）抢修力量的派出

战时下级修理机构或本级伴随保障组力量损失达到1/2时,要组织力量进行支援,力量损失超过2/3时,要组织力量进行接替。出现特殊情况后,本级装备指挥员都要下令派出抢修组,给予支援接替或独立进行保障。抢修组派出既可实施集中指挥、计划控制,也可委托指挥、目标控制,具体使用哪种办法,应视当时战场具体情况和保障任务轻重而定,哪种办法有利于保障任务完成,有利于自身防护就采用哪种。通常派出抢修组,分队指挥员要亲自挑选精干人员和部分抢修机具设备,并交待派出的任务、地点、行军路线和途中注意事项,明确负责干部和通信联络办法、保障车辆,完成任务和归队时限等。

(二)抢修力量的转移

现代高技术条件下作战,意外情况多、战场情况复杂多变、装备保障受敌威胁大,适时组织转移是实施不间断的装备保障和维护自身安全的重要措施。抢修所转移通常是根据装备指挥机构下达的转移命令或指示,在修理分队指挥员的领导下进行,也可根据命令由抢修所负责人员视情与保障部队(分队)一同转移。

1. 抢修所转移时机

抢修所转移时机取决于作战情况的发展变化,通常在遇到以下几种情况时需要转移:一是距部队(分队)过远不便于及时保障时,应实施转移;二是部队(分队)任务变更、调整部署或装备保障部署必须相应改变时;三是装备保障力量受敌威胁大(如遭敌直接袭击破坏或遭敌核、化学、生物武器袭击,受污程度严重),在原地无法工作时。

2. 抢修所转移的方式

抢修所的转移一般分为一次转移、分批转移、交替转移和接替转移。

(1) 一次转移:是在修理力量成一个梯队部署时,且情况允许、运输力量充足时采用。当抢修所完成全部工作后,根据装备指挥所的指示,全部人员转移到新的地点展开工作。

(2) 分批转移:是在情况不允许、运输力量不足或修理任务未完成时采用。当抢修所完成部分(通常是大部分)工作后,根据装备指挥所的指示,部分人员转移到新的地点工作,另一部分(通常是小部分)人员留下来继续完成修理工作或移交后归建。分批转移时,转移批次不宜过多。

(3) 交替转移:是修理力量成两个以上梯队部署或损坏装备较多、纵深较大时采用。通常将两个抢修所交替进出转移展开工作。

(4) 接替转移:是修理分队的前梯队向前转移至新的配置位置,后梯队转移至前梯队原配置位置的行动。

3. 转移的组织与实施

转移通常是在装备指挥机构的统一组织指挥下,随装备保障机构一起转移。单独转移时,应掌握好时机,有步骤、有秩序地进行。

1) 充分做好转移准备

转移前,分队要根据上级的转移计划或方案,及时进行动员,向所属人员讲清转移的目的,明确转移的时机、方式,机动路线和序列以及新的配置地域、位置(包括配置地域的地形特点、民情社情、其他分队配置情况)。条件许可时,组织对新的配置位置和开进路线进行必要的现地勘察;时间和条件不允许时应在图上熟悉,规定联络信号,制定安全措施。针对敌地空火力打击和敌特、小股敌人袭击的特点,分析转移途中可能遭遇的各种情况,进一步完善战斗编组和防卫措施。根据需要及时申请补充弹药,做好战损、缴获和未修复装备等不能随同适时转移的装备及物资的安置工作。

2) 组织分队迅速转移

抢修所接到开始转移命令后,应组织全体人员装好物资器材和机工具,携带好武器迅速登车,并按照上级明确的行军路线和顺序组织开进。转移途中分队要加强组织指挥,搞好伪装,同时要加强对地面、空中的警戒、观察和报知勤务,随时做好防护和战斗准备,遇有情况要果断处置,并迅速向上级报告。夜间转移时,要加强灯火管制,防止暴露目标和企图,转移中要沟通联络,不能中断保障。

3)到达配置地域后的主要工作

到达新的配置地域后,应及时检查人员、车辆、物资的安全情况,迅速派出警戒、观察和车辆调整哨;及时划分场地,明确配置位置;构筑简易工事,搞好伪装隐蔽,按照装备保障机构指挥员明确的展开方式,迅速组织分队展开工作。

参 考 文 献

[1] 王宏济. 战斗恢复力译文专辑[J]. 军械工程学院学报,1992.5.

[2] 甘茂治,等. 装备战场抢修专辑[J]. 军械工程学院学报,1995.6.

[3] 甘茂治,等. 装备战场抢修译文专辑[J]. 军械工程学院学报,1995.12.

[4] 李建平,等. 装备战场抢修理论与应用[M]. 北京:兵器工业出版社,2000.

[5] 石全,等. 装备战伤理论与技术[M]. 北京:国防工业出版社,2007.

[6] 甘茂治,康建设,高崎. 军用装备维修工程学[M]. 北京:国防工业出版社,2014.

[7] 王志军,等. 弹药学[M]. 北京:北京理工大学出版社,2005.

[8] 杜来林,宋晓军. 飞机附件检修[M]. 北京:航空工业出版社,2006.

[9] 代永朝,郑立胜. 飞机附件检修[M]. 北京:航空工业出版社,2006.

[10] 张建华,侯日立. 飞机结构战伤仿真[M]. 北京:国防工业出版社,2006.

[11] 张建华. 飞机结构战伤抢修[M]. 北京:国防工业出版社,2007.

[12] 谢小荣,杨小林. 飞机损伤检测[M]. 北京:航空工业出版社,2006.

[13] 刘晓山,郑立胜. 飞机修理新技术[M]. 北京:国防工业出版社,2006.

[14] 姚武文. 飞机战伤模式与机理[M]. 北京:航空工业出版社,2006.

[15] 张建华. 飞机战伤抢修工程学[M]. 北京:国防工业出版社,2001.

[16] Robert E. Ball. 飞机作战生存力分析与设计基础[M]. 林光宇,宋笔锋,译. 北京:国防工业出版社,1998.

[17] 张考,马东立. 军用飞机生存力与隐身设计[M]. 北京:国防工业出版社,2002.

[18] 铁道部档案史志中心. 抗美援朝战争铁路抢修抢运史[M]. 北京:中国铁道出版社,1999.

[19] 钟宜兴,刘怡昕. 炮兵射击学[M]. 北京:海潮出版社,2009.

[20] 曾苏南,张志伟. 新概念武器[M]. 北京:军事谊文出版社,1998.

[21] 薛海中,等. 新概念武器[M]. 北京:航空工业出版社,2009.

[22] 王广彦,胡起伟. 装备战斗损伤组合建模技术[M]. 北京:国防工业出版社,2014.

[23] GJB 1301—1991 飞机生存力大纲的制定和实施.

[24] GJB 2425—1995 常规兵器战斗部威力试验方法.

[25] GJB 3696—1999 军用直升机生存力要求.

[26] GJB 5551—2006 飞机非核生存力通用准则.

[27] GJBz 20437—1997 装备战场损伤评估与修复手册的编写要求.

[28] GIBz 91—1997 维修性设计技术手册.

[29] GJBz 1391—2006 故障模式、影响及危害性分析程序.

[30] GJB 368B—2009 装备维修性工作通用要求.

[31] 郝建平. 装备群战损模拟研究[D]. 石家庄:军械工程学院,1997.

[32] 阎文川. 自行火炮损伤模式影响分析研究[D]. 石家庄:军械工程学院,1999.

[33] 王志成. 战场损伤评估系统数据支持研究[D]. 石家庄:军械工程学院,2002.

[34] 王润生. 战场损伤评估及其智能化研究[D]. 石家庄:军械工程学院,2004.

[35] 刘利. 装备战场损伤定位流程研究[D]. 石家庄:军械工程学院,2004.

[36] 何耀欣. 装备战场损伤分析理论在地面火炮上的应用研究[D]. 石家庄:军械工程学院,2004.

[37] 马志军. 基于贝叶斯网络的战斗损伤预计[D]. 石家庄:军械工程学院,2004.

[38] 胡起伟. 装备战损等级划分与评定研究[D]. 石家庄:军械工程学院,2005.

[39] 赵盼. 基于 ITS 的战场损伤评估训练研究[D]. 石家庄:军械工程学院,2007.

[40] 王广彦. 元建模技术及其在装备战斗损伤仿真中的应用研究[D]. 石家庄:军械工程学院,2010.

[41] 尤志锋. 面向抢修训练需求的装备战场抢修复杂性测度方法研究[D]. 石家庄:军械工程学院,2014.

[42] 王广彦,马志军,胡起伟. 基于贝叶斯网络的故障树分析[J]. 系统工程理论与实践,2004,(6).

[43] 胡起伟,杜晓明,石全,王广彦. 战损等级评定系统建模研究[J]. 计算机工程,2005,31(14): 225-227.

[44] 胡起伟,石全,王广彦,马志军. 面向战损模拟的战损等级评定原理及系统实现[J]. 计算机仿真, 2005,22(8):12-15.

[45] 刘利,王宏,石全,胡起伟. 基于贝叶斯网络的战场抢修顺序优化模型[J]. 航天控制,2005,23(6): 72-75.

[46] 王广彦,胡起伟. 弹药杀伤效果仿真及综合因素影响分析[J]. 计算机仿真,2006,23(10).

[47] 王广彦,胡起伟. 基于计算机仿真的装备战场损伤规律研究[J]. 系统工程与电子技术,2006,28 (11).

[48] 王广彦,胡起伟,杨云光. 损伤树分析方法中的关键问题研究[J]. 系统工程与电子技术,2009,31 (10).

[49] 董泽委,贾希胜,胡起伟,孙宝琛,王志成. 多属性决策的战时集群装备维修保障需求优先级评估 [J]. 火力与指挥控制,2011,36(10):156-159.

[50] 王广彦,胡起伟,刘伟. 基于元模型的装备战斗损伤组合仿真系统[J]. 计算机工程,2011,37(16).

[51] 胡起伟,王广彦,石全,田霞. 爆炸冲击振动环境下电子装备损伤仿真研究[J]. 兵工学报,2012,33 (1):13-18.

[52] 王广彦,胡起伟,刘伟. 装备战斗损伤组合建模与仿真技术研究[J]. 兵工学报,2012,33(10).

[53] 胡起伟,王广彦,石全,尤志锋. 关于陆军装备战场抢修组织实施的研究与思考. 军事装备学学科 2016 年学术年会论文集[C]. 2016.

[54] 贾希胜,等. 军械装备战场抢修研究及其发展. 作战效能评估论文集[C]. 北京:军事科学出版社, 1996.

[55] 贾希胜,等. 武器装备的抢修性及其设计. 兵种武器装备可靠性论证工作研讨会论文集 [C]. 1996.

[56] 李建平,等. 战场抢修的一般程序和方法. 装备维修工程的理论与应用论文集[C]. 北京:兵器工 业出版社,1998.

[57] 石全,等. 新技术在军械装备战场抢修中的应用. 装备维修工程的理论与应用论文集[C]. 北京: 兵器工业出版社,1998.

[58] 陶风和,等. 军械装备的典型战场损伤模式. 装备维修工程的理论与应用论文集[C]. 北京:兵器 工业出版社,1998.

[59] Gary L. Guzie. Integrated survivability assessment. U. S. Army Research Laboratory. April 2004.

[60] GTA 09-14-001 Rigging card for vehicle recovery. U. S. Army Ordnance Center & School. May 2006.

[61] GTA 09-14-002 Battle damage assessment and repair smart book. TRADOC Executive Agency. March 2007.

[62] FM 5-103 Survivability. Headquarters, Department of the Army, Washington, DC, 10. June 1985

[63] FM 3-04.513 Aircraft recovery operations. Headquarters, Department of the Army. July 2008.

[64] FM 4-30.31 Recovery and battle damage assessment and repair. Headquarters, Department of the Army. September 2006.